高等学校机器人工程专业系列教材

ROS2机器人开发技术基础

蒋畅江 滕昭君 杨凤磊 黄渝 唐贤伦 编著

化学工业出版社

·北京·

内容简介

本书是内容全面、偏重基础的 ROS2 机器人开发入门书籍，是作者总结多年科研教学成果并在吸收国内外最新理论、方法和技术的基础上完成的。本书详细介绍了 ROS2 的安装、集成开发环境搭建和常用工具，详细讲解了 ROS2 系统架构、ROS2 客户端库、坐标变换 TF2 及编程、机器人建模与仿真；以工程开发为重心，详细讲解 SLAM 建图与 Nav2 导航、视觉图像应用、机械臂应用等多方面 ROS2 应用的实现原理和方法。本书结合大量实例，帮助读者在实现 ROS2 基础功能的同时深入理解基于 ROS2 的机器人开发技术，将书中的内容用于实践。本书注重运用 CDIO 工程教育理念，立足培养实际动手能力、综合应用能力、创新思维能力。

本书配有免费教学软件包（可扫描封底二维码获取），帮助读者更好地理解和实践书中内容；配有免费电子课件，欢迎选用本书作教材的老师登录 www.cipedu.com.cn 注册后下载使用。

本书可作为普通高等院校机器人工程、自动化、人工智能、电子信息工程、软件工程等相关专业的教材，也可供广大科技工作者和工程技术人员参考使用。

图书在版编目（CIP）数据

ROS2 机器人开发技术基础 / 蒋畅江等编著. -- 北京 : 化学工业出版社，2025. 7. --(高等学校机器人工程专业系列教材). -- ISBN 978-7-122-48336-2

Ⅰ. TP242

中国国家版本馆 CIP 数据核字第 2025NZ8049 号

责任编辑：郝英华　　文字编辑：李亚楠
责任校对：王鹏飞　　装帧设计：史利平

出版发行：化学工业出版社
（北京市东城区青年湖南街 13 号　邮政编码 100011）
印　　装：高教社（天津）印务有限公司
787mm×1092mm　1/16　印张 17½　字数 451 千字
2026 年 1 月北京第 1 版第 1 次印刷

购书咨询：010-64518888　　售后服务：010-64518899
网　　址：http://www.cip.com.cn
凡购买本书，如有缺损质量问题，本社销售中心负责调换。

定　　价：68.00 元

Preface

前　言

随着科学技术的发展以及人们对机器人的逐渐认知，机器人的应用规模和范围日益扩大，不仅制造环境下的工业机器人应用逐渐普及，非制造环境下的服务与仿人机器人应用也蓬勃发展。机器人应用环境的日益广泛和任务复杂度的日益增强，提高了机器人开发的时效性和困难度，对机器人硬件和软件技术都提出了更高的要求。而相比于硬件的开发，软件开发明显力不从心。为迎接这个挑战，全球各地的开发者与研究机构纷纷投入机器人通用软件框架的研发工作中。近些年里，产生了多种优秀的机器人软件框架，为软件开发工作提供了极大的便利，其中较为优秀的软件框架之一就是机器人操作系统（Robot Operating System，ROS）。ROS 是一个适用于机器人的开源操作系统。它提供了操作系统应有的服务，包括硬件抽象、底层设备控制、常用函数的实现、进程间消息传递以及包管理；还提供了用于获取、编译、编写和跨计算机运行代码所需的工具和库函数。ROS2 是新一代机器人操作系统，基于 DDS 通信协议实现分布式架构，支持实时控制、多平台部署及模块化设计。ROS2 相较于 ROS1，在设计目标、实时性、网络通信、节点管理、安全性以及跨平台支持等方面都有了显著的提升和改进。这些改进使得 ROS2 更加适应工业环境和复杂应用场景的需求，为机器人技术的发展提供了强有力的支持。

编者来自重庆邮电大学自动化学院。本书偏重 ROS2 机器人软件开发技术，是编者在多年从事教学、科研的基础上，经多次试用，反复修改提高而成。本书将有关教学和研发成果加以总结提高，并吸收国内外最新理论、方法和技术，注重运用 CDIO 工程教育理念，立足培养实际动手能力、综合应用能力和创新思维能力。本书注重知识内容的系统性、先进性与实践性，强调实践内容的应用性、工程性。为此，书中大量选用了编者所在团队的最新研发成果、学生参加科技竞赛作品、学生实验实践项目作为实例。

本书共分 10 章：第 1 章介绍 ROS2 的诞生、发展、优势和安装方法，并提供教学实践所需的源代码包，介绍二进制包与源代码包的区别；第 2 章介绍 ROS2 的文件系统，包括 ROS2 系统分层、工作空间、功能包、colcon 构建工具等，并介绍 ROS2 的通信架构，包括 ROS2 的节点、通信模型、接口文件、DDS 通信、分布式通信和质量服务策略；第 3 章介绍 ROS2 的常用工具，包括启动管理工具 Launch、rqt 模块化可视化工具、数据可视化工具 Rviz2、Gazebo 仿真工具、rosbag2 功能包；第 4 章介绍 ROS2 客户端库的概念，以及目前最常用的 rclcpp 和 rclpy 客户端库中函数的定义、用法，以及几种通信方式的具体格式和实现方法；第 5 章介绍坐标变换 TF2 的基本规则、TF2 编程基础、TF2 广播及监听，以及乌龟跟随案例的实现；第 6 章说明如何使用 urdf 文件创建一个机器人模型，然后使用 xacro 文件优化该模型，添加传感器模型，通过 ros2_control 控制器让机器人动起来，并且放置到 Rviz2 或 Gazebo 环境中实现可视化或仿真；第 7 章探讨 SLAM 建图和 Nav2 导航开发技术，介绍常用的 SLAM 建图算法 Cartographer，讲解 Nav2 导航的配置和仿真；第 8 章讨论视觉图像应用开发技术，包括 ROS2 图像数据、摄像头标定、OpenCV 库和人脸识别、物体检测；第 9 章探讨机械臂应用开发技术，包括创建机械臂 URDF 模型、机械臂与 MoveIt 的关联、机械臂与 Gazebo 的关联、MoveIt 与 Gazebo 的关联；第 10 章介绍 ROS2 机器人开发实例，包括 ROS2 六足机器人仿真、TurtleBot4 建图与导航。

本书第 1～4 章由滕昭君、蒋畅江编写；第 5、6、8 章由杨凤磊、蒋畅江编写；第 7、9、10 章由黄渝、唐贤伦编写。全书由蒋畅江统稿。

本书配有免费的教学软件包，如有需要可扫描封底二维码下载使用；配有免费电子课件，欢迎选用本书作为教材的老师登录 www.cipedu.com.cn 注册后下载使用。

鉴于 ROS2 机器人开发技术的飞速发展，尽管编写过程中尽心尽力，但由于编者水平有限，书中难免有疏漏或不妥之处，恳请读者批评指正。

编著者

2025 年 9 月

Contents

目录

第1章 ROS2介绍与安装

第2章 ROS2系统架构

第3章 ROS2常用工具

第 4 章 ROS2 客户端库

第 5 章 坐标变换 TF2 及编程

第 6 章 机器人建模与仿真

第 7 章 SLAM 建图与 Nav2 导航开发技术

第 8 章 视觉图像应用开发技术

第 9 章　机械臂应用开发技术

第 10 章　ROS2 机器人开发实例

参考文献

第1章 ROS2介绍与安装

ROS2（Robot Operating System 2）是一个用于机器人系统开发的开源软件框架。ROS2 是继 ROS1 之后的下一代 ROS 版本，旨在为机器人系统提供更灵活、可靠和可扩展的开发平台。

机器人技术已经渗透到我们生活的方方面面，从家庭服务机器人到工业自动化机器人，再到自动驾驶汽车，机器人的身影无处不在。ROS2 作为新一代开源的机器人软件框架，为这些机器人的开发提供了强大的支持。

随着生活水平的提高，家庭服务机器人逐渐成为现代家庭的新宠。这些机器人能够完成清洁、看护、娱乐等多种任务，极大地提高了家庭生活的便利性和舒适度。ROS2 凭借其灵活的通信机制、跨平台支持的特点和强大的生态系统，使得开发者能够更轻松地构建出功能丰富、性能稳定的家庭服务机器人。学习 ROS2，将使开发者能够掌握这些机器人的核心原理和实现方法，为家庭服务机器人的进一步普及和优化作出贡献。

在工业自动化领域，机器人已经成为不可或缺的一部分。它们能够完成搬运、装配、焊接等多种任务，极大地提高了生产效率和产品质量。ROS2 的模块化设计和性能优化特性，使得开发者能够根据需要快速搭建和扩展工业自动化机器人的功能。学习 ROS2，将使开发者能够更好地理解这些机器人的工作原理，为工业自动化领域的创新和发展提供有力支持。

自动驾驶汽车是近年来备受关注的前沿技术之一。它们能够自主完成驾驶任务，提高道路安全性和交通效率。ROS2 的实时通信机制使得自动驾驶汽车能够在各种复杂环境中稳定运行。学习 ROS2，将使开发者能够掌握自动驾驶汽车的核心技术，为这一领域的进一步发展和应用作出贡献。

学习 ROS2 对于掌握机器人技术的核心原理和实现方法具有重要意义。无论是家庭服务机器人的普及、工业自动化机器人的应用，还是自动驾驶汽车的兴起等，ROS2 都发挥着不可或缺的作用。因此，我们应该积极学习 ROS2，以应对未来机器人技术的机遇和挑战。本章首先介绍 ROS2 的诞生、发展、生态组成、优势与应用方向等，然后将带领大家一起安装、测试 ROS2，以及搭建 ROS2 集成开发环境。

1.1 初识 ROS2

本节将介绍 ROS2 的诞生与发展、生态组成、优势与应用方向。

1.1.1 ROS2 诞生与发展

机器人的发展经历了电气时代、数字时代和智能机器人时代。

电气时代是机器人发展的第一阶段，主要特点是机器人的控制和执行以电气元件和电机为基础。这一时期的机器人一般比较简单，功能有限，主要用于工业生产线上的装配和焊接等重复性工作。后来，传感器和芯片技术的进步使机器人能够识别周围环境并拥有有限的智能。机器人控制系统也开始进入数字时代，计算机能控制和指挥机器人的行动。2016 年后，智能机器人时代正式开启。这一时代出现了大量智能算法，机器人的智能水平也越来越高，具有更强大的学习、感知、识别、判断和决策能力。在智能机器人时代，机器人的发展将更加注重人机交互、智能决策和自主行为，以满足人类日益增长的需求。

机器人是一种高度复杂的系统性实现，机器人设计包含了机械结构设计、机械加工、硬件设计、嵌入式软件设计、上层软件设计等诸多模块，是各种硬件与软件的有机结合，甚至可以说机器人系统是当今工业体系的集大成者。机器人体系是相当庞大的，其复杂度之高，以至于没有任何个人、组织甚至公司能够独立完成系统性的机器人研发生产任务。

那么问题随之而来：既然机器人实现如此困难，那么我们应该如何开展相关工作呢？

一种合适的策略是合作。让机器人研发者专注于自己擅长的领域，其他模块则直接复用相关领域更专业研发团队的实现，当然自身的研究也可以被他人继续复用。这种基于“复用”的分工协作，遵循了不重复造轮子的原则，显然可以大大提高机器人的研发效率，尤其是随着机器人硬件越来越丰富，软件库越来越庞大，这种复用性和模块化开发需求也愈发强烈。

在此大背景下，便诞生了 ROS1。ROS1 的原型源自斯坦福大学人工智能实验室与机器人技术公司 Willow Garage 合作的个人机器人项目。随后，ROS1 迅速崭露头角，成为当时备受瞩目的机器人操作系统之一，并在学术界和工业界广泛应用，其影响力深远而持久。

然而，随着时间的推移，人们意识到 ROS1 在某些方面存在局限性。因此，2014 年 ROS2 项目启动，以解决 ROS1 的一些问题并适应新的机器人技术要求。经过多年的发展，ROS2 的第一个正式版本于 2017 年发布。此后 ROS2 不断更新迭代，逐渐成为最受赞赏的机器人开发平台之一。ROS2 的开发满足了机器人应用日益增长的需求，包括对实时性能、安全性和多平台支持的迫切需求。ROS2 为现代机器人应用的开发提供了一个更强大、更灵活的平台。ROS 总的发展历程如图 1-1 所示。

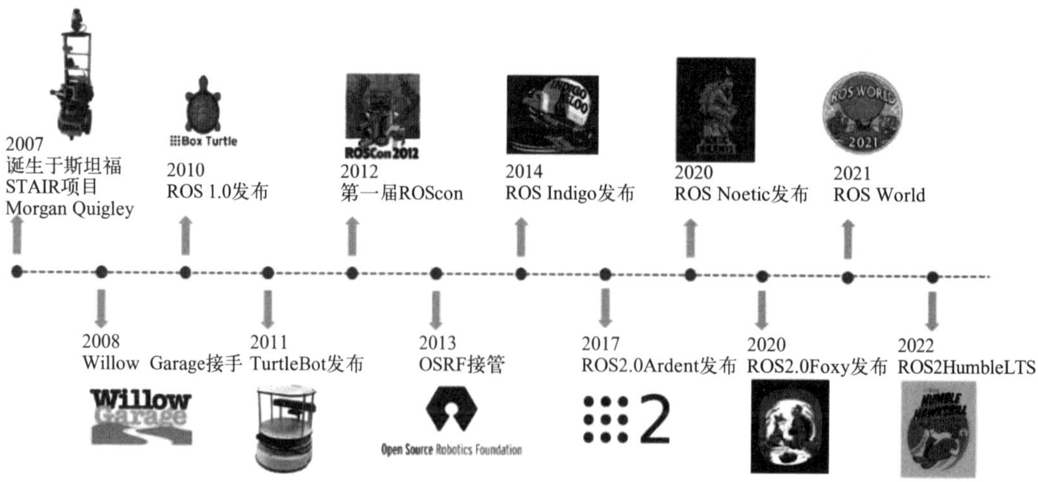

图 1-1　ROS 发展历程

总的来说，ROS 是一套机器人通用软件框架，可以提升功能模块的复用性，并且随着 ROS2 的推出，ROS 日臻完善，是机器人软件开发的不二之选。ROS2 可以看作是对 ROS1 的一次全面升级和改进，它继承了 ROS1 的优点，并在实时性能、多平台支持和安全性等方面进行了优化和提升。ROS2 的诞生推动了机器人技术的进一步发展和普及。未来，ROS2 将在更多领域得到应用，并推动机器人技术的持续创新和发展。ROS2 是本书的核心内容，通过对它的深入学习和掌握，读者将开启智能机器人开发的新纪元。

1.1.2 ROS2 生态组成

整个 ROS2 生态由通信、工具、功能与社区四大部分组成，如图 1-2 所示。

图 1-2 ROS2 生态组成

通信是整个 ROS2 系统的核心实现，是 ROS2 内置的一个消息传递系统。在构建新的应用程序或使用与硬件交互的软件时，如何实现通信是首要问题。为此 ROS2 提供了专门的消息传递系统，它可以管理不同节点之间的通信细节，提高开发者的工作效率。这套消息传递系统使用了“面向接口”的编程思想，可以通过清晰规范的接口，将不同模块分离，从而也将故障隔离，使得 ROS2 系统更易于维护、扩展性更强且保证了程序的高复用性。接口规范可以由开发者自行定义。同时为了方便使用，在 ROS2 中也提供了许多标准的接口，这些标准接口有着广泛应用。

构建机器人应用程序极具挑战性。开发者除了会遇到一些传统的软件开发问题之外，还需要通过传感器或执行器与物理世界进行交互。良好的开发工具可以提高应用程序的开发效率，在 ROS2 中就内置了调试、可视化、绘图、录制回放等一系列工具。

ROS2 生态系统是机器人软件的“聚宝盆”。无论开发者需要的是用于 GPS 的设备驱动程序、用于四足仿生机器人的步行和平衡控制器，还是用于移动机器人的地图系统，ROS2 都能满足需求。从驱动程序到算法，再到用户界面，ROS2 都提供了相关实现，开发者只需专注于自身应用程序即可。ROS2 的目标是提供一站式的技术支持，降低构建机器人应用程序的门槛。ROS2 希望任何开发者都可以将自己的“创意”变为现实，而无需了解底层软件和硬件的所有内容。

ROS2 社区规模庞大、多样且全球化，从学生和业余爱好者到跨国公司和政府机构，各行各业的人和组织都在推动着 ROS2 项目的发展。该项目的社区中心和中立管家是 Open Robotics，它托管共享在线服务，创建和管理分发版本，并开发和维护大部分 ROS2 核心软件。

ROS2 全球社区有以下几个重要网站：

① answers.ros.org：ROS 问答网站，大家可以在上边提出任何关于 ROS 的问题，全球很多开发者都很乐意回答我们的问题；

② wiki.ros.org：ROS 的维基百科，记录了 ROS 教程和各种功能包的使用说明；

③ discourse.ros.org：ROS 论坛，关于 ROS 开发的新鲜事都可以在这里发表和查看，比如 ROS 的活动、新功能包的发布等；

④ index.ros.org：ROS 各种资源的一个索引网站；

⑤ packages.ros.org：ROS 功能包存储的数据库。

1.1.3 ROS2 优势

（1）ROS 较于其他机器人软件框架的优势

① 开源　ROS 一直是开源的，以确保全世界的爱好者、开发人员可以自由、不受限制地访问高质量、一流、功能齐全的机器人 SDK（software development kit，软件开发工具包）。

② 免费　官方鼓励用户对 ROS 作出开源贡献，也欢迎提出宝贵意见，但不干涉开发者将 ROS 集成进非开源软件，不反对将 ROS 集成进专有产品。

③ 应用领域广泛　ROS 可以在各种机器人应用中使用，从室内到室外，从家用到汽车，从水下到太空，从消费市场到工业领域，ROS 都可以独当一面。

④ 全球化社区　十多年来，ROS 项目通过培育由数百万开发人员和用户组成的全球化社区，为机器人技术作出贡献和改进，从而产生了一个庞大的机器人软件生态系统。ROS 由该社区开发并为该社区服务。

⑤ 可缩短产品上市时间　ROS 提供了开发机器人应用程序所需的工具、库和功能，使开发者可以将更多的时间花费在与自身业务相关的工作上。由于它是开源的，所以开发者可以决定于何时何处使用 ROS，甚至还可以根据自身需求修改 ROS。另外 ROS 是友好的，不具排他性，开发者可以在 ROS 和其他机器人软件框架之间自由选择，或者也可以将 ROS 与其他软件框架集成，以取长补短。

⑥ 广泛的行业支持　业界对 ROS 的支持非常强大。除了在 ROS 上开发产品外，来自世界各地的大大小小的公司都在投入资源为 ROS 作出开源贡献。

⑦ 业界肯定　ROS 是大多数机器人研究的基础，从单个学生项目到多机构合作再到大型竞赛，ROS 都占据着主导地位。世界各地不计其数的机器人内部都运行着 ROS，仅在自主移动机器人中，ROS 就帮助创造了数十亿美元的价值。

（2）ROS2 较于 ROS1 的优势

① 去中心化　在 ROS1 中使用 master 节点管理调度 ROS 系统，这存在极大的安全隐患，一旦 master 节点异常退出，那么会导致整个系统的崩溃。在 ROS2 中采用了去中心化，各个节点之间无需通过 master 关联，各个节点都是等态的，可以相互发现彼此。

② 全新通信底层实现　秉着不重复发明轮子的原则，ROS2 不再自实现通信底层，而是直接更换为 DDS（data distribution service，数据分发服务）通信，这使得 ROS2 较于 ROS1，无论是通信的实行性、可靠性还是连续性都有大幅度提升。

③ 跨平台支持　ROS1 最初是为 Linux 操作系统设计和开发的，因此在 Linux 上具有最好的支持。ROS1 也可以在其他操作系统上运行，但对于非 Linux 平台，ROS1 的支持相对较少。在非 Linux 平台上，ROS1 的安装和配置可能相对复杂，并且某些功能可能不完全支持或存在一些限制。ROS2 是为更广泛的平台支持而设计的，具有更好的跨平台兼容性。ROS2 支持 Linux、Windows 和 macOS 以及各种嵌入式平台，并且不同平台都已经通过了官方测试，这意味着通过 ROS2 可以实现开发、部署后端管理系统和用户界面的无缝衔接。

④ 大量采用新技术、新的设计理念　随着 ROS 数十年的发展，大量的新技术产生、改进、成熟并被广泛采用，ROS 也开始引入并应用一些新技术，比如 DDS、ZeroMQ、Redis、WebSockets 等。这些新技术为 ROS 带来了更多的便利、更低的维护成本、更多的功能拓展，并且随着第三方库的升级而持续受益。此外，ROS2 还重构了 API 系统，改进了 ROS1 的 API 在设计上的不足。

1.1.4 ROS2 应用方向

许多 ROS 团队伴随 ROS 成长到今日，其规模已经发展到足以被认为是独立组织的程度了。ROS 在导航、机械臂、无人驾驶、无人机等诸多领域大放异彩，下面列出了其中的一些团队项目，这些项目对我们以后的进阶发展，也提供了指导。

（1）Nav2

Nav2 项目继承自 ROS Navigation Stack。该项目旨在可以让移动机器人从 A 点安全地移动到 B 点。它也可以应用于涉及机器人导航的其他应用，例如跟随动态点。Nav2 可以用于实现路径规划、运动控制、动态避障等一系列功能。

（2）OpenCV

OpenCV 是一个开源的计算机视觉和机器学习软件库。OpenCV 旨在为计算机视觉应用程序提供通用基础架构，并加速机器感知在商业产品中的使用。OpenCV 允许企业轻松地使用和修改代码。

（3）MoveIt

MoveIt 是一组 ROS 软件包，主要包含运动规划、碰撞检测、运动学、3D 感知、操作控制等功能。MoveIt 现在可以用于市面上的大多数机械臂，并被许多大公司使用。

（4）Autoware Foundation

Autoware Foundation 是 ROS 下属的非营利组织，支持实现自动驾驶的开源项目。

（5）F1 Tenth

F1 Tenth 是将模型车改为无人车的竞速赛事，是一个由研究人员、工程师和自主系统爱好者组成的国际社区。它最初于 2016 年在宾夕法尼亚大学成立，但后来扩展到全球许多其他机构。

（6）microROS

在基于 ROS 的机器人应用中，microROS 正在弥合性能有限的微控制器和一般处理器之间的差距。microROS 在各种嵌入式硬件上运行，使 ROS 能直接应用于机器人硬件。

（7）Open Robotics

Open Robotics 与全球 ROS 社区合作，为机器人创建开放的软件和硬件平台，包括 ROS1、ROS2、Gazebo 模拟器和 Ignition 模拟器。Open Robotics 使用这些平台解决一些重要问题，并通过为各种客户组织提供软件和硬件开发服务来帮助其他人做同样的事情。

（8）PX4

PX4 是一款用于无人机和其他无人驾驶车辆的开源飞行控制软件，该项目为无人机开发人员提供了一套灵活的工具。

（9）ROS-Industrial

ROS-Industrial 是一个将 ROS 软件的高级功能扩展到工业相关硬件和应用程序的开源项目。

1.2 ROS2 的安装及测试

本节将介绍安装与卸载 ROS2 的方法，并且会介绍几种测试 ROS2 是否安装成功的方法。

1.2.1 选择操作系统

在探讨 ROS2 的安装过程之前，了解 Linux 尤为重要。Linux 是 ROS2 所依托的核心操作系统，它的诞生可以追溯到 1991 年。当时芬兰赫尔辛基大学的学生 Linus Torvalds 受到了 Minix 操作系统的启发，决定开发一个小型的 Unix-like 操作系统内核，用于个人兴趣和学习。Linus Torvalds 在 1991 年发布了第一个版本的 Linux 内核，这个内核只包含了基本的功能。随着时间的推移，越来越多的程序员加入 Linux 的开发中，为其增加了新的功能。开发社区的壮大，使得 Linux 逐渐成为一个完整的操作系统，形成了现代 Linux 操作系统的雏形。

Linux 取得如此巨大的成功，得益于其开放源代码的模式。至今，Linux 以其稳定性、安全性、灵活性和开源免费等优点，受到许多用户和组织的青睐，在各个领域都有着广泛的应用。在本书中，我们主要讲解 ROS2 在 Linux 系统上的使用方法，其他系统原理也基本相同。

安装 Linux 时会出现另外一个概念——发行版。什么叫发行版呢？准确来讲，我们提到的 Linux 应该叫作操作系统内核，并没有可视化界面，发行版就是给这个内核加上华丽的外衣，把操作界面和各种应用软件放到一起，打包成我们安装系统的镜像。Linux 内核与发行版关系如图 1-3 所示。

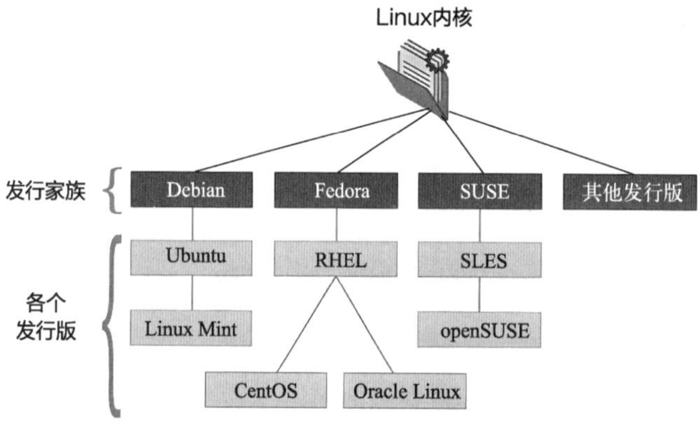

图 1-3　Linux 内核与发行版关系

Linux 系统的发行版有 Ubuntu、Fedora、RedHat 等，不同发行版界面如图 1-4 所示。每一个发行版都有其适用的场景，比如 RedHat 适合商业应用，Ubuntu、Fedora 适合个人使用等。本书使用的 Linux 发行版为 Ubuntu。在软件开发领域，无论是互联网开发、人工智能开发，还是大家关注的机器人开发，Ubuntu 都占据绝对重要的位置。

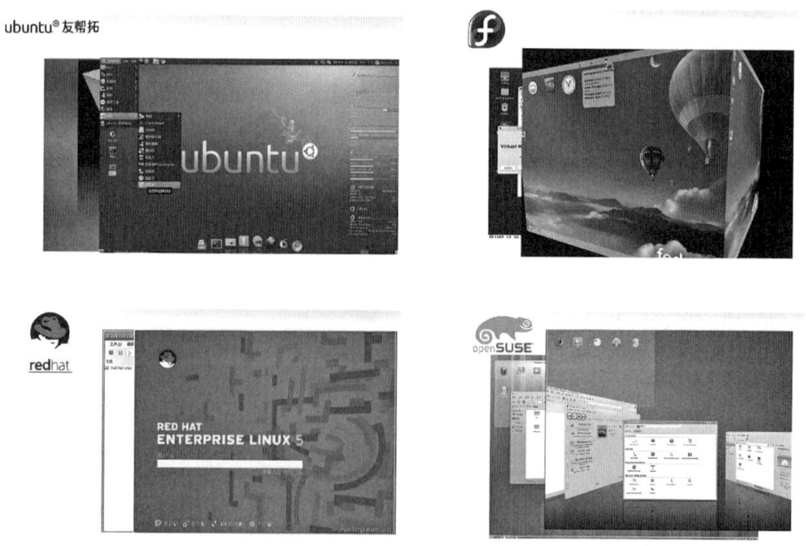

图 1-4　Linux 发行版界面

Ubuntu 的版本变动比较快，选择适合自己使用的版本很重要。Ubuntu 每两年会在 4 月份发布一个长期支持版，后缀会加 LTS，该版本保证在 5 年之内会获得持续维护更新，比如 Ubuntu20.04 LTS、Ubuntu22.04 LTS，除此之外的版本都是普通版，只维护 18 个月，所以大家在选择时，优先考虑长期支持版。Ubuntu 版本号与发布时间对应表如表 1-1 所示。在本书中，我们以 Ubuntu20.04 LTS 为例进行讲解，大家也可以选择其他版本。

表 1-1　Ubuntu 版本号与发布时间对应表

版本号	发布时间	版本号	发布时间
22.04 LTS	2022-04-19	18.10	2018-10-18
21.10	2021-10-14	18.04 LTS	2018-04-26
21.04	2021-04-22	17.10	2017-10-21
20.10	2020-10-22	17.04	2017-04-13
20.04 LTS	2020-04-23	16.10	2016-10-20
19.10	2019-10-17	16.04 LTS	2016-04-21
19.04	2019-04-19		

Ubuntu 安装方法有很多，如果你之前已经熟悉 Linux，建议使用硬盘安装 Ubuntu，这样可以发挥出硬件最大的性能；如果你是第一次接触 Linux，建议在已有的 Windows 上通过虚拟机安装，未来熟悉之后再考虑硬盘安装。虚拟机安装和硬盘安装的对比如表 1-2 所示。

表 1-2　虚拟机安装与硬盘安装 Ubuntu 对比

对比项	虚拟机安装	硬盘安装
安装难易	简单	复杂
硬件支持	一般	好
运行速度	慢	快
安全备份	简单	复杂
适合人群	初次接触或偶尔使用	有一定经验的开发者

除了了解 Ubuntu 的版本，我们还需要了解 ROS 的发行版。ROS 发行版是一组版本化的 ROS 功能包，它类似于 Linux 发行版。ROS 发行版能让开发人员在一个相对稳定的代码库上工作，直到新的发行版推出。ROS 各不同发布版本的发布日期与停止维护日期如表 1-3 所示。

表 1-3　ROS 各不同发布版本的发布日期与停止维护日期

发行版	发布日期	停止维护日期
Iron Irwini	2023 年 5 月 23 日	2024 年 11 月
Humble Hawksbill	2022 年 5 月 23 日	2027 年 5 月
Galactic Geochelone	2021 年 5 月 23 日	2022 年 11 月
Foxy Fitzroy	2020 年 6 月 5 日	2023 年 5 月
Eloquent Elusor	2019 年 11 月 22 日	2020 年 11 月
Dashing Diademata	2019 年 5 月 31 日	2021 年 5 月
Crystal Clemmys	2018 年 12 月 14 日	2019 年 12 月
Bouncy Bolson	2018 年 7 月 2 日	2019 年 7 月
Ardent Apalone	2017 年 12 月 8 日	2018 年 12 月
beta3	2017 年 9 月 13 日	2017 年 12 月

续表

发行版	发布日期	停止维护日期
beta2	2017年7月5日	2017年9月
beta1	2016年12月19日	2017年7月
alpha1 - alpha8	2015年8月31日	2016年12月

ROS发布版本与Ubuntu版本是相对应的，生命周期也与Ubuntu保持一致。一般情况下偶数年份发布长支持版，奇数年份发布短支持版。需要另外说明的是，官方于2020年发布了ROS1的最终版本，并于2025年5月终止对ROS1的维护。

1.2.2 ROS2安装与卸载

（1）ROS2的安装

在终端中输入以下命令安装ROS2：

① 设置系统语言环境：

```
$ sudo apt update && sudo apt install locales
$ sudo locale-gen en_US en_US.UTF-8
$ sudo update-locale LC_ALL=en_US.UTF-8 LANG=en_US.UTF-8
$ export LANG=en_US.UTF-8
```

② 添加ROS2软件仓库并安装必要的软件包：

```
$ sudo apt update && sudo apt install curl gnupg lsb-release
$ sudo curl -sSL https://raw.githubusercontent.com/ros/rosdistro/master/ros.key -o /usr/share/keyrings/ros-archive-keyring.gpg
$ echo "deb [arch=$(dpkg --print-architecture) signed-by=/usr/share/keyrings/ros-archive-keyring.gpg] http://packages.ros.org/ros2/ubuntu $(source /etc/os-release && echo $UBUNTU_CODENAME) main" | sudo tee /etc/apt/sources.list.d/ros2.list > /dev/null
```

③ 安装ROS2：

```
$ sudo apt update
$ sudo apt upgrade
$ sudo apt install ros-[ROS_DISTRO]-desktop  #[ROS_DISTRO] 指代ROS2版本，下同
```

④ 设置环境变量：

```
$ source /opt/ros/[ROS_DISTRO]/setup.bash
$ echo " source /opt/ros/[ROS_DISTRO]/setup.bash" >> ~/.bashrc
```

（2）ROS2的卸载

在终端中输入以下命令卸载ROS2：

① 卸载ROS2：

```
$ sudo apt remove ros-[ROS_DISTRO]-* && sudo apt autoremove
```

② 删除存储库：

```
$ sudo rm /etc/apt/sources.list.d/ros2.list
$ sudo apt update
```

```
$ sudo apt autoremove
$ sudo apt upgrade
```

1.2.3 测试 ROS2

本节将通过两个示例来测试 ROS2 是否安装成功。

示例一：

打开终端，输入下列命令安装 Turtlesim——一个学习 ROS2 的轻量级模拟器。

```
$ sudo apt update
$ sudo apt install ros-[ROS_DISTRO]-turtlesim
```

在终端中输入以下命令，启动一个蓝色背景的海龟模拟器，如图 1-5 所示。

```
$ ros2 run turtlesim turtlesim_node
```

再打开一个终端，输入以下代码启动一个键盘控制节点。通过点击键盘上的“上下左右”按键就可以控制小海龟运动了，如图 1-6 所示。

```
$ ros2 run turtlesim turtle_teleop_key
```

注意：如果想要实现按键控制，必须把鼠标移到启动按键控制的终端上，而不是选中小海龟窗口。

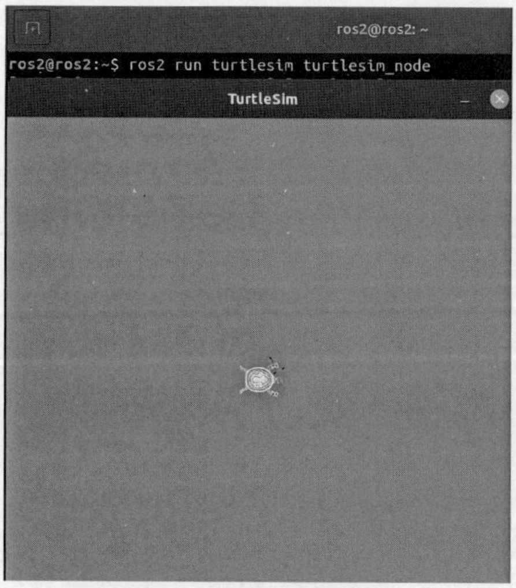

图 1-5 启动海龟模拟器

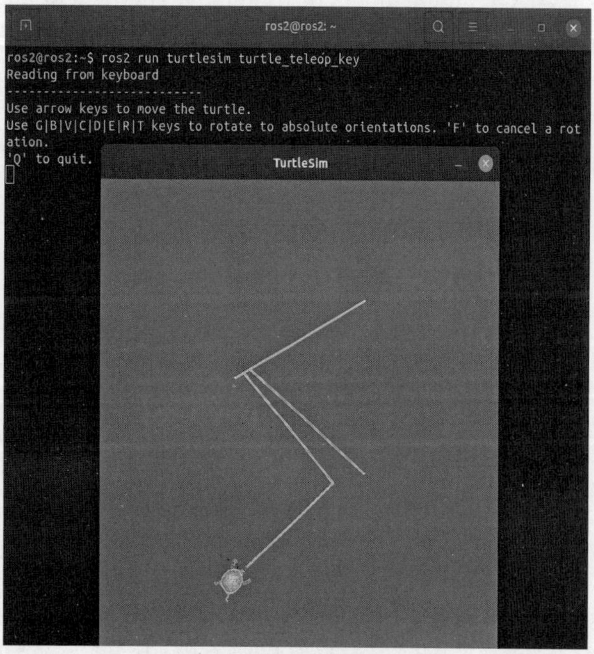

图 1-6 控制小海龟运动

示例二：

打开两个终端，第一个输入以下命令启动 talker：

```
$ ros2 run demo_nodes_cpp talker
```

第二个输入以下命令启动 listener：

```
$ ros2 run demo_nodes_py listener
```

出现如图 1-7 所示的界面则说明 C++和 python 相关的 API 都能正常工作。

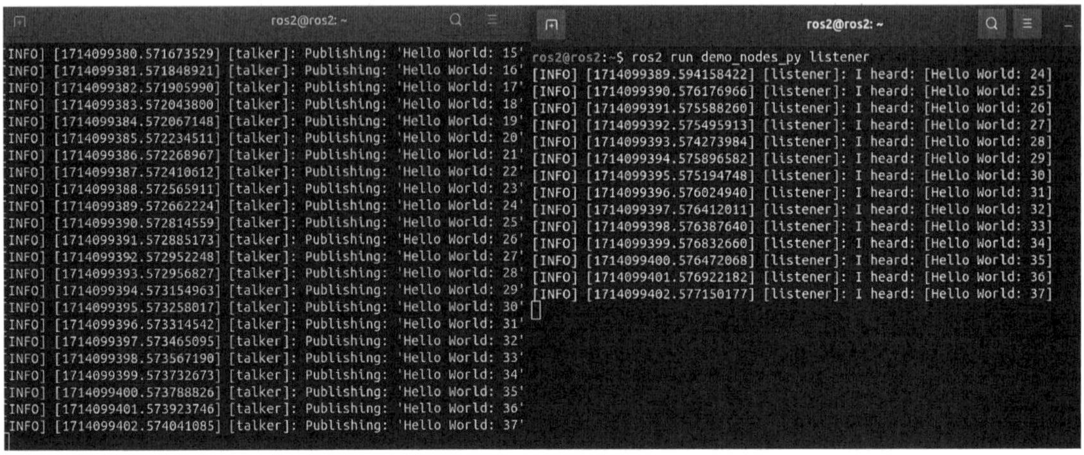

图 1-7 talker 与 listener

1.3 Linux 命令行操作

在之前安装 ROS2 和运行测试案例的时候，我们接触到了 ROS2 中一种重要的调试工具——命令行。大家如果是第一次使用，可能会有点不太适应。本节将向大家介绍 Linux 中的常用命令，随着学习的深入，大家一定可以感受到命令行的魅力。

ROS2 命令行的操作机制与 Linux 相同，不过所有操作都集成在一个 ROS2 的总命令中，后边第一个参数表示不同的操作目的，比如 node 表示对节点的操作，topic 表示对话题的操作。ROS2 相关的命令行将在后面的章节中进行介绍。

1.3.1 常用 Linux 命令行

（1）ls 命令

ls 就是 list 的缩写，通过 ls 命令不仅可以查看 linux 文件夹包含的文件，还可以查看文件权限、目录信息等。

常用参数搭配如下：

```
-a 列出目录所有文件，包含以.开始的隐藏文件
-r 反序排列
-t 以文件修改时间排序
-S 以文件大小排序
-h 以人类可读的格式列出文件和目录
-l 除了文件名之外，还将文件的权限、所有者、文件大小等信息详细列出来
```

（2）cd 命令

cd 命令可用于切换当前工作目录，使用方法如下：

```
$ cd [目录名]
```

（3）pwd 命令

pwd 命令用于查看当前工作目录路径，使用方法如下：

① 查看当前路径：

```
$ pwd
```

② 查看软链接的实际路径：

```
$ pwd -P
```

（4）mkdir 命令

mkdir 命令用于创建文件夹。

（5）rm 命令

rm 命令用于删除一个目录中的一个或多个文件或目录。

（6）rmdir 命令

rmdir 命令用于从一个目录中删除一个或多个子目录项，删除某目录时必须具有对其父目录的写权限。需要注意的是，这条命令不能删除非空目录。

（7）mv 命令

mv 命令用于移动文件或修改文件名。

（8）cp 命令

cp 命令用于将源文件复制至目标文件。

常用的参数搭配如下：

```
-i 提示
-r 复制目录及目录内所有项目
```

（9）locate 命令

locate 命令通过搜索数据库来查找文件系统中的文件和目录，这个数据库包含了系统中所有文件的路径信息。它比使用 find 命令在文件系统中搜索更快，因为它不需要遍历整个文件系统。

（10）find 命令

find 命令用于在文件树中查找文件，并作出相应的处理。

常用参数搭配如下：

```
-name 按照文件名找文件
-perm 按文件权限查找文件
-user 按文件属主查找文件
-group 按照文件所属的组来查找文件
-type 查找某一类型的文件，诸如:
        b - 块设备文件
        d - 目录
        c - 字符设备文件
        l - 符号链接文件
        p - 管道文件
        f - 普通文件
```

（11）chmod 命令

chmod 命令用于改变 Linux 系统文件或目录的访问权限。该命令有两种用法，一种是包含字母和操作符表达式的文字设定法；另一种是包含数字的数字设定法。

每一文件或目录的访问权限都有三组，每组用三位表示，分别为文件属主的读、写和执行权限，与属主同组的用户的读、写和执行权限，系统中其他用户的读、写和执行权限。

常用参数搭配如下：

```
- c 当发生改变时，报告处理信息
- R 处理指定目录以及其子目录下所有文件
```

权限范围如下：

```
u  ：目录或者文件的当前的用户
g  ：目录或者文件的当前的群组
o  ：除了目录或者文件的当前用户或群组之外的用户或者群组
a  ：所有的用户及群组
```

权限代号如下：

```
r  ：读权限，用数字 4 表示
w  ：写权限，用数字 2 表示
x  ：执行权限，用数字 1 表示
-  ：删除权限，用数字 0 表示
S  ：特殊权限
```

（12）tar 命令

tar 命令用于压缩和解压文件。tar 命令本身不具有压缩功能，只具有打包功能，有关压缩及解压是调用其他的功能来完成的。

常用参数搭配如下：

```
-c    建立新的压缩文件
-f    指定压缩文件
-r    添加文件到已经压缩的文件包中
-u    添加更改和现有的文件到压缩包中
-x    从压缩包中抽取文件
-t    显示压缩文件中的内容
-z    支持 gzip 压缩
-j    支持 bzip2 压缩
-Z    支持 compress 解压文件
-v    显示操作过程
```

（13）df 命令

df 命令用于显示磁盘空间使用情况，即获取硬盘被占用了多少空间、目前还剩下多少空间等信息。如果没有文件名被指定，则所有当前被挂载的文件系统的可用空间都将被显示。默认情况下，磁盘空间将以 1KB 为单位进行显示，除非环境变量 POSIXLY CORRECT 被指定，那样将以 512 字节为单位进行显示。

常用参数如下：

```
-a    全部文件系统列表
-h    以方便阅读的方式显示信息
-I    显示 inode 信息
-k    区块为 1024 字节
-l    只显示本地磁盘
-T    列出文件系统类型
```

（14）ln 命令

ln 命令用于为文件在另外一个位置建立一个同步的链接，当在不同目录需要该文件时，就不需要为每一个目录创建同样的文件。

建立的链接分为软链接及硬链接。软链接以路径的形式存在，可以跨文件系统。软链接还可以对一个不存在的文件名或者目录进行链接。硬链接以文件副本的形式存在，但不占用实际空间。硬链接只有在同一个文件系统中才能创建并且不能给目录创建硬链接。

使用 ln 命令时需要注意如下几点：

① ln 命令会保持每一处链接文件的同步性，也就是说，不论改动了哪一处，其他的文件都会发生相同的变化。

② ln 命令用在链接文件或目录时，如同时指定两个以上的文件或目录，且最后的目的地是一个已经存在的目录，则会把前面指定的所有文件或目录复制到该目录中。若同时指定多个文件或目录，且最后的目的地并非一个已存在的目录，则会出现错误信息。

常用参数搭配如下：

```
-b   删除、覆盖以前建立的链接
-s   软链接（符号链接）
-v   显示详细处理过程
```

（15）grep 命令

grep 是强大的文本搜索命令，常用参数搭配如下：

```
-A   n --after-context 显示匹配字符后 n 行
-B   n --before-context 显示匹配字符前 n 行
-C   n --context 显示匹配字符前后 n 行
-c   --count 计算符合样式的列数
-I   忽略大小写
-l   只列出文件内容符合指定的样式的文件名称
-f   从文件中读取关键词
-n   显示匹配内容的所在文件中行数
-R   递归查找文件夹
```

1.3.2 使用命令行安装软件包

在 Ubuntu 中，使用命令行安装软件包有三种常见的方法，分别是使用 apt-get 命令安装、使用 dpkg 命令安装.deb 包和使用 make install 命令安装源码包。下面将对这三种方法进行介绍。

（1）apt-get 命令

使用 apt-get install 来安装应用程序算是最常见的一种安装方法了，比如安装 build-essential 这个软件包，使用以下命令，它会把所有的依赖包都一起安装了。

```
$ sudo apt-get install build-essential
```

apt-get 命令的使用方法如表 1-4 所示。

表 1-4 apt-get 命令的使用方法

命令	作用	命令	作用
apt-get install	安装	apt-get upgrade	进行系统升级
apt-get remove	卸载	apt-cache search	搜索软件包
apt-get update	更新软件信息数据库		

（2）dpkg 命令安装.deb 包

Ubuntu 软件包格式为.deb，使用 dpkg 命令安装.deb 包的方法如下：

```
$ sudo dpkg -i package.deb
```

dpkg 命令的使用方法如表 1-5 所示。

表 1-5 dpkg 命令的使用方法

命令	作用	命令	作用
dpkg -i package.deb	安装包	dpkg -unpack package.deb	解开 deb 包的内容
dpkg -r package	删除包	dpkg -S keyword	搜索所属的包内容
dpkg -P package	删除包(包括配置文件)	dpkg -l	列出当前已安装的包
dpkg -L package	列出与该包关联的文件	dpkg -c package.deb	列出 deb 包的内容
dpkg -l package	显示该包的版本	dpkg -configure package	配置包

（3）make install 命令安装源码包

如果要使用 make 安装的话，需要先安装 build-essential 这个依赖包，安装方法已经在前面说过了。在安装完毕以后，我们就可以进行源码安装。源码安装大致可以分为 3 个步骤：配置、编译和安装。

配置是编译源代码的第一步，通过./configure 命令完成。执行此步以便为编译源代码作准备。常用的选项有--prefix=PREFIX，用以指定程序的安装位置，更多的选项可通过 --help 查询。一旦配置通过，便可使用 make 指令来编译。如果编译也没有问题，那么执行 sudo make install 就可以将程序安装到系统中了。

1.4 ROS2 集成开发环境搭建

本节将搭建 ROS2 的集成开发环境，包括 VSCode、终端与 git，并且会带大家下载本书配套源码。

1.4.1 VSCode

VSCode 全称为 Visual Studio Code，是微软推出的一款轻量级的源代码编辑器，免费、开源而且功能强大。该软件跨平台支持 Win、Mac 以及 Linux 系统。VSCode 的强大之处有两个，第一个是强大的界面，第二个是强大的插件。

VSCode 有各种各样的插件，我们常用的是 Python 和 C++插件，来帮助我们编写 Python 和 C++代码。Python 插件如图 1-8 所示，C++插件如图 1-9 所示。除此之外，VSCode 还有汉化插件，使用户能够以简体中文的形式操作 VSCode。

1.4.2 终端

在 ROS2 中，需要频繁地使用到终端，且可能需要同时开启多个窗口。可以通过以下命令下载终端：

```
$ sudo apt install terminator
```

终端可以直接使用快捷键 Ctrl+Alt+T 启动。终端常用的快捷键如表 1-6 所示。

图 1-8 Python 插件

图 1-9 C++插件

表 1-6 同一个标签内的终端快捷键

快捷键	作用
Alt+Up	移动到上面的终端
Alt+Down	移动到下面的终端
Alt+Left	移动到左边的终端
Alt+Right	移动到右边的终端
Ctrl+Shift+O	水平分割终端
Ctrl+Shift+E	垂直分割终端
Ctrl+Shift+Right	在垂直分割的终端中将分割条向右移动
Ctrl+Shift+Left	在垂直分割的终端中将分割条向左移动
Ctrl+Shift+Up	在水平分割的终端中将分割条向上移动
Ctrl+Shift+Down	在水平分割的终端中将分割条向下移动
Ctrl+Shift+S	隐藏/显示滚动条
Ctrl+Shift+F	搜索
Ctrl+Shift+C	复制选中的内容到剪贴板
Ctrl+Shift+V	粘贴剪贴板的内容到此处
Ctrl+Shift+W	关闭当前终端
Ctrl+Shift+Q	退出当前窗口，当前窗口的所有终端都将被关闭
Ctrl+Shift+X	最大化显示当前终端
Ctrl+Shift+Z	最大化显示当前终端并使字体放大
Ctrl+Shift+N 或 Ctrl+Tab	移动到下一个终端
Ctrl+Shift+P 或 Ctrl+Shift+Tab	移动到之前的一个终端

1.4.3 git

git 是一个开源的分布式版本控制系统，主要用于帮助开发者有效地管理项目版本。它具有一系列强大的功能，包括版本控制、分支管理、协同合作、提交与撤销、远程仓库支持等。通过 git，开发者可以记录文件的每一次修改，并在不同版本之间进行切换、比较和恢复。git 还支持创建多个分支，允许开发者在不同的分支上同时进行开发工作，并能方便地合并分支和解决分支冲突。它已经成为现代软件开发中不可或缺的工具之一。git 图标如图 1-10 所示。

图 1-10 git 图标

git 的安装方法非常简单，在终端中使用下列命令就可以完成安装：

```
$ sudo apt install git
```

关于 git 工具的使用方法可以在终端下输入 git --help 查看帮助文档。

1.4.4 下载配套源码

本书配套源码可以通过下面的命令进行下载：

```
$ git clone https://github.com/ccqjcj/ROS2-Academy-for-Beginners.git
```

下载好的源码如图 1-11 所示，里边有很多文件夹，文件夹中还会有更多文件夹和代码文件。如果用系统自带的文件浏览器和记事本查看，就略显复杂，推荐使用前文提到的 VSCode 进行查看。

图 1-11 配套源码

1.5 二进制包与源代码包

在 1.3.2 节我们介绍了 apt-get 命令、dpkg 命令和 make install 命令，在 1.4.3 节与 1.4.4 节介绍了 git 以及通过 git clone 指令下载配套源码的方法。上述命令包含了两种常见的软件包安装方式。

通常软件包可以分为二进制包和源代码包，二进制包包含已经编译完成的程序，可以直接在系统中运行。这些程序是 ROS2 官方或第三方开发者编译好的，用户无需再进行编译过程。二进制包通常通过包管理器进行下载和安装。二进制包适合那些希望直接使用 ROS2 功能而无需深入了解或修改源代码的用户。这种方式简单快捷，能够快速搭建起 ROS2 的开发环境。但是二进制包是预编译的，因此用户无法对其源代码进行修改。如果需要定制或扩展 ROS2 的功能，可能需要考虑源代码包。

源代码包包含 ROS2 功能包的原始代码，用户需要在本地计算机上进行编译以生成可执行的二进制文件。源代码包通常通过版本控制系统从 ROS2 的官方仓库或第三方仓库下载源代码。下载后，用户需要按照 ROS2 的编译指南进行编译和安装。源代码包适合那些希望深入了解 ROS2

的实现原理、进行源代码级别的调试或修改，以及开发自定义 ROS2 功能的用户。源代码包提供了更高的灵活性，允许用户根据需要进行定制和扩展。然而，这也需要用户具备一定的编程能力和对 ROS2 架构的了解。

二进制包和源代码包的区别如表 1-7 所示。

表 1-7 二进制包和源代码包的区别

区别	二进制包	源代码包
下载方式	apt-get install/直接下载 deb	git clone/直接下载源代码
来源	官方 apt 软件源	开源项目、第三方开发者
扩展性	无法修改	通过源代码修改
可读性	无法查看源代码	方便阅读源代码

上述提到的命令中，apt-get 命令默认安装的是二进制包，但也可以下载源代码包进行手动编译和安装；dpkg 命令安装的是.deb 格式的二进制包；make install 命令是源代码编译后安装的步骤，因此与源代码包安装相关；git clone 命令本身并不直接涉及安装软件包的过程，而是用于从远程仓库（如 GitHub、GitLab 等）复制一个仓库的完整副本到本地计算机上。如果远程仓库是一个软件项目的源代码仓库，那么 git clone 下载的就是该软件的源代码包，用户可以在本地计算机上对这个源代码包进行编辑、修改、编译等操作；如果远程仓库包含的是已经编译好的二进制文件或其他非源代码资源，那么 git clone 下载的就是这些资源的副本，而不是源代码包。

1.6 本章小结

本章首先介绍了 ROS2 的诞生与发展，我们以此了解了 ROS2 的起源、发展历程以及它在机器人操作系统领域的地位。ROS2 作为 ROS1 的下一代版本，在通信机制、性能、安全性等方面进行了全面优化，为机器人开发者提供了更加强大、灵活和安全的开发平台。本章探讨了 ROS2 的生态系统，包括通信、工具、功能与社区四大部分。这些组成部分共同构成了 ROS2 的强大功能，使得开发者能够轻松构建复杂的机器人系统。本章分析了 ROS2 的优势，如灵活的通信机制、性能优化、多语言支持、模块化设计、跨平台兼容性和强大的社区支持等。这些优势使得 ROS2 在机器人开发领域具有广泛的应用前景。本章还介绍了 ROS2 的应用方向，这些应用方向展示了 ROS2 在推动机器人技术发展中的重要作用。

随后本章介绍了 ROS2 的安装及测试方法以及常用的 Linux 命令行，还指导了如何使用 Linux 命令行安装软件包。我们还一起搭建了 ROS2 集成开发环境，包括 VSCode、终端、git 与配套源码，以便进行学习和实践。

最后本章探讨了 ROS2 的二进制包和源代码包之间的区别。二进制包通常更容易安装和使用，但可能缺乏灵活性；源代码包则提供了更多的定制化和扩展性。开发者可以根据自己的需求选择合适的安装方式。

综上所述，本章对 ROS2 进行了介绍，并指导了如何进行 ROS2 的安装与测试。同时，本章还介绍了 Linux 命令行操作、ROS2 集成开发环境搭建以及二进制包与源代码包的选择等实用技能。这些知识和技能对于机器人开发者来说至关重要。

接下来的章节将进一步探讨 ROS2 的系统架构，帮助读者更深入地掌握这一先进的机器人操作系统。

习题一

1. [单选] ROS2 的全称是？

A. React Operating System 2　　B. Router Operating System 2

C. Request of Service 2　　D. Robot Operating System 2

2. [单选] 打开终端的快捷指令是什么？

A. Ctrl+Alt+C　　B. Ctrl+Alt+R　　C. Ctrl+Alt+T　　D. Ctrl+Alt+A

3. [单选] Turtlesim 是什么？

A. 一个图形化的编辑器　　B. 一个用于机器人模拟的软件包

C. 一个编程语言　　D. 一个操作系统

4. [单选] 以下哪个 git 命令用于从远程仓库克隆代码到本地？

A. git clone　　B. git pull　　C. git fetch　　D. git checkout

5. [单选] 在 Ubuntu 中，如果要安装一个新的软件包，通常你会使用哪个命令行工具？

A. yum　　B. apt-get　　C.dnf　　D. zypper

6. [单选] 以下哪个命令用于在 Linux 系统中查看当前工作目录？

A. ls　　B. pwd　　C. cd　　D. mkdir

7. [单选] 以下哪个命令用于在 Linux 系统中创建一个新的空目录？

A. rm　　B. cp　　C. mv　　D. mkdir

8. [单选] 在 Ubuntu 系统上安装 ROS2 时，官方推荐的主要安装方法是什么？

A. 使用 apt 包管理器从 Ubuntu 的官方仓库安装

B. 从 ROS2 的 GitHub 仓库直接下载源代码并编译

C. 使用 Docker 容器来运行 ROS2 环境

D. 通过 Python 的 pip 工具安装 ROS2 包

9. [单选] 以下哪个 Linux 发行版以其强大的稳定性和长期支持（LTS）版本而著称？

A. Ubuntu　　B. Fedora　　C. CentOS　　D. Arch Linux

10. [单选] Visual Studio Code 是一款什么类型的软件？

A. 命令行工具　　B. 集成开发环境

C. 轻量级的源代码编辑器　　D. 操作系统

11. [单选] 在 Debian 及其衍生系统上，哪个命令用于安装.deb 软件包？

A. apt-get install　　B. yum install　　C. dpkg -i　　D. rpm -ivh

12. [单选] 在使用 make install 命令安装从源代码编译的软件包时，通常需要先执行哪个命令来确保所有必要的依赖项都已正确编译？

A. make clean　　B. make configure　　C. ./configure　　D. make

13. ROS2 的诞生原因是什么？ROS2 相比于 ROS1 有哪些变化？

14. Linux 内核的概念是什么？

15. 思考在 1.2.3 节的示例中，为什么键盘可以控制小乌龟前进后退？

第2章 ROS2系统架构

ROS2 系统架构是我们深入理解并掌握 ROS2 的基石。本章将带领大家学习 ROS2 的文件系统与通信架构。通过学习 ROS2 的文件系统，我们将了解到 ROS2 的系统分层、工作空间、功能包以及 colcon 构建工具的相关知识。通信模块是整个 ROS2 架构中的重中之重，深入探究 ROS2 的通信架构，我们将学习节点的概念、基本的通信模型、接口文件的编写、DDS 中间件的应用、分布式系统的实现以及质量服务策略 QoS（Quality of Service）的配置等。掌握这些内容，能够帮助我们在开发过程中更加游刃有余。

2.1 ROS2 文件系统

本节将介绍 ROS2 的系统分层以及用命令创建工作空间和功能包的方法，还将介绍工作空间和功能包的目录结构以及 colcon 构建工具的安装与使用方法。

2.1.1 ROS2 系统分层

立足系统架构，ROS2 可以划分为三层，即操作系统层（OS Layer）、中间层（Middleware Layer）和应用层（Application Layer）。ROS1 与 ROS2 的系统分层对比如图 2-1 所示。接下来将对这三层进行介绍。

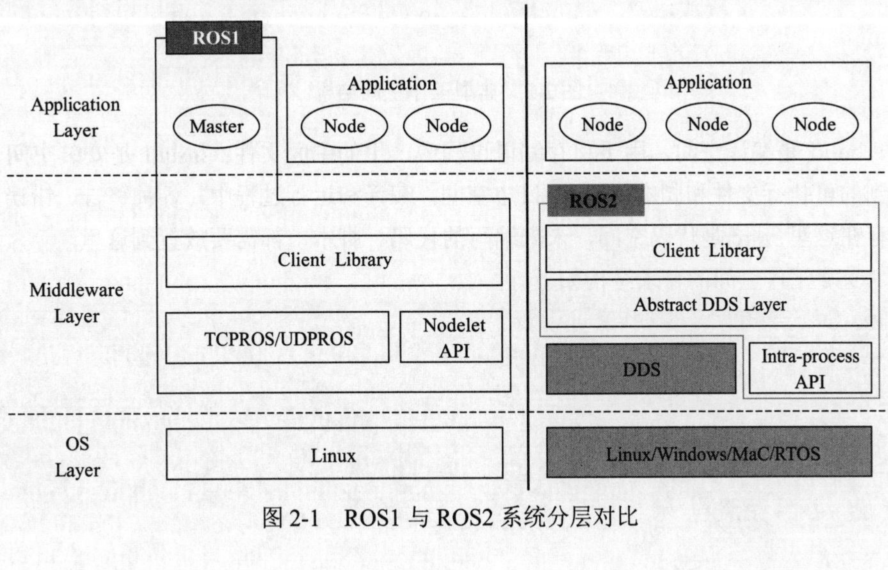

图 2-1 ROS1 与 ROS2 系统分层对比

操作系统层（OS Layer），如前所述，ROS1与ROS2虽然被称为机器人操作系统，但其实质只是构建机器人应用程序的软件开发工具包，它们必须依赖于传统意义的操作系统。目前ROS2可以运行在Linux、Windows、Mac或RTOS（real time operate system，实时操作系统）上。

中间层（Middleware Layer）主要由数据分发服务DDS和ROS2封装的关于机器人开发的中间件组成。其中，DDS是一种去中心化的数据通信方式。ROS2还引入了服务质量管理机制，借助该机制可以保证在某些较差的网络环境下也可以具备良好的通信效果。ROS2中间件则主要由客户端库、DDS抽象层与进程内通信API构成。

应用层（Application Layer）是指开发者构建的应用程序。应用程序是以功能包为核心的，功能包中可以包含源码、数据定义、接口等内容。

2.1.2 工作空间

大家在之前的学习和开发中，应该有接触过某些集成开发环境，比如Visual Studio、Eclipse、Qt Creator等。当我们想要编写程序时，在这些开发环境的工具栏中，点击“创建新工程”的选项，此时就产生一个文件夹，后续所有工作产生的文件，都会放置在这个文件夹中，这个文件夹以及里边的内容，就叫作工程。

类似的，在ROS机器人开发中，我们针对机器人某些功能进行实现时，各种编写的代码、参数、脚本等文件，也需要放置在某一个文件夹里进行管理，这个文件夹在ROS系统中就叫作工作空间。

在ROS2中，工作空间是一个关键的概念，它主要指的是一个用于存放项目开发相关文件的文件夹。这个文件夹是开发过程中存放所有资料的大本营，用于集中管理各种编写的代码、参数、脚本等文件。ROS2系统中一个典型的工作空间结构如图2-2所示，这个dev_ws就是工作空间的根目录，里边会有4个子目录，或者叫作4个子空间。

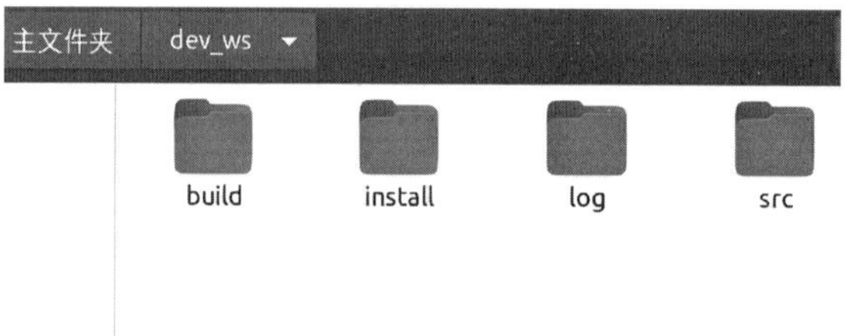

图2-2　典型工作空间结构

其中，build是编译空间，用于保存编译过程中产生的中间文件；install是安装空间，用于放置编译得到的可执行文件和脚本；log是日志空间，编译和运行过程中，各种警告、错误、信息等日志会保存在这里；src是代码空间，未来编写的代码、脚本，都需要放置到这里。

一个ROS2工作空间的目录结构如下：

```
WorkSpace --- 自定义的工作空间
    |--- build: 存储中间文件的目录
    |--- install: 安装目录
    |--- log: 日志目录
    |--- src: 用于存储功能包源码的目录
        |-- C++功能包
```

```
        |-- package.xml：包信息，比如包名、版本、作者、依赖项等
        |-- CMakeLists.txt：配置编译规则，比如源文件、依赖项、目标文件等
        |-- src：C++源文件目录
        |-- include：头文件目录
        |-- msg：消息接口文件目录
        |-- srv：服务接口文件目录
        |-- action：动作接口文件目录
    |-- Python 功能包
        |-- package.xml：包信息，比如包名、版本、作者、依赖项等
        |-- setup.py：与 C++功能包的 CMakeLists.txt 类似
        |-- setup.cfg：功能包基本配置文件
        |-- resource：资源目录
        |-- test：存储测试相关文件
        |-- 功能包同名目录：Python 源文件目录
```

另外，无论是 Python 功能包还是 C++功能包，都可以自定义一些配置文件相关目录。

```
|-- C++或 Python 功能包
    |-- launch：存储 launch 文件
    |-- rviz：存储 rviz2 配置相关文件
    |-- urdf：存储机器人建模文件
    |-- params：存储参数文件
    |-- world：存储仿真环境相关文件
    |-- map：存储导航所需地图文件
```

了解了工作空间的概念和结构，接下来我们可以使用如下命令创建一个工作空间：

```
$ mkdir -p ~/dev_ws/src
```

之后可以使用如下命令编译工作空间：

```
$ cd ~/dev_ws/
$ colcon build
```

编译成功后，就可以在工作空间中看到自动生产的 build、log、install 文件夹了。为了让系统能够找到我们的功能包和可执行文件，还需要通过以下命令设置环境变量：

```
$ source install/setup.bash
```

至此，我们就完成了工作空间的创建、编译和配置。

2.1.3 功能包

每个机器人可能有很多功能，比如移动控制、视觉感知、自主导航等，如果我们把这些功能的源码都放到一起当然也是可以的，但是当我们想把其中某些功能分享给别人时，就会发现代码都混合到了一起，很难拆分出来。

功能包的原理就是把不同功能的代码划分到不同的功能包中，尽量降低它们之间的耦合关系。当需要在 ROS 社区中分享给别人的时候，只需要说明这个功能包该如何使用，别人很快就可以用起来了。功能包的机制，是提高 ROS 中软件复用率的重要方法之一。

功能包可以理解为存放节点的地方，它是 ROS2 应用程序的核心。但是功能包不能直接构建，必须依赖于工作空间。我们可以使用以下命令在 ROS2 中创建一个功能包：

```
$ ros2 pkg create <package-name> --build-type {cmake,ament_cmake,ament_python} --dependencies <依赖包名字>
```

其中，build-type 用于指定新建的功能包的构建类型。如果使用 C++或者 C，那这里就跟 ament_cmake；如果使用 Python，就跟 ament_python。package_name 表示新建功能包的名字。

在创建好功能包，完成代码的编写之后，需要编译和配置环境变量，才能正常运行。使用以下命令编译和配置环境变量：

```
$ cd ~/dev_ws
$ colcon build
$ source install/setup. bash
```

如前文所述，ROS 官方或社区提供的功能包可以很方便地通过二进制方式安装，安装命令如下：

```
$ sudo apt install ros-ROS2 版本代号-功能包名称
```

也可以直接下载官方、社区或其他第三方提供的源代码，一般我们会从 Github 获取源码，下载命令如下：

```
$ git clone 仓库地址
```

在 ROS2 功能包中，经常需要开发者编辑一些配置文件以设置功能包的构建信息。功能包类型不同，所需修改的配置文件也有所不同。C++功能包的构建信息主要包含在 package.xml 与 CMakeLists.txt 中；Python 功能包的构建信息则主要包含在 package.xml 和 setup.py 中。

接下来我们简单了解这些配置文件。C++类型的功能包目录结构为：

```
└── src
    └── example_cpp
        ├── CMakeLists.txt
        ├── include
        │   └── example_cpp
        ├── package.xml
        └── src
```

其中必然存在两个文件：package.xml 和 CMakeLists.txt。不管是何种类型的功能包，package.xml 的格式都是类似的，该文件中包含了包名、版本、作者、依赖项的信息。它可以为 colcon 构建工具确定功能包的编译顺序。CMakeLists.txt 文件是编译规则，C++代码需要编译才能运行，所以必须要在该文件中设置如何编译。

Python 类型的功能包目录结构为：

```
├── example_py
│   └── __init__.py
├── package.xml
├── resource
│   └── example_py
├── setup.cfg
├── setup.py
└── test
```

C++功能包需要将源码编译成可执行文件，但是 Python 语言是解析型的，不需要编译，所以会有一些不同。Python 类型的功能包会有这两个文件：package.xml 和 setup.py。package.xml 文件的主要内容和C++版本功能包一样，包含功能包的版权描述和各种依赖的声明，setup.py文件里边包含一些版权信息。

接下来我们具体介绍这些配置文件。

（1）package.xml

一个简单的package.xml示例如下：

```
<?xml version="1.0"?>
<?xml-model href="http://download.ros.org/schema/package_format3.xsd"
schematypens="http://www.w3.org/2001/XMLSchema"?>
<package format="3">
  <name>pkg01_helloworld_cpp</name>
  <version>0.0.0</version>
  <description>TODO: Package description</description>
  <maintainer email="ros2@todo.todo">ros2</maintainer>
  <license>TODO: License declaration</license>

  <buildtool_depend>ament_cmake</buildtool_depend>
  <depend>rclcpp</depend>

  <test_depend>ament_lint_auto</test_depend>
  <test_depend>ament_lint_common</test_depend>

  <export>
    <build_type>ament_cmake</build_type>
  </export>
</package>
```

在package.xml中，<package>为整个xml文件的根标签，format属性用来声明文件的格式版本；<name>为包名；<version>为包的版本号；<description>为包的描述信息；<maintainer>为维护者信息；<license>为软件协议；<url>为包的介绍网址；<author>为包的作者信息；<buildtool_depend>声明编译工具依赖；<build_depend>声明编译依赖；<build_export_depend>声明根据此包构建库所需依赖；<exec_depend>声明执行时依赖；<depend>相当于<build_depend>、<build_export_depend>、<exec_depend>三者的集成；<test_depend>声明测试依赖；<doc_depend>声明构建文档依赖。

（2）CMakeLists.txt

一个简单的CMakeLists.txt示例与简单说明如下：

```
# 声明cmake的最低版本
cmake_minimum_required(VERSION 3.8)
# 包名，需要与package.xml中的包名一致
project(pkg01_helloworld_cpp)

if(CMAKE_COMPILER_IS_GNUCXX OR CMAKE_CXX_COMPILER_ID MATCHES "Clang")
  add_compile_options(-Wall -Wextra -Wpedantic)
```

```
endif()

# find dependencies
find_package(ament_cmake REQUIRED)
# 引入外部依赖包
find_package(rclcpp REQUIRED)

# 映射源文件与可执行文件
add_executable(helloworld src/helloworld.cpp)
# 设置目标依赖库
ament_target_dependencies(
  helloworld
  "rclcpp"
)
# 定义安装规则
install(TARGETS helloworld
  DESTINATION lib/${PROJECT_NAME})

if(BUILD_TESTING)
  find_package(ament_lint_auto REQUIRED)
  # the following line skips the linter which checks for copyrights
  # comment the line when a copyright and license is added to all source files
  set(ament_cmake_copyright_FOUND TRUE)
  # the following line skips cpplint (only works in a git repo)
  # comment the line when this package is in a git repo and when
  # a copyright and license is added to all source files
  set(ament_cmake_cpplint_FOUND TRUE)
  ament_lint_auto_find_test_dependencies()
endif()

ament_package()
```

（3）setup.py

Python 功能包中需要配置 setup.py 文件，该文件描述了如何构建 Python 功能包。一个简单的 setup.py 示例与简单说明如下：

```
from setuptools import setup

package_name = 'pkg02_helloworld_py'

setup(
    name=package_name, # 包名
    version='0.0.0',   # 版本
    packages=[package_name], # 功能包列表
```

```
    data_files=[ #需要被安装的文件以及安装路径
        ('share/ament_index/resource_index/packages',
            ['resource/' + package_name]),
        ('share/' + package_name, ['package.xml']),
    ],
    install_requires=['setuptools'], # 安装依赖
    zip_safe=True,
    maintainer='ros2', # 维护者
    maintainer_email='ros2@todo.todo', # 维护者 email
    description='TODO: Package description', # 包描述
    license='TODO: License declaration', # 软件协议
    tests_require=['pytest'], # 测试依赖
    entry_points={
        'console_scripts': [
            # 映射源文件与可执行文件
            'helloworld = pkg02_helloworld_py.helloworld:main'
        ],
    },
)
```

2.1.4 colcon 构建工具

随着 ROS 的不断发展，ROS2 成了机器人领域的主流开发框架。在 ROS2 中，编译工具的选择对于项目的开发效率和可维护性至关重要。colcon（collective construction）是 ROS2 中的一个强大的构建工具，用于构建、测试和分发 ROS2 工作区中的软件包集合，旨在简化 ROS2 工作区的构建和测试过程。

colcon 支持多种构建系统和构建工具，如 catkin_cmake、ament_tools 等。开发者可以根据自己的需求选择最合适的构建方式。此外，colcon 还提供了丰富的插件机制，方便开发者扩展其功能。与 catkin 相比，colcon 具有更好的并行编译能力。在 catkin 中，所有的包都是按顺序编译的，这会导致编译时间较长。而 colcon 支持并行编译，可以同时编译多个包，极大地提高了编译效率。这对于大型项目来说，无疑是一个巨大的优势。此外，colcon 使用 CMake 作为默认的构建系统，这意味着开发者可以利用 CMake 的强大功能来管理项目。CMake 是一个跨平台的构建系统，可以生成适用于不同平台的 Makefile 和其他构建文件。这使得 colcon 在跨平台开发方面具有很高的便利性。colcon 还能自动识别工作区中的功能包，并按照依赖关系依次构建它们。这使得构建过程更加简洁和高效。

在使用 colcon 之前，需要先安装它。可以通过以下命令进行安装：

```
$ sudo apt-get install python3-colcon-common-extensions
```

安装完成后，打开终端输入$ colcon 即可看到其使用方法。

构建完成后，在 src 同级目录中我们应该会看到 build、install 和 log 目录，目录结构如下。

```
.
├── build
```

```
├── install
├── log
└── src

4 directories, 0 files
```

其中，build 目录存储的是中间文件；install 目录是每个软件包将安装到的位置，默认情况下，每个包都将安装到单独的子目录中；log 目录包含有关每个 colcon 调用的各种日志信息。

colcon 常用命令如下：

```
$ colcon build：构建当前工作空间的所有 package。
$ colcon build --packages-select <name-of-pkg>：构建指定的 package。
$ colcon build --packages-up-to <name-of-pkg>：构建指定的 package 以及递归构建所有依赖包。
$ colcon test：测试工作空间下的所有 package。
```

常用参数如下：

```
--symlink-install：脚本文件通过软链接方式安装，方便本地迭代调试。注意，如果 install 的文件需要拷贝到另外的机器使用，不要使用这个参数，否则会找不到源文件。
--cmake-args -DBUILD_TESTING=0：在 CMake 包中禁止配置和构建 tests。
```

为了提高构建效率，建议将 CMakeLists.txt 文件保持简洁明了，避免在 CMakeLists.txt 中编写复杂的逻辑和大量自定义命令。如果不想编译某个 package，可以在对应的文件夹下创建名为 COLCON_IGNORE 的空文件。

综上所述，colcon 作为 ROS2 中的新兴编译工具，具有灵活性、可扩展性和高效性等诸多优势。通过并行编译和强大的 CMake 支持，它可以极大地提高开发效率。对于 ROS2 开发者来说，掌握 colcon 的使用方法是非常必要的。

2.2 ROS2 通信架构

通信的目的是在计算机系统中实现不同组件、进程或设备之间的信息和数据传递。通过通信，各个实体可以共享信息、协调行动并实现协同工作。在计算机领域，通信是构建分布式系统、网络和协议的基础。

通信的原理涉及两个主要方面：通信协议和通信方式。通信协议定义了数据的格式、传输方式、错误检测和纠正等规则，以确保可靠的数据传输；通信方式涉及了不同的通信介质和技术，包括网络通信和进程间通信（inter-process communication，IPC）。

通信方式包括基于 TCP/UDP 的网络通信方式与基于共享内存的 IPC 方式。基于 TCP/UDP 的网络通信方式是通过计算机网络进行信息交换的。其中，TCP（transmission control protocol，传输控制协议）提供可靠的、面向连接的通信，而 UDP（user datagram protocol，用户数据报协议）则是无连接的通信方式。在 Linux 命令行中，可以使用诸如 ping 或 nc 命令来演示网络通信过程。基于共享内存的 IPC 方式是通过共享内存区域在同一计算机系统内的不同进程之间进行通信的。在 Linux 命令行中，可以使用 ipcs 和 ipcrm 命令来管理共享内存段。而 ROS2 中的通信模型并非严格地基于 TCP/UDP 的网络通信方式或基于共享内存的进程间通信方式中的某一种，而是结合了这两种方式以及其他技术来满足不同的通信需求。

本节将介绍 ROS2 中节点以及 4 种通信模型的相关概念和命令行操作，还将介绍接口文件、DDS 通信、分布式通信与质量服务策略的相关知识。

2.2.1 节点

机器人是各种功能的综合体，每一项功能就像机器人的一个工作细胞，众多细胞通过一些机制连接到一起，成为一个机器人整体。在 ROS2 中，我们给这些“细胞”取了一个名字，那就是节点。

节点在机器人系统中的职责就是执行某些具体的任务，从计算机操作系统的角度来看，也叫作进程。每个节点都是一个可以独立运行的可执行文件，比如执行某一个 python 程序，或者执行 C++编译生成的结果，都算是运行了一个节点。既然每个节点都是独立的执行文件，那自然就可以想到，得到这个执行文件的编程语言可以是不同的，比如 C++、Python，乃至 Java、Ruby 等更多语言。这些节点是功能各不相同的细胞，根据系统设计的不同，可能位于计算机 A，也可能位于计算机 B，还有可能运行在云端，这叫作分布式，也就是可以分布在不同的硬件载体上。每一个节点都需要有唯一的命名，当我们想要去找到某一个节点的时候，或者想要查询某一个节点的状态时，可以通过节点的名称来进行查询。

节点与节点可以使用四种通信方式进行通信，分别是话题（Topic）、服务（Service）、动作（Action）和参数（Param）。节点可以通过 rclcpp 或 rclpy 进行编写，rclcpp 与 rclpy 的具体信息将在第 4 章进行讲解。

节点相关的命令行如表 2-1 所示。

表 2-1 节点相关的命令行

命令	作用
$ ros2 run <package_name> <executable_name>	运行节点
$ ros2 node list	查看节点列表
$ ros2 node info <node_name>	查看节点信息

2.2.2 通信模型

在 ROS2 中，常用的通信模型有四种，分别是话题通信、服务通信、动作通信与参数服务。接下来将依次介绍四种通信模型。

（1）话题通信

话题通信是一种单向通信模型。在通信双方中，数据发布对象称为发布方，数据订阅对象称为订阅方，数据单向地由发布方传输到订阅方，如图 2-3 所示。

话题通信是 ROS 中使用频率最高的一种通信模式，其应用场景极其广泛，比如如下场景：机器人在执行导航功能，使用的传感器是激光雷达，机器人会采集激光雷达感知到的信息并计算，然后生成运动控制信息驱动机器人底盘运动。

在该场景中，就不止一次使用到了话题通信。以激光雷达信息的采集处理为例，在 ROS 中有一个节点需要实时地发布当前雷达采集到的数据，导航模块中也有节点会订阅并解析雷达数据。再以运动消息的发布为例，导航模块会综合多方面数据实时计算出运动控制信息并发布给底盘驱动模块，底盘驱动有一个节点订阅运动信息并将其转换成控制电机的脉冲信号。以此类推，像雷达、摄像头、GPS 等传感器数据的采集，也都是使用了话题通信，话题通信适用于不断更新的数据传输相关的应用场景。

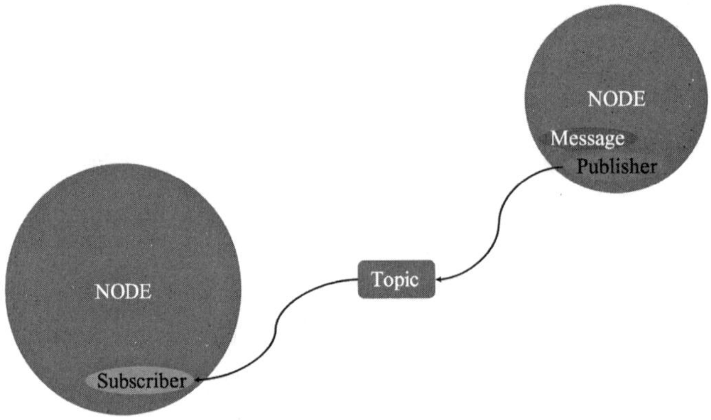

图 2-3　话题通信数据流向

话题通信的发布方与订阅方是一种多对多的关系，同一话题下可以存在多个发布方，也可以存在多个订阅方。发布者发出数据后，并不知道订阅者什么时候可以收到，因此话题更适用于一些周期发布的数据，比如传感器的数据、运动控制的指令等。为了方便发送者和接收者进行数据的交换，ROS2 帮我们在数据传递时做好了消息的序列化和反序列化。

话题通信相关的命令行如表 2-2 所示。

表 2-2　话题通信相关的命令行

命令	作用
$ ros2 topic -h	查看话题相关的命令行
$ ros2 topic echo	打印话题内容
$ ros2 topic info	查看话题信息
$ ros2 topic list	查看系统中当前运行的所有话题
$ ros2 topic pub	手动发布命令

例如，当我们启动海龟模拟器节点及其键盘控制节点时，在终端输入：

```
$ ros2 topic list
```

结果会显示当前运行的所有节点；在终端输入：

```
$ ros2 topic list -t
```

会显示当前活动的所有节点及其详细信息，如图 2-4 所示。

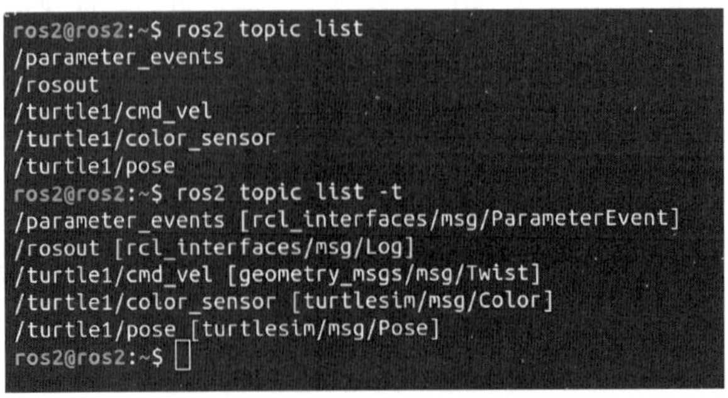

```
ros2@ros2:~$ ros2 topic list
/parameter_events
/rosout
/turtle1/cmd_vel
/turtle1/color_sensor
/turtle1/pose
ros2@ros2:~$ ros2 topic list -t
/parameter_events [rcl_interfaces/msg/ParameterEvent]
/rosout [rcl_interfaces/msg/Log]
/turtle1/cmd_vel [geometry_msgs/msg/Twist]
/turtle1/color_sensor [turtlesim/msg/Color]
/turtle1/pose [turtlesim/msg/Pose]
ros2@ros2:~$
```

图 2-4　ros2 topic list 相关指令

我们再使用以下指令：

```
$ ros2 topic echo /turtle1/cmd_vel
```

然后移动小海龟，终端中会打印实时位置数据，如图 2-5 所示。

图 2-5　ros2 topic echo 指令

使用指令：

```
$ ros2 topic info /turtle1/cmd_vel
```

返回结果如图 2-6 所示。

使用指令：

```
$ ros2 topic pub --once /turtle1/cmd_vel geometry_msgs/msg/Twist "{linear: {x: 2.0, y: 0.0, z: 0.0}, angular: {x: 0.0, y: 0.0, z: 1.8}}"
```

会发现小海龟运动了一个弧形，如图 2-7 所示。

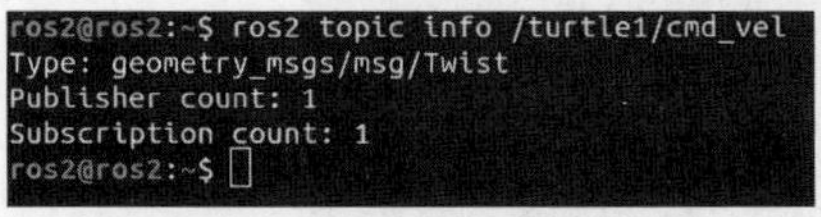

图 2-6　ros2 topic info 指令

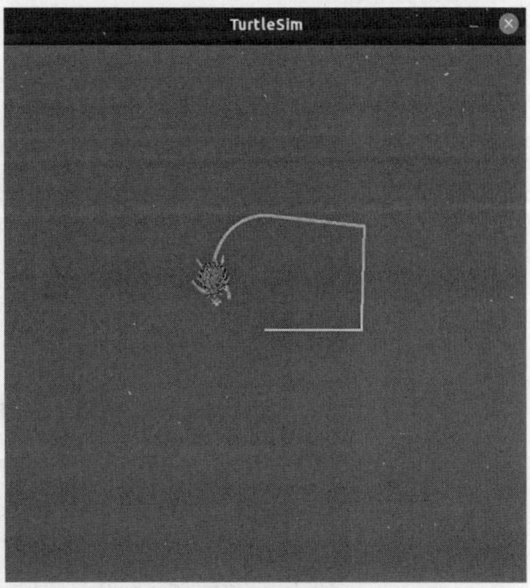

图 2-7　ros2 topic pub 指令

（2）服务通信

服务通信是一种基于请求响应的通信模型，在通信双方中，客户端发送请求数据到服务端，服务端响应结果给客户端，如图 2-8 所示。

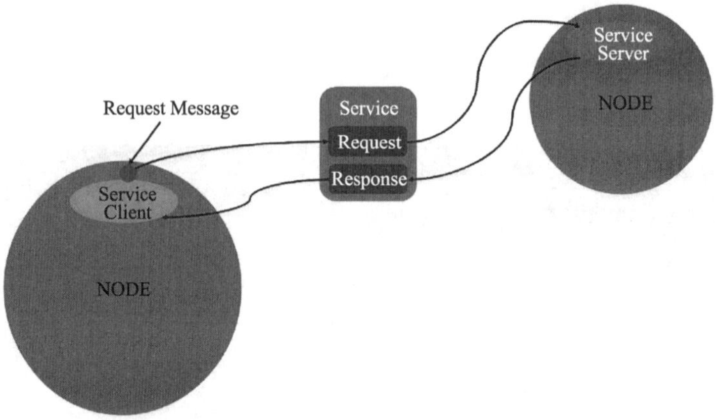

图 2-8　服务通信数据流向

服务通信中服务端与客户端是一对多的关系，即同一服务下，可以存在多个客户端，每个客户端都可以向服务端发送请求。服务不适用于运行时间较长的流程，尤其是在异常情况下可能需要被抢占的流程。

服务通信相关的命令行如表 2-3 所示。

表 2-3　服务通信相关的命令行

命令行	作用
$ ros2 service list	查看系统中当前运行的所有服务
$ ros2 service find <type_name>	查找特定类型的所有服务
$ ros2 service call	调用服务

当我们启动海龟模拟器节点及其键盘控制节点时，在终端输入：

```
$ ros2 service list
```

终端会显示当前活动的所有服务的列表，具体如图 2-9 所示。

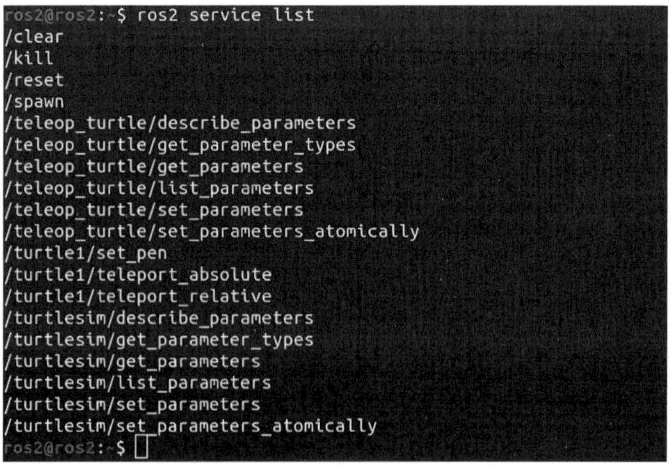

图 2-9　ros2 service list 指令

要同时查看所有活动中的服务的类型，可以使用以下命令：

```
$ ros2 service list -t
```

在终端中使用：

```
$ ros2 service call /clear std_srvsv/Empty
```

将清除小海龟的轨迹。

输入命令：

```
$ ros2 service call /spawn turtlesimv/Spawn "{x: 2, y: 2, theta: 0.2, name: "}"
```

海龟模拟器将会产生新的海龟。

此外，安装 ROS2 时系统为我们安装了服务使用样例，我们可以体验一下。打开终端，运行下面的命令，作用为运行一个服务节点将两个数字相加。

```
$ ros2 run examples_rclpy_minimal_service service
```

再启动一个终端，输入下面的命令：

```
$ ros2 service call /add_two_ints example_interfaces/srv/AddTwoInts "{a: 1,b: 2}"
```

结果如图 2-10 所示。

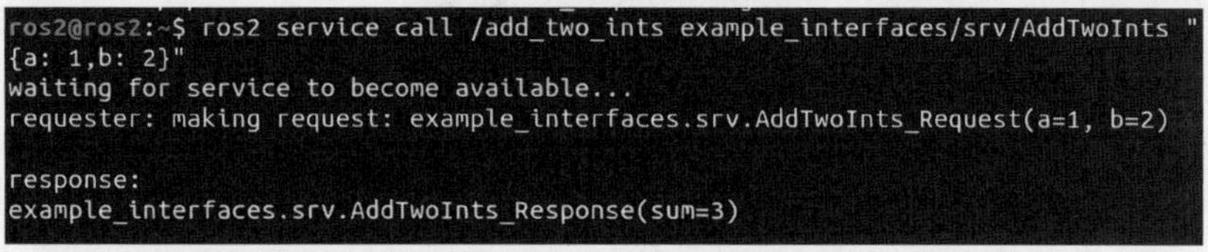

图 2-10　ros2 service call 指令

（3）动作通信

关于动作通信，我们先从以下应用场景开始介绍：机器人导航到某个目标点，此过程需要一个节点 A 发布目标信息，然后一个节点 B 接收到请求并控制移动。

乍一看，这好像是服务通信实现，因为需求中要 A 发送目标，B 执行并返回结果，这是一个典型的基于请求响应的应答模式。不过，如果只是使用基本的服务通信实现，存在一个问题：导航是一个过程，是耗时操作，如果使用服务通信，那么只有在导航结束时才会产生响应结果，而在导航过程中，节点 A 是不会获取到任何反馈的，从而可能出现程序“假死”的现象。过程的不可控意味着不良的用户体验，以及逻辑处理的缺陷。更合理的方案应该是：导航过程中，可以连续反馈当前机器人状态信息，当导航终止时，再返回最终的执行结果。在 ROS 中，该实现策略就是动作通信。

动作通信是一种带有连续反馈的通信模型。动作客户端将目标请求发送至动作服务器，动作服务器将目标反馈和结果发送至动作客户端，如图 2-11 所示。

就底层实现而言，动作通信是建立在话题通信和服务通信之上的。目标发送是对服务通信的封装，结果的获取也是对服务通信的封装，而连续反馈则是对话题通信的封装。和服务通信一样，动作通信中的客户端可以有多个，但是服务器端只能有一个。既然有反馈，那动作通信也是一种同步通信机制。

（4）参数服务

在机器人系统中不同的功能模块可能会使用到一些相同的数据，比如导航实现时，会进行路径规划，路径规划主要包含全局路径规划和本地路径规划。所谓全局路径规划就是设计一个从出发点到目标点的大致路径，而本地路径规划则是根据车辆当前路况生成实时的行进路径。两种路径规划实现，都会使用到车辆的尺寸数据——长度、宽度、高度等。那么这些通用数据在程序中应该如何存储、调用呢？该场景就可以使用参数服务实现，在一个节点下保存车辆尺寸数据，其他节点可以访问该节点并操作这些数据。

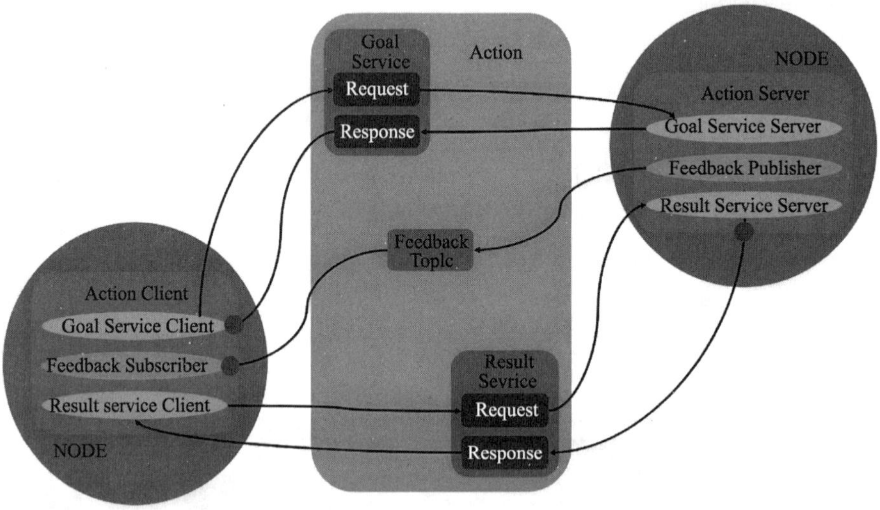

图 2-11　动作通信数据流向

参数服务保存的数据类似于编程中的“全局变量”，可以在不同的节点之间共享。参数服务是以共享的方式实现不同节点之间数据交互的一种通信模式。保存参数的节点为参数服务端，调用参数的节点为参数客户端。参数客户端与参数服务端的交互是基于请求响应模型的，且参数通信的实现本质上是对服务通信的进一步封装。

参数服务相关的命令行如表 2-4 所示。

表 2-4　参数服务相关的命令行

命令	作用
$ ros2 param list	列出给定节点上的所有可用参数
$ ros2 param get	获取特定节点上特定参数的值
$ ros2 param set	设置特定节点上特定参数的值
$ ros2 param delete	从特定节点删除动态参数
$ ros2 param dump	以 yaml 文件格式打印出特定节点上的所有参数
$ ros2 param load	把 yaml 文件中的参数值加载到特定节点中

例如在终端中输入：

```
$ ros2 param set /turtlesim background_r 200
```

海龟模拟器的颜色将发生改变，如图 2-12 所示。

2.2.3　接口文件

在 ROS 系统中，无论话题、服务还是动作，都会用到一个重要的概念——通信接口。

通信并不是一个人自言自语，而是两个甚至更多个人，你来我往地交流。接口的概念在各个领域随处可见，无论是硬件结构还是软件开发，接口都有广泛的应用。比如生活中最为常见的插头和插座，电脑和手机上的 USB 接口都是关于接口的具体定义。常见硬件接口如图 2-13 所示。

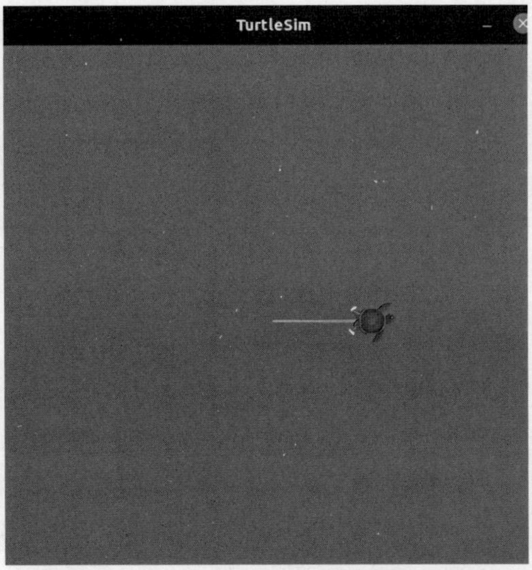

图 2-12 ros2 param set 指令设置参数

图 2-13 硬件接口

软件开发中，接口的使用就更多了。比如编写程序时，使用的函数和函数的输入输出是一种接口，每一次调用函数的时候，就像是把主程序和调用函数通过这个接口连接到一起，这样系统才能正常工作。更为形象的是图形化编程中使用的程序模块，每一个模块都有固定的结构和形状，只有两个模块相互匹配才能在一起工作。简而言之，接口是一种相互关系，只有彼此匹配，才能建立连接。

回到 ROS 的通信系统，它的主要目的就是传输数据，那就得让大家高效地建立连接，并且准确包装和解析传输的数据内容。话题、服务等机制也就诞生了，它们传输的数据，都需要符合通信接口的标准定义。例如：摄像头驱动发布的图像话题，由每个像素点的 R、G、B 三原色值组成；控制机器人运动的速度指令，由线速度和角速度组成；进行机器人配置的服务，由配置的参数和反馈的结果组成；等等。类似这些常用的定义，在 ROS 系统中都有提供，我们也可以自己开发。

这些接口看上去像是给我们加了一些约束，但却是 ROS 系统的精髓所在。接口可以让程序之间的依赖降低，便于我们使用别人的代码，也方便别人使用我们的代码。这就是 ROS 的核心目标——减少重复造轮子。通过每一种通信定义的接口，各种节点才能有机地联系到一起。ROS 通信机制与接口的联系如图 2-14 所示。

ROS2 通过 std_msgs 包封装了一些原生的数据类型，比如：String、Int8、Int16、Int32、Int64、Float32、Float64、Char、Bool、Empty 等。ROS2 还预定义了许多标准话题消息接口，例如 sensor_msgs 包中定义了许多关于传感器消息的接口，geometry_msgs 包中定义了许多几何消息相关接口。

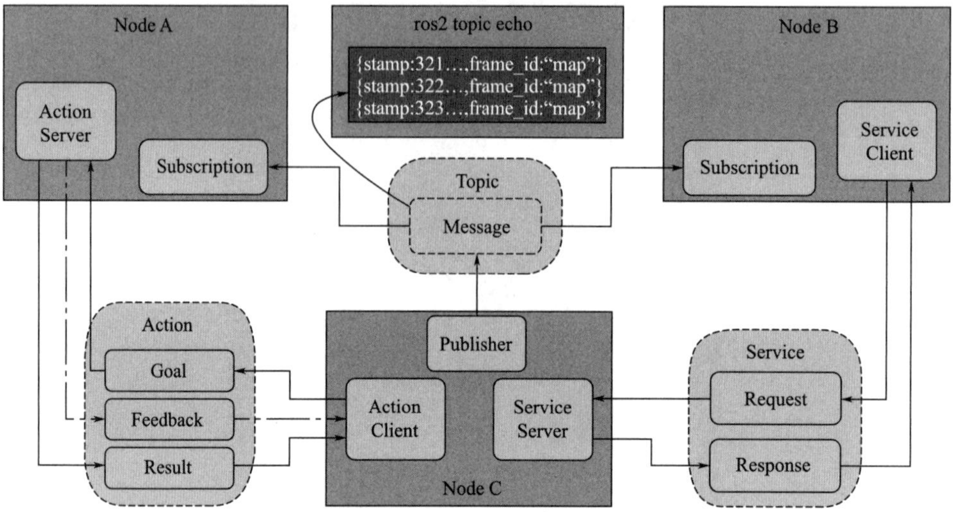

图 2-14　ROS 通信机制与接口的联系

当上述接口文件都不能满足我们的需求时，就需要自定义消息接口。除了参数之外，话题、服务和动作都支持自定义接口。每一种通信方式所适用的场景各不相同，所定义的接口也被分为话题接口、服务接口、动作接口三种，这三种接口的基本格式如表 2-5 所示。

表 2-5　接口格式

名称	话题接口	服务接口	动作接口
接口格式示例	int64 num	int64 a int64 b --- int64 sum	int32 order --- int32[] sequence --- int32[] partial_sequence

话题通信接口的定义使用的是.msg 文件，由于是单向传输，只需要描述传输的每一帧数据类型；服务通信接口的定义使用的是.srv 文件，包含请求和应答两部分定义，通过中间的“---”区分；动作通信使用.action 文件定义，接口的定义分成了三部分，分别是目标、结果与反馈。为了保证每一个节点可以使用不同语言编程，ROS 将这些接口的设计做成了和语言无关的。比如这里看到的 int32 表示 32 位的整型数，int64 表示 64 位的整型数，还可以定义数组、结构体等。这些定义在编译过程中，会自动生成对应到 C++、Python 等语言里的数据结构。

2.2.4　DDS 通信

ROS2 相比 ROS1 最大的变化，除了省略了 master 之外，就是通信系统的变化了。ROS1 中基于 TCP/UDP 的通信系统，频繁被诟病于延迟、丢数据、无法加密等问题。ROS2 中的 DDS 在通信层面的功能就丰富多了。DDS 并不是一个新的通信方式，在 ROS2 之前，DDS 已经广泛应用在很多领域，比如航空、国防、交通、医疗、能源等。

DDS 的全称是 data distribution service，也就是数据分发服务，2004 年由对象管理组织 OMG 发布和维护，是一套专门为实时系统设计的数据分发/订阅标准。DDS 最早应用于美国海军，以解决舰船复杂网络环境中大量软件升级的兼容性问题。DDS 强调以数据为中心，可以提供丰富的服务质量策略，以保障数据进行实时、高效、灵活的分发，满足各种分布式实时通信应用需求。DDS其实是物联网中广泛应用的一种通信协议，类似于我们常说的 5G 通信。DDS 的核心是通信，能够实现通信的模型和软件框架非常多，这里我们列出常用的四种模型，如图 2-15 所示。

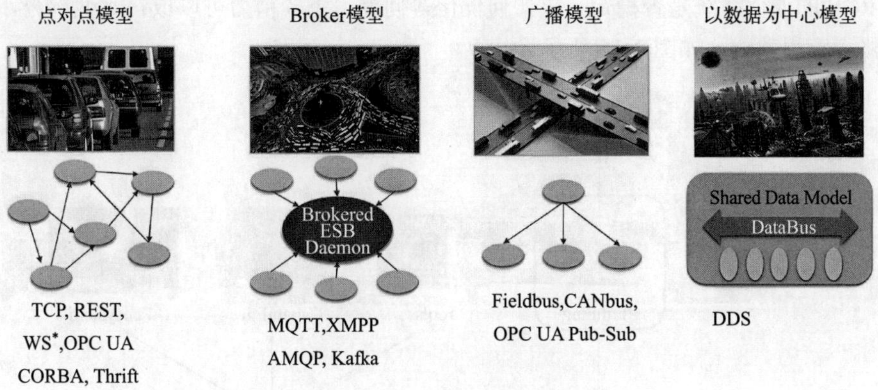

图 2-15 常用的通信模型

第一种，点对点模型。点对点模型中许多客户端都连接到一个服务端，每次通信时，通信双方必须建立一条连接。当通信节点增多时，连接数也会增多。而且每个客户端都需要知道服务器的具体地址和所提供的服务，一旦服务器地址发生变化，所有客户端都将会受到影响。

第二种，Broker 模型。Broker 模型针对点对点模型进行了优化，由 Broker 集中处理所有人的请求，并进一步找到真正能响应该服务的角色。这样客户端就不用关心服务器的具体地址了。不过问题也很明显，Broker 作为核心，它的处理速度会影响所有节点的效率，当系统规模增长到一定程度时，Broker 就会成为整个系统的性能瓶颈。更麻烦的是，如果 Broker 发生异常，可能导致整个系统都无法正常运转。之前的 ROS1 系统，使用的就是类似这样的架构。

第三种，广播模型。广播模型中所有节点都可以在通道上广播消息，并且节点都可以收到消息。这个模型解决了服务器地址的问题，而且通信双方也不用单独建立连接。但是广播通道上的消息太多了，所有节点都必须关心每条消息，其中包含很多和自己没有关系的。

第四种，就是以数据为中心的 DDS 模型了。这种模型与广播模型有些类似，所有节点都可以在 DataBus 上发布和订阅消息。但它的先进之处在于，通信中包含了很多并行的通路，每个节点可以只关心自己感兴趣的消息，忽略不感兴趣的消息。可见，在这几种通信模型中，DDS 的优势更加明显。

除此之外，DDS 是一个国际标准，能够实现该标准的软件系统并不是唯一的，因此我们可以选择多个厂家提供的 DDS 系统，每一家的性能不同，适用的场景也不同。不过这就带来一个问题，每个 DDS 厂家的软件接口肯定是不一样的，如果我们按照某一家的接口写完了程序，想要切换其他厂家的 DDS 需要重新写代码，这当然不符合 ROS 提高软件复用率的目标。

为了解决这个问题，ROS2 设计了一个 ROS Middleware，简称 RMW，也就是指定一个标准的接口，比如指定如何发数据，如何收数据，数据的各种属性如何配置等。如果厂家想要接入 ROS 社区，就得按照这个标准写一个适配的接口，把自家的 DDS 给移植过来，这样就把问题交给了最熟悉自家 DDS 的厂商。

DDS 的优势在于它是发布订阅模型，可以轻松实现系统解耦，与请求响应模式相比，延迟更低，吞吐量更高。DDS 还有丰富的 QoS 参数集，允许调整通信的可靠性、持久性、冗余等。此外，实时发布订阅协议（RTPS）允许在UDP、TCP、共享内存和用户传输中使用DDS。但DDS的劣势在于其API复杂，其灵活性是以复杂性为代价的。

总之，DDS的加入，让ROS2系统更加稳定与灵活，当然复杂度也会高一些。这样，我们不用再纠结ROS的通信系统是否稳定、该如何优化等问题，更多精力可以放在其他部分，专注优化我们的机器人应用功能，如图2-16所示。

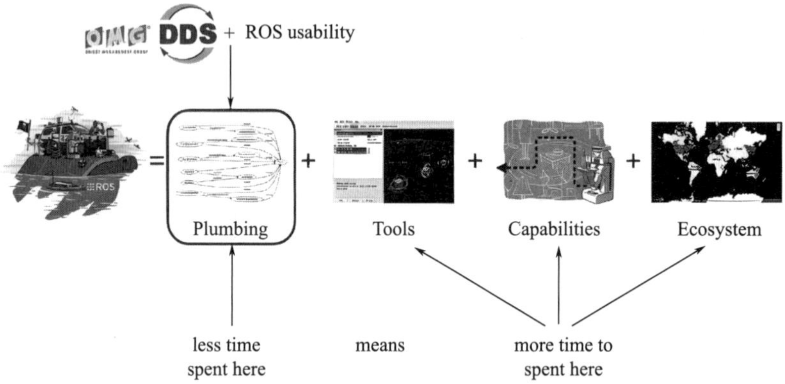

图2-16 DDS加入后的时间分配优化

2.2.5 分布式通信

智能机器人的功能繁多，如果全都放在一个计算机里，经常会遇到计算能力不够、处理出现卡顿等情况。但如果可以将这些任务拆解，分配到多个计算机中运行就可以减轻压力，这就是分布式系统。分布式系统可以实现多计算平台上的任务分配。在许多机器人相关的应用场景中都涉及多台ROS2设备协作，比如无人车编队、无人机编队、远程控制等，不同的ROS2设备之间的通信是通过分布式通信实现的。

分布式通信是指可以通过网络在不同主机之间实现数据交互的一种通信策略。ROS2本身是一个分布式通信框架，可以很方便地实现不同设备之间的通信。ROS2所基于的中间件是DDS，当处于同一网络中时，通过DDS的域ID机制（ROS_DOMAIN_ID）就可以实现分布式通信，大致流程是：在启动节点之前设置域ID的值，不同节点如果域ID相同，那么可以自由发现并通信；反之，如果域ID值不同，则不能实现。默认情况下，所有节点启动时所使用的域ID为0。换言之，只要保证在同一网络，不需要做任何配置，不同ROS2设备上的不同节点即可实现分布式通信。

分布式通信的应用场景是较为广泛的，如：上述机器人编队场景中，机器人可能需要获取周边机器人的速度、位置、运行轨迹的相关信息；远程控制时，可能需要控制端获取机器人采集的环境信息并下发控制指令。这些数据的交互都依赖于分布式通信。

多机通信时，可以通过域ID对节点进行分组，组内的节点之间可以自由通信，不同组之间的节点则不可通信。如果所有节点都属于同一组，那么直接使用默认域ID即可。如果要将不同节点划分为多个组，那么可以在终端中启动节点前设置该节点的域ID（比如设置为6），具体执行命令为：

```
$ export ROS_DOMAIN_ID=6
```

上述指令执行后，该节点将被划分到ID为6的域内。

如果要为当前设备下的所有节点设置统一的域ID，那么可以执行如下指令：

```
$ echo "export ROS_DOMAIN_ID=6" >> ~/.bashrc
```

执行完毕后再重新启动终端，运行的所有节点将自动被划分到ID为6的域内。

需要注意的是，在设置 ROS_DOMAIN_ID 的值时并不是随意的，也是有一定约束的。建议 ROS_DOMAIN_ID 的取值在[0,101] 之间；每个域 ID 内的节点总数是有限制的，需要不大于 120 个；如果域 ID 为 101，那么该域的节点总数需要不大于 54 个。

2.2.6 质量服务策略

DDS 为 ROS 的通信系统提供的特性如图 2-17 这个通信模型所示。其中，QoS 是 DDS 中另外一个重要特性。QoS 就是质量服务策略，是一种网络传输策略。应用程序指定所需要的网络传输质量行为，QoS 服务实现这种行为要求，并尽可能地满足客户对通信质量的需求，可以理解为数据提供者和接收者之间的合约。

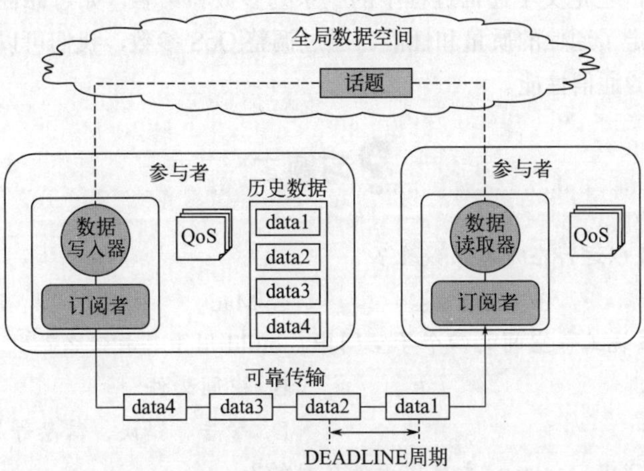

图 2-17 通信模型

具体的策略如下：

DEADLINE 策略，表示通信数据必须要在每次截止时间内完成一次通信。

HISTORY 策略，表示针对历史数据的一个缓存大小。

RELIABILITY 策略，表示数据通信的模式，配置成 BEST_EFFORT，就是尽力传输模式，网络情况不好的时候，也要保证数据流畅，但此时可能会导致数据丢失；配置成 RELIABLE，就是可信赖模式，可以在通信中尽量保证图像的完整性，我们可以根据应用功能场景选择合适的通信模式。

DURABILITY 策略，让新节点快速适应系统。

所有这些策略在 ROS 系统中都可以通过类似这样的结构体配置，如果不配置的话，系统也会使用默认的参数。

2.3 本章小结

本章介绍了 ROS2 的系统架构，包括文件系统和通信架构。

首先，本章介绍了 ROS2 的分层架构，包括操作系统层、中间层和应用层。操作系统层表明 ROS2 可以在多种操作系统上运行；中间层主要由 DDS 和 ROS2 封装的中间件组成，提供数据分发和通信服务；应用层则是开发者构建的应用程序，以功能包为核心。随后，本章介绍了工作空间和功能包、colcon 构建工具的相关概念与使用方法。工作空间是开发过程中存放所有资料的大本营，用于存放项目开发相关文件，它包含四个子目录，其中 src 用于存放代码空间，build 用于存放编译空间，install 用于存放安装空间，log 用于存放日志空间。

在通信架构方面，本章首先介绍了节点的基本概念。随后本章介绍了四种通信模型，包括话题通信、服务通信、动作通信和参数服务。话题通信是一种单向通信模型，适合周期性发布的数据，如传感器数据；服务通信则是基于请求响应的模型，适用于需要快速响应的场景；动作通信适用于长时间运行的任务，它具有连续反馈的特性；参数服务是一种共享数据的方式。

此外，本章介绍了接口文件、DDS 通信、分布式通信与质量服务策略。接口文件包括.msg 文件用于话题通信、.srv 文件用于服务通信和.action 文件用于动作通信。DDS 作为 ROS2 通信架构的底层中间件，为我们提供了高效、可靠的数据通信机制。分布式通信使得节点可以在不同的计算机或网络中进行无缝通信，让机器人系统可以更加灵活和可扩展。质量服务策略在通信过程中起着至关重要的作用，它定义了通信过程中的一系列参数和策略，如可靠性、持久性、数据生命周期等，它们共同决定了通信的质量和性能。通过调整 QoS 参数，我们可以根据不同的应用场景和需求来优化 ROS2 的通信性能。

习题二

1. [多选] ROS2 可以运行在哪些系统上？

A. Linux　B. Windows　C. Mac　D. RTOS

2. [单选] ROS2 系统工作空间的四个子空间中，build 用于存放什么？

A. 代码　B. 中间文件

C. 可执行文件　D. 警告、错误、信息等日志

3. [单选] 在 ROS2 中，colcon 主要用于什么目的？

A. 管理依赖关系　B. 编写源代码

C. 构建和安装软件包　D. 实时调试

4. [单选] 在使用 colcon build 命令构建 ROS2 软件包时，哪个文件提供了构建过程所需的配置信息？

A. CMakeLists.txt　B. setup.py　C. colcon.meta　D. package.xml

5. [单选] 服务通信接口的定义使用什么文件？

A. .msg　B. .srv　C. .action　D. .yaml

6. [单选] 动作通信的服务端与客户端是一种什么关系？

A. 一对多　B. 多对一　C. 多对多　D. 以上均可

7. [单选] 传感器数据适合用什么通信方式进行通信？

A. 话题通信　B. 服务通信　C. 动作通信　D. 参数通信

8. [单选] DDS 是一种什么类型的中间件技术？

A. 消息传递　B. 实时数据库

C. 数据分发服务　D. 面向对象编程框架

9. [单选] 以下哪个特性是 DDS 通信中常见的，但不是所有消息传递系统都具备的？

A. 发布/订阅模式　B. 数据质量保证　C. 点对点通信　D. 异步消息传递

10. [单选] 在分布式通信系统中，QoS 主要用于解决什么问题？

A. 确保数据的机密性和完整性　B. 提供可靠的数据传输和降低延迟

C. 管理网络中的带宽和流量　D. 增强系统的可扩展性和灵活性

11. [判断] 同一个话题上可以有多个发布者。

A. 正确　　　　B. 错误

12. [判断] 同一个话题，所有的发布者和接收者必须使用相同的消息接口。

A. 正确　　　　B. 错误

13. 如何分别创建C++与python的功能包？

14. 如何查看节点信息？

15. ROS2系统可以分为几层？每一层是什么内容？

16. API是什么？

17. 使用DDS层有什么优点？

第3章 ROS2常用工具

在 ROS2 的广阔生态系统中，一系列功能强大的工具为开发者提供了从项目启动管理到数据可视化，再到仿真模拟的全方位支持。这些工具不仅简化了开发流程，提高了效率，还使得机器人系统的调试、测试和部署变得更加直观和便捷。本章将带大家深入探索 ROS2 中的这些常用工具，包括启动管理工具 Launch、模块化可视化工具 rqt、数据可视化工具 Rviz2、仿真工具 Gazebo 以及 rosbag2 功能包等。

3.1 启动管理工具 Launch

启动管理工具 Launch 是 ROS2 中用于管理和协调多个节点启动的利器。它允许开发者通过配置文件来设置参数、定义节点的启动顺序与环境变量等，从而简化了复杂机器人系统的启动流程。这一节将介绍启动管理工具 Launch 的作用与使用方式。

3.1.1 认识 Launch

在 ROS2 中，节点是程序的基本构建单元，而一个完整且系统化的功能模块通常由多个节点组成。以机器人导航功能为例，涉及的节点可能包括底盘驱动、雷达驱动、摄像头驱动、IMU 驱动、地图服务、路径规划、运动控制、环境感知和定位等。如果使用$ ros2 run 命令逐个启动这些节点，效率会相对较低。

为了提高启动效率，ROS2 引入了 Launch 模块。Launch 提供了一种灵活且可重用的方式来同时启动多个节点。除了节点的启动，Launch 模块还可以定义节点的启动顺序、启动参数和节点间的关系等。

在 ROS2 中，launch 文件可以使用 Python、XML 或 YAML 编写，不同格式的 launch 文件使用流程基本一致。其中，ROS2 官方推荐使用 Python 来编写 launch 文件。

3.1.2 操作演示

接下来我们通过案例演示 launch 文件的基本编写与编译流程。在案例中，我们将分别通过 Python、XML 和 YAML 方式编写 launch 文件以同时启动两个海龟模拟器节点。

具体的步骤如下：

① 新建工作空间 chapt3_ws。

② 进入该工作空间的src目录，通过以下命令创建C++或Python功能包：

```
$ ros2 pkg create cpp_launch --build-type ament_cmake --dependencies rclcpp
```

或

```
$ ros2 pkg create py_launch --build-type ament_python --dependencies rclpy
```

③ 编写launch文件。

在cpp_launch或者py_launch下，创建launch目录。launch文件可以是python文件、xml文件或yaml文件，不同类型的launch文件可以直接存储在launch目录下。为了方便管理，我们也可以在launch目录下新建py、xml和yaml三个文件夹分别存储对应类型的launch文件，将不同格式的launch文件分别命名为py_launch.py、xml_launch.xml、yaml_launch.yaml。

在py_launch.py中编写如下代码：

```
from launch import LaunchDescription
from launch_ros.actions import Node
def generate_launch_description():
    t = Node(package="turtlesim", executable="turtlesim_node", name="t1")
    t = Node(package="turtlesim", executable="turtlesim_node", name="t2")
    return LaunchDescription([t1, t2])
```

在这段代码中，from launch import LaunchDescription引入了LaunchDescription类；from launch_ros.actions import Node引入了Node类；随后创建了两个turtlesim_node节点，命名为t1和t2；return LaunchDescription([t1, t2])返回一个LaunchDescription对象，其中包含了要启动的节点的配置列表，即t1和t2。

在xml_launch.xml中编写如下代码：

```
<launch>
<node pkg="turtlesim" exec="turtlesim_node" name="t1" />
<node pkg="turtlesim" exec="turtlesim_node" name="t2" />
</launch>
```

其中，<launch>标签是启动文件的根标签，表示这是一个ROS2的启动文件。<node>标签用于在ROS2网络中启动一个新的节点。每个<node>标签都包含了一些属性，用于指定节点的具体信息。在这个案例中，pkg="turtlesim"这个属性指定了节点所在的包的名称；exec="turtlesim_node"这个属性指定了要执行的程序名称，即节点的可执行文件；name="t1"与name="t2"属性为节点指定了名称。最后，</launch>表示<launch>标签的结束。

在yaml_launch.yaml中编写如下代码：

```
launch:
- node:
    pkg: "turtlesim"
    exec: "turtlesim_node"
    name: "t1"
- node:
    pkg: "turtlesim"
    exec: "turtlesim_node"
    name: "t2"
```

④ 编辑配置文件。

在 C++功能包中的 CMakeLists.txt 中添加以下语句：

```
install(DIRECTORY launch DESTINATION share/${PROJECT_NAME})
```

这行代码的目的是将 launch 目录及其内容安装到 ROS2 环境的一个标准位置，以便后续可以方便地访问和使用这些文件。

如果是 Python 功能包，则需要编辑 setup.py 文件，在其 data_files 属性中，添加相关 launch 文件的路径，修改后的 data_files 内容如下：

```
data_files=[
    ('share/ament_index/resource_index/packages',
        ['resource/' + package_name]),
    ('share/' + package_name, ['package.xml']),
    ('share/' + package_name, ['launch/py/py01_launch.py']),
    ('share/' + package_name, ['launch/xml/xml01_launch.xml']),
    ('share/' + package_name, ['launch/yaml/yaml01_launch.']),
],
```

⑤ 编译。

在终端中进入当前工作空间，使用以下命令编译功能包：

```
$ colcon build
$ source install/setup.bash
```

⑥ 执行。

当前工作空间下，启动终端，输入以下指令：

```
$ ros2 launch cpp_launch py_launch.py
```

或

```
$ ros2 launch cpp_launch xml_launch.xml
```

或

```
$ ros2 launch cpp_launch yaml_launch.yaml
```

均会启动两个海龟模拟器节点，如图 3-1 所示。

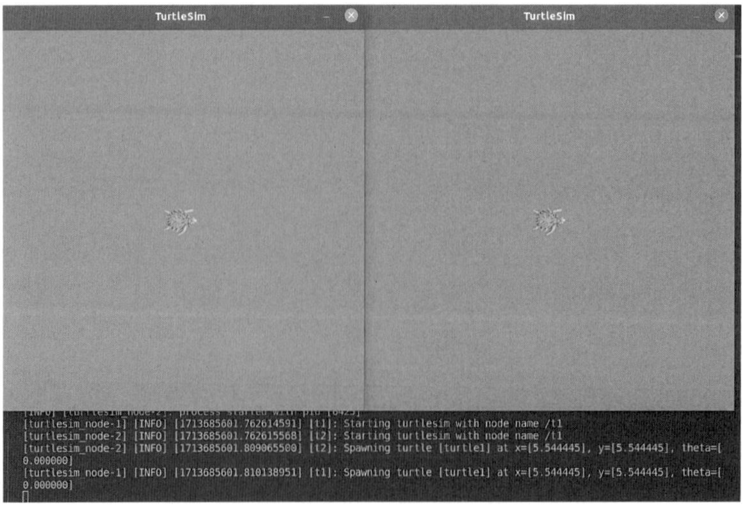

图 3-1　通过 launch 文件同时启动两个海龟模拟器节点

如果是 Python 功能包，则输入以下指令：

```
$ ros2 launch py_launch py_launch.py
```

或

```
$ ros2 launch py_launch xml_launch.xml
```

或

```
$ ros2 launch py_launch yaml_launch.yaml
```

launch 文件不仅能用于启动多个节点，还可以用于参数设置。在 cpp_launch 功能包下新建文件 py02_launch.py，输入如下代码：

```
from launch import LaunchDescription
from launch.actions import DeclareLaunchArgument
from launch.substitutions import LaunchConfiguration, TextSubstitution
from launch_ros.actions import Node
def generate_launch_description():
    background_r_launch_arg = DeclareLaunchArgument(
        'background_r', default_value=TextSubstitution(text='0')
    )
    background_g_launch_arg = DeclareLaunchArgument(
    'background_g', default_value=TextSubstitution(text='255')
)
background_b_launch_arg = DeclareLaunchArgument(
    'background_b', default_value=TextSubstitution(text='0')
)
return LaunchDescription([
    background_r_launch_arg,
    background_g_launch_arg,
    background_b_launch_arg,
    Node(
        package='turtlesim',
        executable='turtlesim_node',
        name='sim',
        parameters=[{
            'background_r': LaunchConfiguration('background_r'),
            'background_g': LaunchConfiguration('background_g'),
            'background_b': LaunchConfiguration('background_b'),
        }]
        ),
])
```

上述代码是一个使用 ROS2 的 launch 文件编写的 Python 脚本，旨在生成一个启动描述（LaunchDescription），该描述定义了如何启动海龟模拟器以及如何通过命令行参数动态配置其参数。当用户通过 ROS2 的 launch 文件运行这个启动文件时，可以通过命令行指定 background_r、background_g、background_b 的值，从而动态改变海龟模拟器的背景色。如果用户没有指定这些参数的值，则它们将分别默认为 0（红色）、255（绿色）、0（蓝色）。编译并运行，会发现海龟模拟器背景的颜色更改为了绿色，如图 3-2 所示。

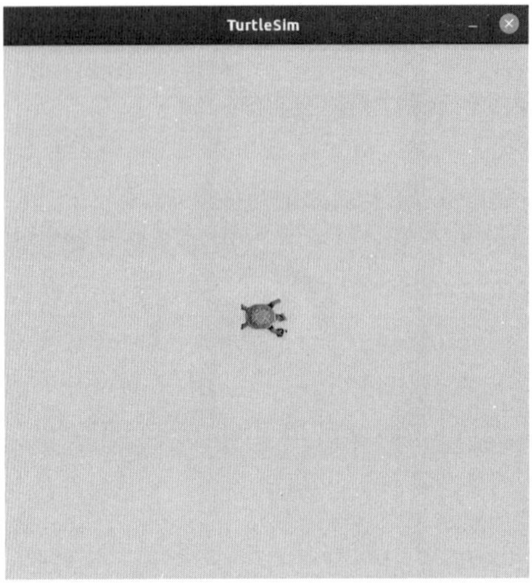

图 3-2　通过 Launch 更改海龟模拟器背景颜色

3.2　模块化可视化工具 rqt

模块化可视化工具 rqt 为开发者提供了一个直观的图形用户界面，用于监控和管理 ROS2 系统中的各种资源。通过 rqt，开发者可以轻松地查看节点状态、话题列表、服务调用等信息，甚至可以直接在界面上进行参数调整，极大地提高了系统的可维护性和可操作性。这一节将介绍模块化可视化工具 rqt 的作用与使用方式。

3.2.1　认识 rqt

rqt 是 ROS2 的图形用户界面（GUI）工具，我们可以通过以下命令安装 rqt：

```
$ sudo apt install ros-[ROS_DISTRO]-rqt
```

使用下列命令可以调出 rqt 界面：

```
$ rqt
```

rqt 有许多不同的模块，每个模块都可以实现具体的小功能。第一次运行 rqt 时，窗口为空白，只需从顶部的菜单栏中选择 Plugins-Services-Service Caller，然后点击左边的刷新按钮即可。

这里我们向大家介绍一下 GUI 和 CLI。上述我们提到 rqt 是 ROS2 的 GUI 工具，后续我们将学到的 rosbag2 是一款 CLI 工具。其中，GUI（graphical user interface）就是平常我们说的图形用户界面，大家用的 Windows 就是可视化的，我们可以通过鼠标点击按钮等图形化交互完成任务。CLI（command-line interface）就是命令行界面，我们所用的终端就是命令行界面，没有图形化。很久之前电脑还是没有图形化界面的，所有的交互都是通过命令行实现，就学习机器人而言，命令行操作相对于图形化优势更加明显。

3.2.2　操作演示

（1）日志显示-logging/console

首先我们打开 rqt 工具，再启动海龟模拟器节点以及海龟键盘控制节点。打开 rqt 的 logging

中的 console 界面。此后，当我们操控小海龟撞墙时，界面会发出警告，如图 3-3 所示。

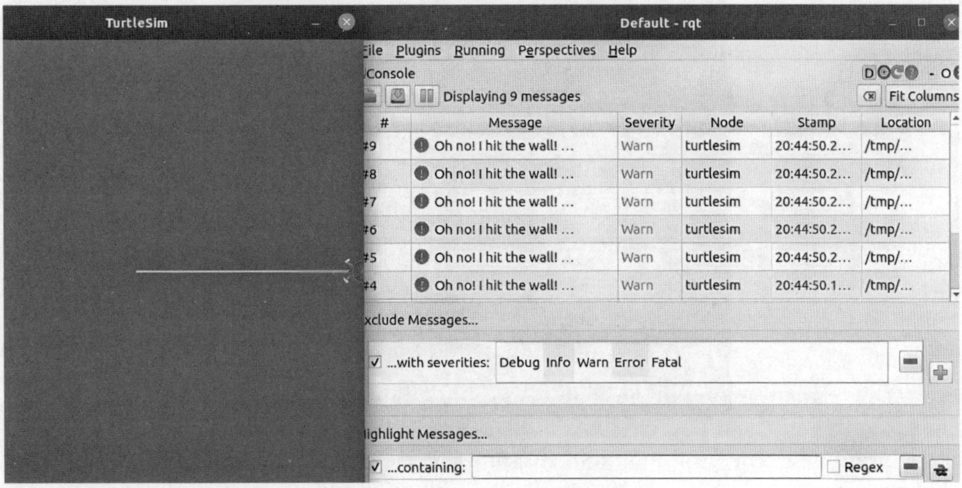

图 3-3 rqt 工具日志显示功能

ROS2 的记录器级别按严重性排序为：Fatal>Error>Warn>Info>Debug。每个级别所代表的内容没有确切的标准，但大致如下：

Fatal 消息表示系统将终止运行，以保护自己免受进一步的损害；Error 消息表示存在重大问题，这些问题不一定会损坏系统，但却会阻止系统的正常运行或导致功能受限；Warn 消息表示出现了意外活动或非理想的结果，这可能代表有更深层次的问题，但并不直接损害系统的功能性；Info 消息表示事件和状态更新，这些更新作为系统按预期运行的视觉验证；Debug 消息详细描述了系统执行的整个逐步过程，Debug 级别的消息包含了大量的调试信息，通常用于在开发过程中帮助开发者诊断问题或了解系统的内部工作原理。

（2）发布话题数据-topics/message publisher

打开 rqt 的 topics 中的 message publisher 界面，就可以通过更改数据操控小海龟按圆形轨迹运动，如图 3-4 与图 3-5 所示。其中，geometry_msgs/msg/Twist 消息包含线速度和角速度信息，可以用来控制小海龟的移动速度和方向。要控制小海龟按圆形轨迹运动，需要设置一定的线速度(linear.x)和适当的角速度(angular.z)，这样小海龟就会一边前进一边旋转。

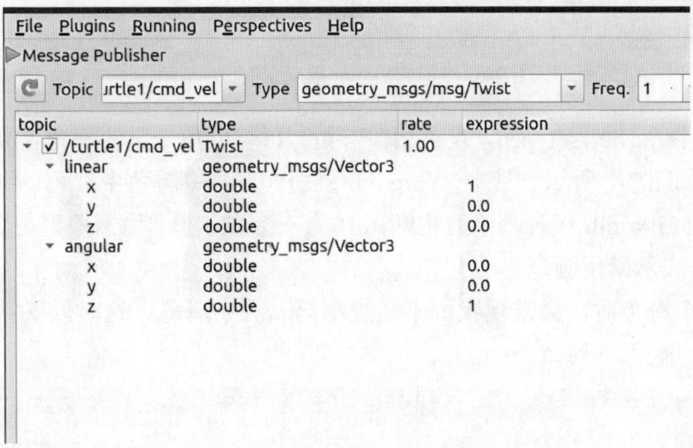

图 3-4 设置线速度和角速度

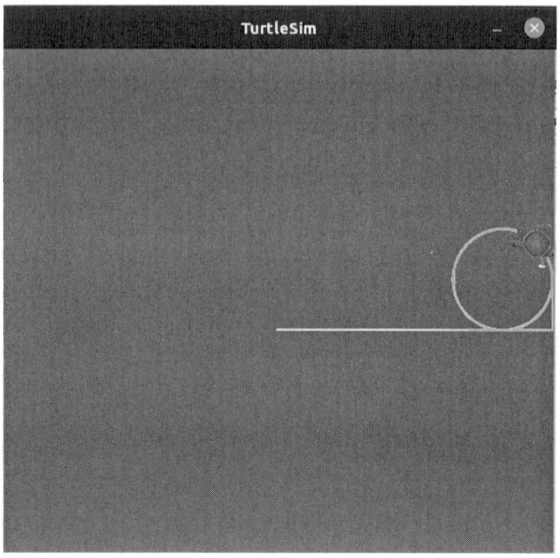

图 3-5　小海龟按圆形轨迹运动

（3）调用服务请求-services/service caller

打开 rqt 的 services 中的 service caller 界面，在 service 下选择/spawn，可以在指定位置生成一只新海龟，如图 3-6 所示。其中，name 表示新海龟的名称；x 表示新海龟的初始 x 坐标；y 表示新海龟的初始 y 坐标；theta 表示新海龟的初始朝向，以弧度为单位。

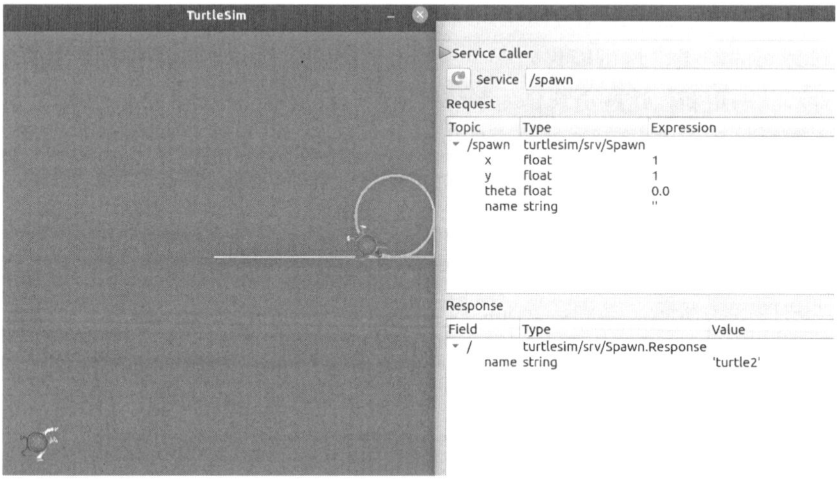

图 3-6　通过/spawn 服务生成新海龟

在 service 下选择/turtle1/set_pen，设置相关参数，再移动第一只小海龟，会发现路线的颜色与粗细发生了变化，如图 3-7 所示。其中，r、g、b 分别代表画笔颜色中红色、绿色和蓝色分量，取值范围通常为 0～255；width 代表画笔的粗细；off 为一个布尔值，用于控制是否启用画笔。通常，0 表示启用画笔，1 表示禁用画笔。

当移动第一个小海龟时，会发现我们不能控制第二只小海龟。这时候就需要重新映射，即再打开一个新的终端，输入下列命令：

```
$ ros2 run turtlesim turtle_teleop_key --ros-args --remap turtle1/cmd_vel:
=turtle2/cmd_vel
```

这样我们就能分别控制两只小海龟运动，如图 3-8 所示。

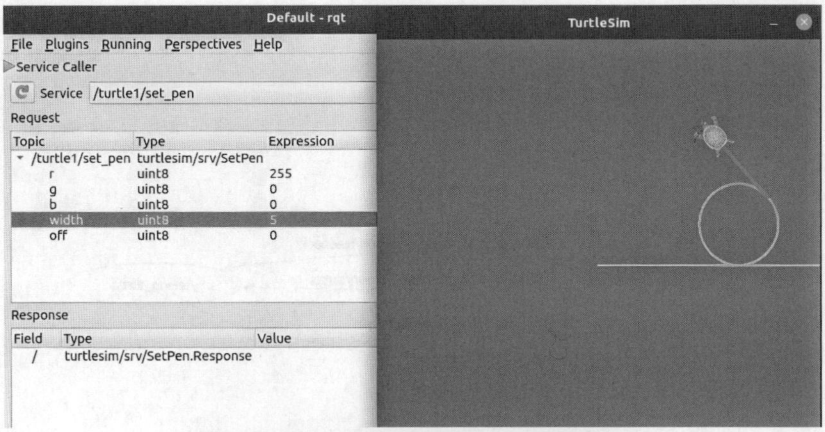

图 3-7 通过/turtle1/set_pen 服务更改画笔属性

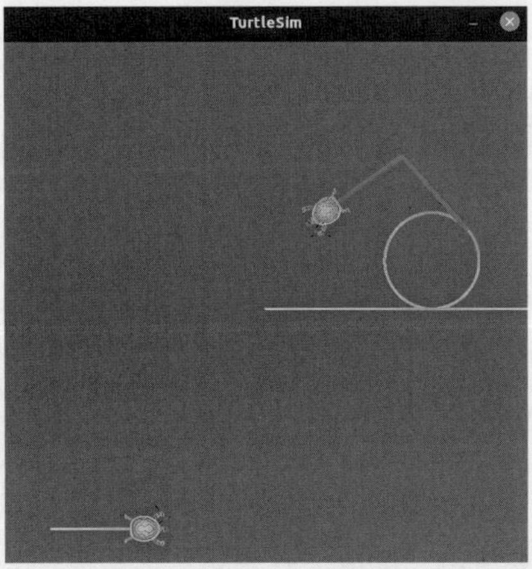

图 3-8 通过重新映射分别控制两只小海龟运动

（4）绘制数据曲线-visualization/plot

在 rqt 的 visualization 中的 plot 界面，可以绘制小海龟运动相关数据的曲线图，如图 3-9 所示。

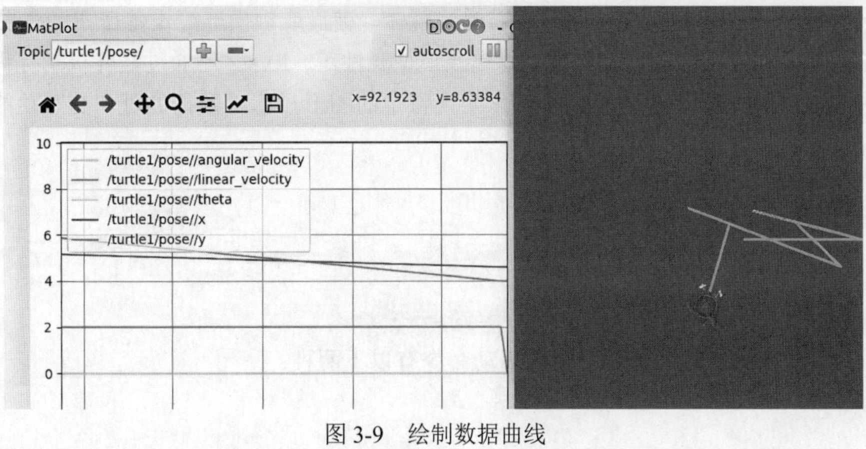

图 3-9 绘制数据曲线

（5）节点可视化-introspection/node graph

在 introspection 中的 node graph 界面，可以显示目前节点与节点之间的关系，如图 3-10 所示。

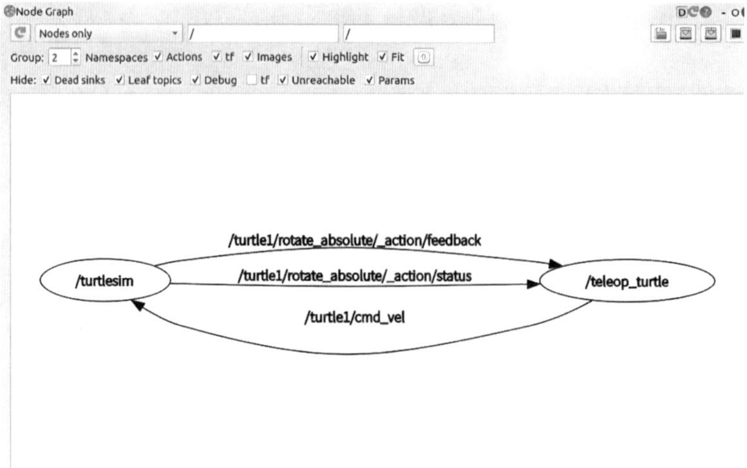

图 3-10　节点可视化

3.3　数据可视化工具 Rviz2

数据可视化工具 Rviz2 是 ROS2 中不可或缺的一部分，它提供了丰富的可视化功能，使得开发者能够直观地观察和分析机器人系统的运行状态。无论是机器人的位置姿态、传感器数据还是路径规划结果，Rviz2 都能以图形化的方式呈现出来，为开发者提供了强大的调试和验证手段。这一节将介绍数据可视化工具 Rviz2 的作用与使用方式。

3.3.1　认识 Rviz2

本节我们介绍一款以 3D 方式展示机器人系统的各种数据、状态和模型的三维可视化显示工具——Rviz2。它是 ROS2 中非常重要的组件之一，广泛用于开发、调试和可视化机器人系统。

Rviz2 提供了一个用户友好的 3D 界面，可以将机器人模型、传感器数据、运动轨迹等以可视化的方式展示出来。用户可以自定义显示的内容，如点云、网格、标记、车辆模型等。此外，Rviz2 允许用户与机器人模型进行交互。用户可以通过鼠标、键盘或触摸屏等设备在 Rviz2 界面上进行交互，如选择模型、移动模型、旋转模型、更改模型属性等。Rviz2 还通过插件机制提供了丰富的功能扩展能力。用户可以编写自己的插件来实现特定的图形显示、数据处理和交互功能，从而满足自己的需求。

3.3.2　操作演示

通过下列命令安装 Rviz2：

```
$ sudo apt install ros-[ROS_DISTRO]-rviz2
```

Rviz2 的启动方式比较简单，常用的启动命令有以下两种：

```
$ rviz2
```

或

```
$ ros2 run rviz2 rviz2
```

Rviz2 启动之后，初始界面如图 3-11 所示。

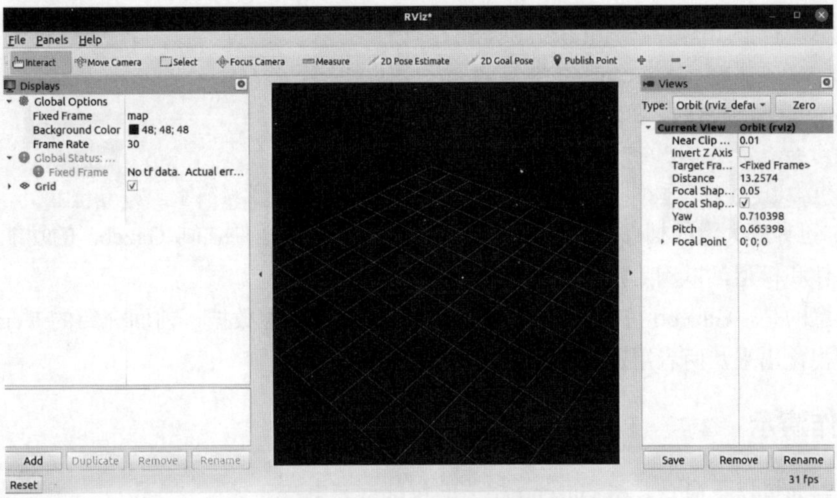

图 3-11 Rviz2 初始界面

在这个初始界面中，上部为工具栏，包括视角控制、预估位姿设置、目标设置等，还可以添加自定义插件。左侧为插件显示区，包括添加、删除、复制、重命名、显示插件，以及设置插件属性等功能。该显示区默认有两个插件，分别是 Global Options 和 Global Status。Global Options 用于设置全局显示相关的参数，其中 Fixed Frame 是其他所有数据在可视化显示时所参考的全局坐标系；Global Status 用于显示在 Global Options 设置完毕 Fixed Frame 之后，所有的坐标变换是否正常。中间部分为 3D 视图显示区，以可视化的方式显示添加的插件信息。右侧为观测视角设置区，可以设置不同的观测视角。

在后面的章节中我们将进一步学习在 Rviz2 中集成 URDF。

3.4 仿真工具 Gazebo

仿真工具 Gazebo 是 ROS2 中进行机器人仿真的首选平台。它支持多种物理引擎和传感器模型，能够模拟出逼真的机器人运行环境。通过 Gazebo，开发者可以在不依赖实际硬件的情况下对机器人系统进行全面的测试和验证，大大降低了开发成本和风险。这一节将介绍仿真工具 Gazebo 的作用与使用方式。

3.4.1 认识 Gazebo

Gazebo 是 ROS 系统中最为常用的三维物理仿真平台，被广泛用于机器人领域的研究、开发和测试。Gazebo 具有精确的物理引擎，可以模拟机器人在真实世界中的运动和碰撞。此外，Gazebo 支持广泛的传感器模拟，如激光雷达、摄像头、接触传感器等。它还提供了一个灵活的环境编辑器，可以创建各种类型的场景和环境。用户可以添加地形、多边形物体、灯光等来模拟不同的场景，以测试机器人在各种环境中的行为和性能。

Gazebo 是一个独立的应用程序，可以独立于 ROS 使用。Gazebo 与 ROS 版本的集成是通过一组叫作 gazebo_ros_pkgs 的包完成的，如图 3-12 所示。

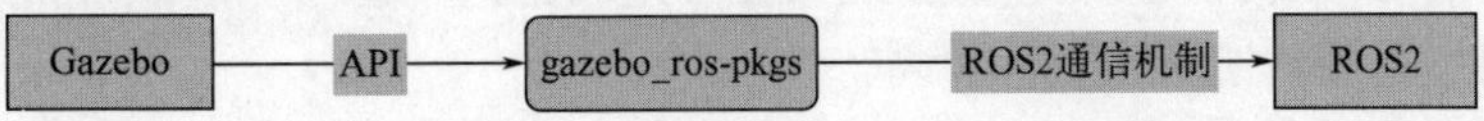

图 3-12 Gazebo 和 ROS2 通过 gazebo_ros_pkgs 连接

gazebo_ros_pkgs 包括：

```
gazebo_dev：开发 Gazebo 插件可以用的 API
gazebo_msgs：定义的 ROS2 和 Gazebo 之间的接口(Topic/Service/Action)
gazebo_ros：提供方便的 C++类和函数，可供其他插件使用
gazebo_plugins：一系列 Gazebo 插件，将传感器和其他功能暴露给 ROS2
```

Gazebo 还具有大量的插件和模型库，用户可以使用这些插件定制 Gazebo 的功能，还可以编写自己的插件和模型，以满足特定的仿真需求。

需要注意的是，Gazebo 仿真软件是通过模拟真实环境产生数据，前面介绍的 Rviz2 强调将已有的数据可视化出来，两者用途并不一样。

3.4.2 操作演示

大家可以通过以下命令，将 Gazebo 相关的包都给装上：

```
$ sudo apt install ros-[ROS_DISTRO]-gazebo-*
```

Gazebo 的界面如图 3-13 所示。

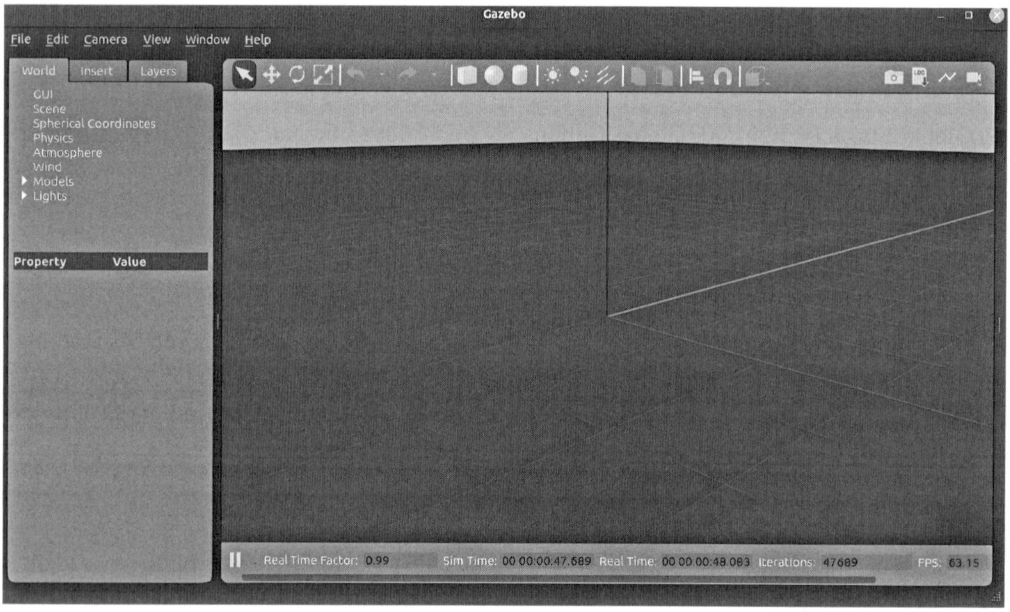

图 3-13　Gazebo 界面

其中，中间部分为 3D 视图区，左侧区域为模型列表，中上部为工具栏。

通过以下命令运行 ROS2 两轮差速小车功能包：

```
$ gazebo/opt/ros/[ROS_DISTRO]/gazebo_plugins/worlds/gazebo_ros_diff_drive_demo.world
```

运行结果如图 3-14 所示。

通过下面的命令控制小车向前移动：

```
$ ros2 topic pub /demo/cmd_demo geometry_msgs/msg/Twist "{linear: {x: 0.2,y: 0,z: 0},angular: {x: 0,y: 0,z: 0}}"
```

运行结果如图 3-15 所示。

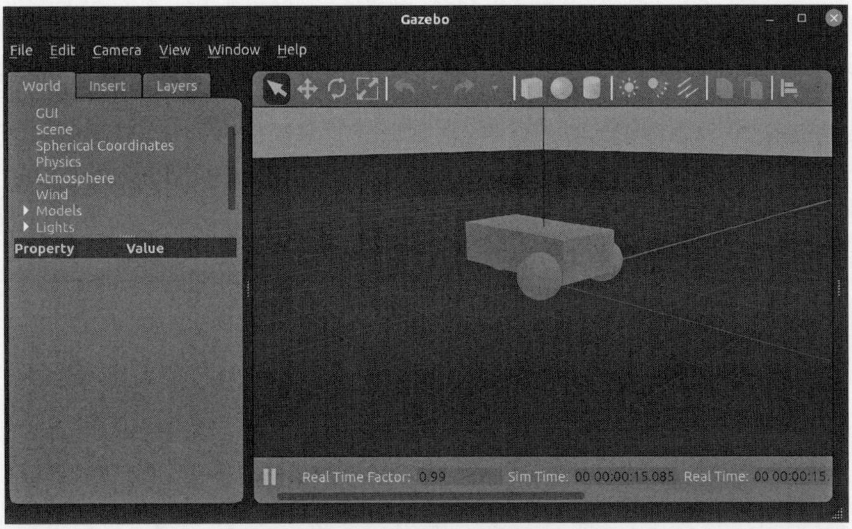

图 3-14 两轮差速小车

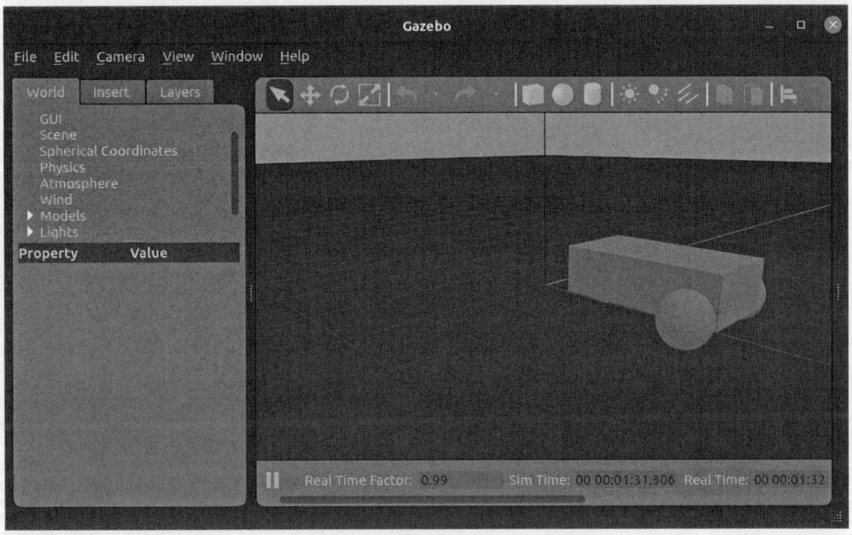

图 3-15 控制两轮差速小车

3.5 rosbag2 功能包

rosbag2 功能包是 ROS2 中用于数据记录和回放的重要工具。它允许开发者在机器人运行过程中实时记录数据，并将其保存为 bag 文件。这些 bag 文件可以在后续的分析和调试过程中被重新加载和回放，为开发者提供宝贵的数据资源。这一节将介绍 rosbag2 功能包的作用与使用方式。

3.5.1 认识 rosbag2

本节我们将介绍ROS2中常用的一个CLI工具——rosbag2。对于机器人传感器获取到的信息，有时我们可能需要实时处理，有时可能只是采集数据以便事后分析。比如机器人导航实现中，可能需要绘制导航所需的全局地图。地图绘制的实现有两种方式，方式 1 为控制机器人运动，将机器人传感器感知到的数据进行实时处理，生成地图信息；方式 2 为控制机器人运动，将机器人传感器感知到的数据留存，事后再重新读取数据，生成地图信息。比较两种方式，显然方式 2 在使用上更为灵活。在 ROS2 中关于数据的留存以及读取实现，提供的专门的工具就是 rosbag2。

3.5.2 操作演示

rosbag2 相关的命令行如表 3-1 所示。

表 3-1 rosbag2 相关的命令行

命令	作用
$ ros2 bag record /topic-name	记录
$ ros2 bag record topic-name1 topic-name2	记录多个话题的数据
$ ros2 bag record -a	记录所有话题
$ ros2 bag info bag-file	查看录制话题信息
$ ros2 bag play xxx.db3	播放
$ ros2 bag play xxx.db3 -r 10	10 倍速播放
$ros2 bag play xxx.db3 -l	循环播放

接下来我们用一个示例进行演示。

首先通过下列命令启动 talker，如图 3-16 所示。

```
$ ros2 run demo_nodes_cpp talker
```

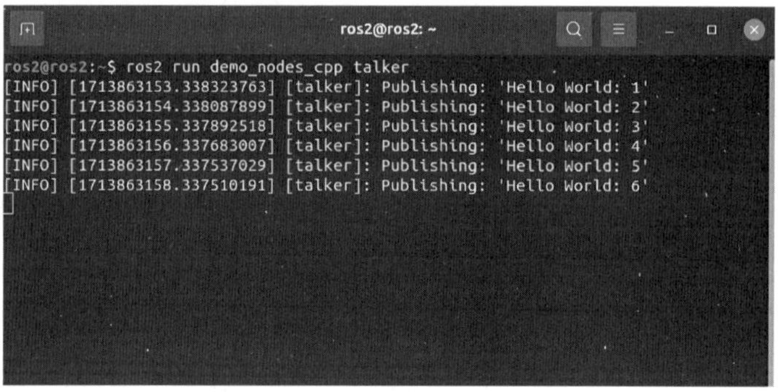

图 3-16 启动 talker

然后通过以下命令进行录制：

```
$ ros2 bag record /demo_nodes_cpp talker
```

录制完成后会发现终端中多了一个以.db3 结尾的文件夹，可以通过指令查看该文件夹的信息，如图 3-17 所示。

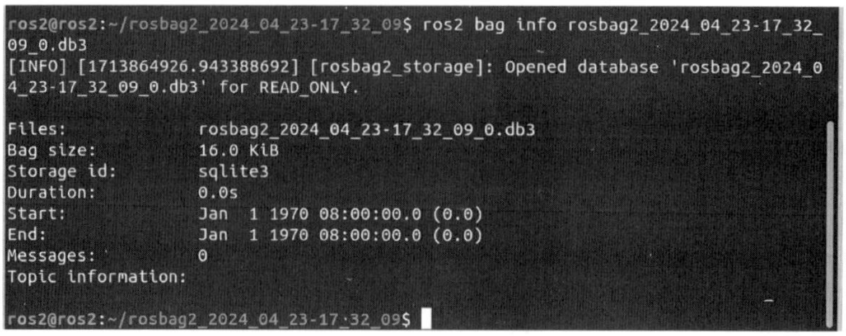

图 3-17 查看录制信息

3.6 本章小结

本章介绍了 ROS2 中的常用工具，包括启动管理工具 Launch、模块化可视化工具 rqt、数据可视化工具 Rviz2、仿真工具 Gazebo 与 rosbag2 功能包等。

首先向大家介绍了 Launch 启动工具，然后通过具体的案例演示了如何使用不同编程语言编写 launch 文件来启动多个海龟模拟器节点，并通过更改海龟模拟器背景颜色的例子展示了如何在 launch 文件中设置参数并实现节点的配置。然后本章向大家介绍了 rqt 这个能提供日志显示、话题数据发布、服务调用、数据曲线绘制和节点可视化等功能的模块化可视化工具。接着本章介绍了 Rviz2 和 Gazebo 两款显示工具。Rviz2 是三维可视化显示工具，可以展示机器人模型、传感器数据、地图等。Gazebo 是常用的三维物理仿真平台，支持动力学引擎，可模拟机器人及周边环境，还可以加入物理属性如摩擦力、弹性系数等，用于验证机器人算法、优化设计、测试场景等。需要注意的是，Rviz2 强调将已有的数据可视化出来，Gazebo 仿真软件是通过模拟真实环境产生数据。最后本章介绍了 rosbag2——ROS2 中的录制和回放话题数据的工具集。

以上工具在 ROS2 的开发中扮演着重要角色，提供了丰富的可视化和仿真功能，有助于开发和测试机器人系统。

习题三

1. [单选] 在 ROS2 中，launch 文件主要用于什么目的？

A. 定义和启动多个节点　　B. 编写自定义的服务和消息

C. 配置机器人的硬件接口　　D. 管理机器人的运动控制

2. [多选] launch 文件可以使用什么语言进行编写？

A. C++　　B. Python　　C. XML　　D. YAML

3. [单选] 在 ROS2 中，以下哪个命令用于管理和启动多个节点和它们的配置？

A. ros2 run　　B. ros2 launch　　C. ros2 node　　D. ros2 topic

4. [单选] 在 ROS2 中，哪个工具用于 3D 数据可视化，如机器人模型、传感器数据和路径规划？

A. ros2topic　　B. ros2bag　　C. Rviz2　　D. ros2param

5. [单选] 在 rqt 中的什么界面可以实现节点可视化？

A. logging/console　　B. services/service caller

C. visualization/plot　　D. introspection/node graph

6. [单选] 在 rqt 中，如果你想查看和过滤 ROS2 系统中的日志消息，你应该使用哪个插件？

A. rqt_graph　　B. rqt_console　　C. rqt_plot　　D. rqt_topic_monitor

7. [多选] Rviz2 可以图形化显示哪些类型的数据？

A. 激光 LaserScan　　B. 点云 PointCloud

C. 机器人模型 RobotModel　　D. 轨迹 Path

8. [单选] 在 Rviz2 中，如果你想添加一个新的显示项（如激光雷达扫描数据），你应该怎么做？

A. 在命令行中直接输入相应的命令

B. 在 Rviz2 的“Add”菜单中选择相应的显示项

C. 修改 Rviz2 的配置文件

D. 使用 ROS2 的服务调用功能

9. [单选] 如果你想要保存 Rviz2 中的当前视图和配置，以便将来重新加载，你应该怎么做？

A. 使用“File”菜单中的“Save Config”选项

B. 在命令行中使用 ros2 run rviz2 rviz2 --save-config

C. 复制.rviz 文件到另一个位置

D. Rviz2 不支持保存配置

10. [单选] Gazebo 是一款什么工具？

A. 调试　B. 可视化　C. 仿真　D. 命令行

11. [单选] 在 ROS2 中，哪个仿真环境通常用于测试机器人算法和模拟机器人与环境的交互？

A. ROSBridge　B. Rviz2　C.Gazebo　D. rqt

12. [单选] 在 Gazebo 仿真器中，如果你想改变机器人的物理属性（如质量、惯性矩等），你应该怎么做？

A. 在 Gazebo 的 GUI 中直接编辑机器人的物理属性

B. 修改机器人的 URDF 文件

C. 使用 Gazebo 的命令行工具来修改物理属性

D. 在 ROS2 的参数服务器中设置相应的参数

13. [单选] 在 Gazebo 中，如果你想要模拟一个机器人的传感器数据(如激光雷达扫描)，你应该怎么做？

A. 编写一个自定义的 ROS2 节点来生成数据

B. 使用 Gazebo 中的插件系统来添加传感器模型

C. 在 ROS2 的 urdf 文件中配置传感器参数

D. 手动在 Gazebo 的 GUI 中绘制传感器数据

14. [单选] rosbag2 在 ROS2 中主要用于什么目的？

A. 提供机器人硬件接口的配置工具　B. 进行机器人仿真

C. 记录和回放 ROS2 消息数据　D. 编写和调试 ROS2 节点

15. Rviz2 和 Gazebo 仿真软件显示的数据有何不同？

第4章 ROS2客户端库

从本章开始，我们就要正式地接触 ROS2 编程了。在之前的章节，你了解到用命令行启动程序、发送指令消息，或使用可视化界面来调试机器人。你可能很想知道，这些工具到底是如何实现这些功能的。其实这些工具本质上都是基于客户端库实现的。本章将介绍 ROS2 的客户端库及其在节点、话题、服务、动作和参数中的使用方法。本章的内容需要有 C++与 Python 的编程基础，如果你对 C++与 Python 比较陌生，建议先学习 C++与 Python 相关编程方法。

4.1 ROS2 客户端库简介

客户端库是允许用户实现 ROS2 代码的 API 集合，并且提供了与 ROS2 通信的相关功能，例如发布和订阅话题、提供和调用服务、操作参数等。

客户端库有多种编程语言，因此用户可以用最适合其应用程序的语言编写 ROS2 代码。如使用 rclcpp 编写 C++语言的 ROS2 节点、使用 rclpy 编写 Python 语言的 ROS2 节点、使用 rcljava 编写 Java 语言的 ROS2 节点，以及使用 rclnodejs 编写 JavaScript 语言的 ROS2 节点等。目前最常用的客户端库为 rclcpp 和 rclpy，因此本章将重点介绍 rclcpp 和 rclpy 客户端库。

值得一提的是，随着 ROS2 的不断发展，客户端库也在不断完善和扩展。新的功能和特性不断被添加到这些库中，以满足日益增长的机器人应用程序的需求。因此，用户可以查看官方文档或相关资源，以了解最新的客户端库相关信息。

总的来说，ROS2 的客户端库是 ROS 生态系统中的关键组成部分，它们为用户提供了强大而灵活的工具，以在 ROS2 环境中构建和部署机器人应用程序。通过深入了解这些库的功能和用法，用户可以更高效地开发高质量的机器人软件。

接下来本章将分别介绍 rclcpp 和 rclpy 在节点、话题、服务、动作和参数中的使用方法。

4.2 rclcpp

rclcpp 是 ROS2 的 C++客户端库，提供了用于编写 ROS2 节点的 API，包括节点的创建、发布和订阅消息、调用服务、使用参数服务器等功能。通常我们要调用 ROS2 的 C++接口，首先就需要包含#include "rclcpp/rclcpp.hpp"。

rclcpp 的主要部分包括：

① Node。

② Publisher。

rclcpp::Node::create_publisher() 创建发布者

rclcpp::Publisher::publish() 在话题中发布消息

③ Subscription。

rclcpp::Node::create_subscription() 创建订阅者

④ Service Client。

rclcpp::Node::create_client() 创建客户端

⑤ Service Server。

rclcpp::Node::create_service() 创建服务端

⑥ Timer。

rclcpp::Node::create_wall_timer() 创建定时器

⑦ Parameters。

rclcpp::Node::set_parameters() 设置参数

rclcpp::Node::get_parameters() 获取参数

rclcpp::Node::list_parameters() 获取参数列表

rclcpp::Node::add_on_set_parameters_callback() 添加参数回调

rclcpp::Node::remove_on_set_parameters_callback() 移除参数回调

⑧ Rate。

⑨ Executors。

rclcpp::spin() 启动节点事件循环

⑩ CallbackGroups。

rclcpp::Node::create_callback_group() 创建回调组

⑪ Logging macros。

RCLCPP_INFO() 在节点中输出信息级别为 INFO 的日志消息

⑫ Logger。

rclcpp::Node::get_logger() 获取节点日志记录器

我们日常开发并不会用到所有的功能，掌握几个比较常见和重要的用法就足够了。下面的小节中我们将介绍部分接口的用法。

4.2.1 节点

这一小节我们来学习使用 rclcpp 编写节点的一些最基本的操作。

（1）初始化与关闭节点

在 ROS2 中，通常使用 rclcpp::init()函数来进行节点的初始化。这个函数会解析命令行参数并设置 ROS2 的全局状态，让节点准备好接收和发送消息。如果要关闭节点并释放相关资源，通常使用 rclcpp::shutdown()函数，它会执行一些清理工作，并终止 ROS2 节点的运行。

在 C++中，初始化和关闭一个 ROS2 节点的代码通常如下所示：

```
#include "rclcpp/rclcpp.hpp"
int main(int argc, char **argv)
{
```

```
    rclcpp::init(argc, argv);

  // 这里是你的节点逻辑


    rclcpp::shutdown();
    return 0;
}
```

（2）节点事件循环

在 ROS2 中，事件循环是节点的重要部分。通过事件循环，节点可以实现与其他节点之间的通信，并执行自己的逻辑任务。在事件循环中我们将使用到 rclcpp::spin(node)函数。

需要注意的是，rclcpp::spin(node)函数会一直阻塞当前线程，直到节点被关闭或发生错误。因此，在调用 rclcpp::spin(node)函数之前应该确保所有相关的资源和线程都已经准备好。

（3）节点命名

在 ROS2 中，给节点命名是通过创建 rclcpp::Node 对象时指定名称来实现的。在 C++中，可以使用以下方式给节点命名：

```
auto node = std::make_shared<rclcpp::Node>("my_node_name");
```

其中，我们通过传递"my_node_name"给 rclcpp::Node 构造函数，为节点指定了一个名称。这样就创建了一个名为"my_node_name"的节点。

（4）获取日志记录器

每个 ROS2 节点都有一个与之关联的日志记录器，可以使用 rclcpp::Node::get_logger()函数获取节点的日志记录器(logger)，以便在节点中打印日志消息。在 C++中，可以使用以下方式获取节点的日志记录器：

```
auto logger = node->get_logger();
```

（5）打印日志

打印日志可以使用 RCLCPP_*宏来实现。以下是一些常用的日志打印函数：

RCLCPP_DEBUG(logger, message)——打印调试级别的日志信息；

RCLCPP_INFO(logger, message)——打印普通信息级别的日志信息；

RCLCPP_WARN(logger, message)——打印警告级别的日志信息；

RCLCPP_ERROR(logger, message)——打印错误级别的日志信息；

RCLCPP_FATAL(logger, message)——打印致命错误级别的日志信息。

其中，logger 参数是一个 rclcpp::Logger 类型的实例，用于标识打印日志的来源；message 参数是要打印的日志消息。

接下来我们将通过具体的示例学习使用 ROS2 的 rclcpp 客户端库来编写节点的流程。

① 创建工作空间：

```
$ mkdir -p chapt2_ws/src/
```

② 创建 example_cpp 功能包：在 src 目录下创建 example_cpp 功能包，使用 ament-cmake 作为编译类型，并为其添加 rclcpp 依赖。

```
$ cd chapt2_ws/src
$ ros2 pkg create example_cpp --build-type ament_cmake --dependencies rclcpp
```

③ 创建节点：使用$ code ./指令打开 VSCode，接着我们在 example_cpp/src 下创建一个

node_01.cpp 文件，右键点击 src 新建文件即可。

使用$ tree 指令可以查看此时的目录结构，如图 4-1 所示。

④ 在新建的节点中编写代码：

```
#include "rclcpp/rclcpp.hpp"
int main(int argc, char **argv)
{
    rclcpp::init(argc, argv);
    auto node = std::make_shared<rclcpp::Node>("node_01");
    RCLCPP_INFO(node->get_logger(), "node_01 节点开始运行.");
    rclcpp::spin(node);
    rclcpp::shutdown();
    return 0;
}
```

其中#include "rclcpp/rclcpp.hpp"这一步可能会报错，这是因为系统找不到 rclcpp/rclcpp.hpp 的位置。我们在 C/C++配置中增加 rclcpp/rclcpp.hpp 的路径即可，即在 C/C++的包含路径下添加 /opt/ros/[ROS_DISTRO]/**。

⑤ 修改 CMakeLists.txt：在 node_01.cpp 中输入上面的内容后，还需要修改一下 CMakeLists.txt。将其添加为可执行文件，并使用 install 指令将其安装到 install 目录。在 CMakeLists.txt 中写入下列代码：

```
add_executable(node_01 src/node_01.cpp)
ament_target_dependencies(node_01 rclcpp)
install(TARGETS
    node_01
    DESTINATION lib/${PROJECT_NAME})
```

⑥ 编译运行节点：在 chapt2_ws 下依次输入下面的命令。

```
$ colcon build
$ source install/setup.bash
$ ros2 run example_cpp node_01
```

结果如图 4-2 所示。

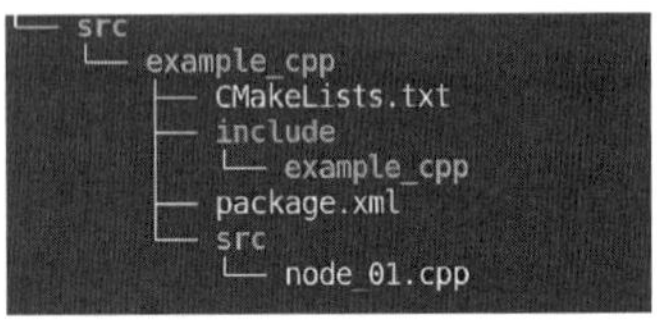

图 4-1　目录结构

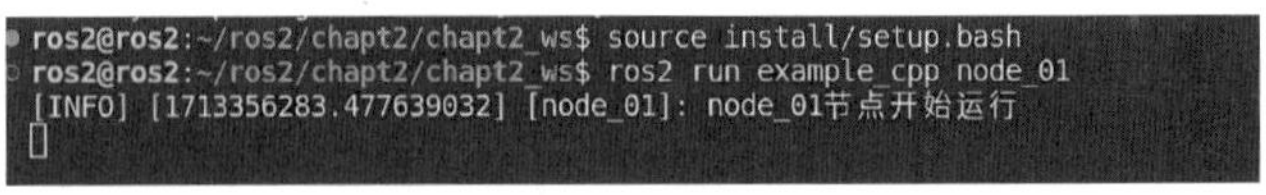

图 4-2　通过 rclcpp 运行节点

4.2.2　话题

创建话题的发布者需要调用 Node 的成员函数 create_publisher()，创建话题的订阅者需要调用 Node 的成员函数 create_subscription()，在话题中发布消息需要用到 Publisher 的成员函数 publish()。此外，我们需要使用到定时器来定时发布数据，定时器函数为 create_wall_timer()，我们将先学习这些相关的 API 接口。

（1）创建发布者

create_publisher()是在ROS2中用于创建发布者的函数，它可以在节点中创建一个用于发布特定消息类型的发布者对象。通过发布者，节点可以将消息发布到指定的话题，供其他节点订阅。

以下是create_publisher()函数的一般形式：

```
std::shared_ptr< PublisherT > rclcpp::Node::create_publisher(
const std::string &    topic_name,
const rclcpp::QoS & qos,
const PublisherOptionsWithAllocator< AllocatorT > & options =
   PublisherOptionsWithAllocator<AllocatorT>()
)
```

其中，topic_name为话题的名称；qos为发布者的消息队列深度，默认为10，这个参数决定了发布者可以缓存的消息数量；options为附加选项，包括内存分配器、回调组等，它是PublisherOptionsWithAllocator类型的对象。

该函数的返回值是一个指向PublisherT类型的共享指针(std::shared_ptr<PublisherT>)，可以通过该指针来访问和操作创建的发布者。在使用时，首先需要定义要发布的消息类型，然后在节点中调用create_publisher()函数来创建发布者。

下面是一个示例：

```
pub = node->create_publisher<std_msgs::msg::String>("chatter", 10);
```

这个示例创建了一个发布std_msgs::msg::String类型消息的发布者，并将其发布到名为"chatter"的话题上，消息队列深度为10。

（2）创建订阅者

创建订阅者需要用到create_subscription()函数，它的一般形式如下：

```
std::shared_ptr< SubscriptionT > rclcpp::Node::create_subscription(
   const std::string & topic_name,
   const rclcpp::QoS & qos,
   CallbackT && callback,
   const SubscriptionOptionsWithAllocator< AllocatorT > & options =
      SubscriptionOptionsWithAllocator<AllocatorT>(),
   typename MessageMemoryStrategyT::SharedPtr msg_mem_strat =
      (     MessageMemoryStrategyT::create_default()    )
)
```

其中，topic_name参数指定了订阅者要订阅哪个话题；qos参数指定了订阅者的消息队列深度；callback参数是回调函数；options参数是订阅器的选项，包括qos策略、回调组、内存分配器等；msg_mem_strat指定订阅器消息内存策略的共享指针。

该函数的返回值是一个指向SubscriptionT类型的共享指针(std::shared_ptr<SubscriptionT>)，可以通过该指针来访问和操作创建的订阅者。

（3）发布消息

publish()是用于在发布者上发布消息的成员函数，它属于rclcpp::Publisher类的一部分。它的一般形式如下：

```
virtual void rclcpp::Publisher< MessageT, AllocatorT >::publish(
   std::unique_ptr< MessageT, MessageDeleter > msg)
```

其中，MessageT 表示要发布的消息类型；AllocatorT 表示用于分配内存的分配器类型；msg 是一个指向消息对象的智能指针。ROS2 中消息对象通常采用智能指针来管理内存，以方便传递和管理，因此 publish()函数接收一个指向消息对象的智能指针，而不是一个常引用类型的消息对象。使用示例如下：

```
std_msgs::msg::String msg;
msg.data = "Hello, world!";
publisher->publish(msg);
```

（4）创建定时器

create_wall_timer()函数为定时器函数，这个函数的作用是创建一个定时器，并返回一个指向创建定时器的共享指针。它的一般形式为：

```
rclcpp::WallTimer< CallbackT >::SharedPtr rclcpp::Node::create_wall_timer(
    std::chrono::duration< DurationRepT, DurationT > period,
    CallbackT callback,
    rclcpp::CallbackGroup::SharedPtr group = nullptr
)
```

其中，period 表示定时器的周期；callback 表示当定时器触发时要调用的回调函数或可调用对象；group 表示用来分组管理回调的回调组，默认值为 nullptr。

使用示例如下：

```
auto timer = node->create_wall_timer(std::chrono::seconds(1), callback);
```

上述示例创建了一个定时器，其周期为 1s，当定时器触发时将会调用名为 callback 的回调函数或可调用对象。

接下来我们通过示例学习如何使用 rclcpp 客户端库来实现话题通信，让发布方发布消息，订阅方订阅该消息，并输出在终端。

① 进入工作空间的 src 目录，创建 C++功能包。

```
$ ros2 pkg create cpp_topic --build-type ament_cmake --dependencies rclcpp
```

② 发布方实现。在功能包 cpp_topic 的 src 目录下，新建 C++文件 cpp_topic_pub.cpp，并编辑文件。主要思路为编写节点相关代码，然后创建发布方和定时器，并编写消息发布的逻辑。即：

```
#include "rclcpp/rclcpp.hpp"
#include "std_msgs/msg/string.hpp"
class TopicPublisher : public rclcpp::Node
{
public:
    TopicPublisher(std::string name) : Node(name)
    {
    RCLCPP_INFO(this->get_logger(), "%s 已启动.", name.c_str());
    //创建发布方
    command_publisher_ = this->create_publisher<std_msgs::msg::String>
("command", 10);
    //创建定时器
    timer_ = this->create_wall_timer(std::chrono::milliseconds(500),
std::bind(&TopicPublisher::timer_callback, this));
```

```
    }
private:
    void timer_callback()
    {
        //发布消息
        std_msgs::msg::String message;
        message.data = "hello world";
        RCLCPP_INFO(this->get_logger(), "Publishing: '%s'", message.data.c_str());
        command_publisher_->publish(message);
    }
    //定义的两个成员变量，分别是timer_和command_publisher_
    rclcpp::TimerBase::SharedPtr timer_;
    rclcpp::Publisher<std_msgs::msg::String>::SharedPtr command_publisher_;
};
int main(int argc, char **argv)
{
    rclcpp::init(argc, argv);
    auto node = std::make_shared<TopicPublisher>("topic_publisher");
    rclcpp::spin(node);
    rclcpp::shutdown();
    return 0;
}
```

③ 订阅方实现。在功能包cpp_topic的src目录下，新建C++文件cpp_topic_sub.cpp，并编辑文件。主要思路为编写节点相关代码，然后创建订阅方和处理订阅的消息。即：

```
#include "rclcpp/rclcpp.hpp"
#include "std_msgs/msg/string.hpp"
class TopicSubscribe : public rclcpp::Node
{
public:
   TopicSubscribe(std::string name) : Node(name)
   {
    RCLCPP_INFO(this->get_logger(), "%s 已启动.", name.c_str());
    //创建订阅方
    command_subscribe_ = this->create_subscription<std_msgs::msg::String>
("command", 10, std::bind(&TopicSubscribe::command_callback, this, std:: pla-
ceholders::_1));
    }
private:
    //处理订阅消息
    rclcpp::Subscription<std_msgs::msg::String>::SharedPtr command_subscribe_;
    void command_callback(const std_msgs::msg::String::SharedPtr msg)
    {
```

```
        if(msg->data == "hello world")
        RCLCPP_INFO(this->get_logger(), "收到[%s]指令, msg->data.c_str());
    }
};
int main(int argc, char **argv)
{
    rclcpp::init(argc, argv);
    auto node = std::make_shared<TopicSubscribe>("topic_subscribe");
    rclcpp::spin(node);
    rclcpp::shutdown();
    return 0;
}
```

④ 编辑配置文件。在 C++功能包中，配置文件主要关注 package.xml 与 CMakeLists.txt。

a）Package.xml。在创建功能包时，所依赖的功能包已经自动配置了，配置内容如下：

```
<depend>rclcpp</depend>
<depend>std_msgs</depend>
```

b）CMakeLists.txt。CMakeLists.txt 中发布和订阅程序核心配置如下：

```
find_package(ament_cmake REQUIRED)
find_package(rclcpp REQUIRED)
find_package(std_msgs REQUIRED)

add_executable(cpp_topic_pub src/cpp_topic_pub.cpp)
ament_target_dependencies(
    cpp_topic_pub rclcpp std_msgs)
add_executable(cpp_topic_sub src/cpp_topic_sub.cpp)
ament_target_dependencies(
    cpp_topic_sub rclcpp std_msgs)

install(TARGETS
    cpp_topic_pub
    DESTINATION lib/${PROJECT_NAME})
    install(TARGETS
    cpp_topic_sub
    DESTINATION lib/${PROJECT_NAME})
```

⑤ 编译与执行。在终端中进入当前工作空间，使用以下命令编译功能包：

```
$ colcon build --packages-select cpp_topic
```

当前工作空间下，启动两个终端，终端 1 输入如下指令：

```
$ . install/setup.bash
$ ros2 run cpp_topic cpp_topic_sub
```

终端 2 输入如下指令：

```
$ . install/setup.bash
$ ros2 run cpp_topic cpp_topic_pub
```

结果如图 4-3 所示。

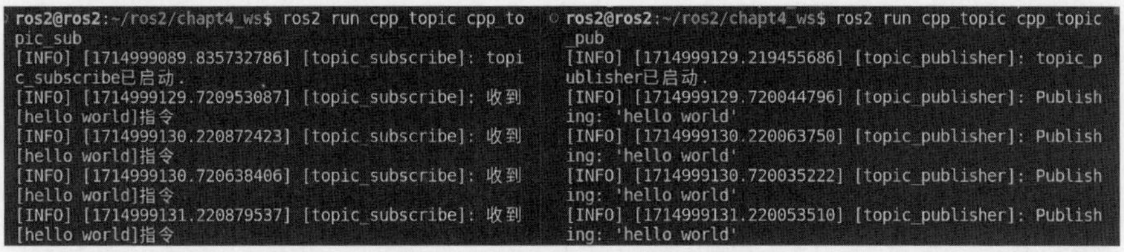

图 4-3 rclcpp 实现话题通信

4.2.3 服务

创建服务的服务端需要调用 create_service()，创建服务的客户端需要调用 create_client()，我们首先来学习这些相关的 API 接口。

（1）创建服务端

create_service()用于在 ROS2 节点中创建一个服务端。它的一般形式为：

```
rclcpp::Service< ServiceT >::SharedPtr rclcpp::Node::create_service(
    const std::string & service_name,
    CallbackT && callback,
    const rmw_qos_profile_t & qos_profile = rmw_qos_profile_services_default,
    rclcpp::CallbackGroup::SharedPtr group = nullptr
)
```

其中，service_name 为服务名称；callback 为服务回调函数；qos_profile 为服务的质量保证配置文件，用于控制服务的通信行为，如通信延迟、服务可靠性等，默认值为 rmw_qos_profile_services_default；group 为回调组，默认值为 nullptr。

（2）创建客户端

create_client()用于在节点中创建一个客户端。它的一般形式为：

```
rclcpp::Client<ServiceT>::SharedPtr rclcpp::Node::create_client(
    const std::string & service_name,
    const rmw_qos_profile_t & qos_profile = rmw_qos_profile_services_default,
    rclcpp::CallbackGroup::SharedPtr group = nullptr
)
```

其中，service_name 为服务名称；qos_profile 为客户端的质量保证配置文件；group 为回调组。

接下来我们将通过示例学习使用 rclcpp 实现服务通信的方法，这里使用的例子是一个简单的整数加法系统，一个节点请求两个整数的和，另一个节点用结果来响应。我们需要用到第 2 章介绍过的系统自带的 example_interfaces 接口，这个接口是包含.srv 文件的文件夹，使用$ ros2 interface show example_interfaces/srv/AddTwoInts 命令行可以查看这个接口的定义。

通过 rclcpp 实现服务通信的具体步骤如下：

① 终端下进入工作空间的 src 目录，调用如下命令创建 C++功能包。

```
$ ros2 pkg create cpp_service --build-type ament_cmake --dependencies rclcpp
```

--dependencies 参数会自动将必要的依赖行添加到 package.xml 和 CMakeLists.txt 中。

② 服务端实现。在功能包 cpp_service 的 src 目录下，新建 C++文件 cpp_service_server.cpp，并编辑文件。输入如下内容：

```
#include "example_interfaces/srv/add_two_ints.hpp"
#include "rclcpp/rclcpp.hpp"
class ServiceServer : public rclcpp::Node {
public:
  ServiceServer(std::string name) : Node(name) {
    RCLCPP_INFO(this->get_logger(), "%s 已启动.", name.c_str());
      add_ints_server_ =
        this->create_service<example_interfaces::srv::AddTwoInts>(
          "add_two_ints_srv",
              std::bind(&ServiceServer::handle_add_two_ints, this,
            std::placeholders::_1, std::placeholders::_2));
  }
private:
  rclcpp::Service<example_interfaces::srv::AddTwoInts>::SharedPtr
    add_ints_server_;
  void handle_add_two_ints(
    const std::shared_ptr<example_interfaces::srv::AddTwoInts::Request> request,
    std::shared_ptr<example_interfaces::srv::AddTwoInts::Response> response) {
    RCLCPP_INFO(this->get_logger(), "a: %ld b: %ld", request->a,
       request->b);
    response->sum = request->a + request->b;
  };
};
int main(int argc, char** argv) {
  rclcpp::init(argc, argv);
  auto node = std::make_shared<ServiceServer>("cpp_service_server");
  rclcpp::spin(node);
  rclcpp::shutdown();
  return 0;
}
```

其中，ServiceServer类的构造函数接收一个字符串参数name，该参数用于命名节点。在构造函数中，首先通过RCLCPP_INFO宏记录一条日志消息，表示节点已启动。然后，使用create_service方法创建一个AddTwoInts服务服务器，并绑定了一个处理函数handle_add_two_ints来处理来自客户端的请求。add_ints_server_是一个智能指针，指向rclcpp::Service<example_interfaces::srv::AddTwoInts>::SharedPtr类型的对象，这个对象代表了AddTwoInts服务服务器；handle_add_two_ints是服务的处理函数，它接收两个参数：一个是请求对象（包含a和b字段），另一个是响应对象（用于设置sum字段）。

③ 客户端实现。在功能包cpp_service的src目录下，新建C++文件cpp_service_client.cpp，并编辑文件。输入如下内容：

```
#include "rclcpp/rclcpp.hpp"
#include "example_interfaces/srv/add_two_ints.hpp"
class ServiceClient : public rclcpp::Node {
```

```
  public:
    ServiceClient(std::string name) : Node(name) {
      RCLCPP_INFO(this->get_logger(), "%s已启动.", name.c_str());
      client_ = this->create_client<example_interfaces::srv::AddTwoInts>("add_
two_ints_srv");
    }
    void send_request(int a, int b) {
      RCLCPP_INFO(this->get_logger(), "%d+%d", a, b);
      while (!client_->wait_for_service(std::chrono::seconds(1))) {
        if (!rclcpp::ok()) {
          RCLCPP_ERROR(this->get_logger(), "等待服务的过程中被打断...");
          return;
        }
        RCLCPP_INFO(this->get_logger(), "等待中");
      }

      auto request =
        std::make_shared<example_interfaces::srv::AddTwoInts_Request>();
      request->a = a;
      request->b = b;

      client_->async_send_request(
        request, std::bind(&ServiceClient::result_callback_, this,
                           std::placeholders::_1));
    };
  private:
    rclcpp::Client<example_interfaces::srv::AddTwoInts>::SharedPtr client_;
    void result_callback_(
      rclcpp::Client<example_interfaces::srv::AddTwoInts>::SharedFuture
        result_future) {
      auto response = result_future.get();
      RCLCPP_INFO(this->get_logger(), "计算结果: %ld", response->sum);
    }
  };
  int main(int argc, char** argv) {
    rclcpp::init(argc, argv);
    auto node = std::make_shared<ServiceClient>("cpp_service_client");
    node->send_request(1, 2);
    rclcpp::spin(node);
    rclcpp::shutdown();
    return 0;
  }
```

其中，ServiceClient 类构造函数接收一个字符串参数 name，用于命名节点，并初始化一个指向 AddTwoInts 服务客户端的 client_成员变量；send_request 成员函数接收两个整数参数 a 和 b，表示要发送给服务服务器的请求数据；AddTwoInts_Request 用于请求对象，并设置其 a 和 b 字段；client_->async_send_request 用于异步发送请求，并绑定一个回调函数 result_callback_来处理响应。

④ 编辑配置文件。

a）packages.xml。在创建功能包时，所依赖的功能包已经自动配置了，配置内容如下：

```
<depend>rclcpp</depend>
<depend>example_interfaces</depend>
```

b）CMakeLists.txt。CMakeLists.txt 中服务端和客户端程序核心配置如下：

```
find_package(ament_cmake REQUIRED)
find_package(rclcpp REQUIRED)
find_package(example_interfaces REQUIRED)

add_executable(cpp_service_server src/cpp_service_server.cpp)
ament_target_dependencies(cpp_service_server rclcpp example_interfaces)
add_executable(cpp_service_client src/cpp_service_client.cpp)
ament_target_dependencies(cpp_service_client rclcpp example_interfaces)

install(TARGETS
  cpp_service_server
  DESTINATION lib/${PROJECT_NAME}
)
install(TARGETS
  cpp_service_client
  DESTINATION lib/${PROJECT_NAME}
)
```

⑤ 编译。在终端中进入当前工作空间，编译功能包：

```
$ colcon build --packages-select cpp_service
```

⑥ 执行。当前工作空间下，启动两个终端，终端 1 输入如下指令：

```
$ . install/setup.bash
$ ros2 run cpp_service cpp_service_client
```

终端 2 输入如下指令：

```
$ . install/setup.bash
$ ros2 run cpp_service cpp_service_server
```

结果如图 4-4 所示。

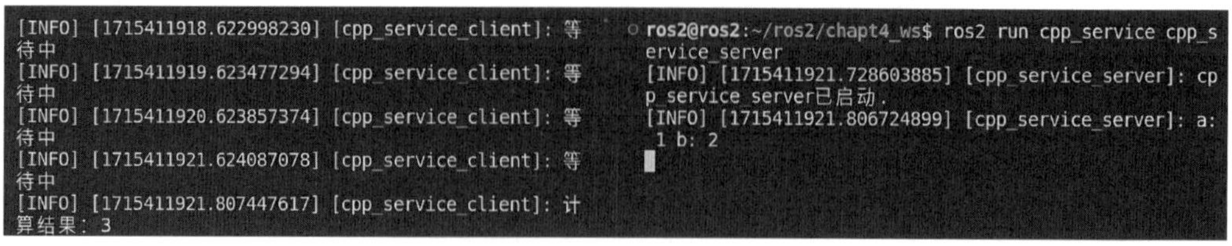

图 4-4　rclcpp 实现服务通信

4.2.4 动作

动作是由话题和服务共同构建出来的，一个动作相当于三个服务加两个话题。三个服务分别是目标传递服务、结果传递服务与取消执行服务；两个话题分别是反馈话题与状态话题。我们首先来学习动作服务相关API。

（1）创建动作服务端

```
rclcpp_action::create_server()用于在节点中创建一个动作服务端，它的一般形式如下：
Server<ActionT>::SharedPtr rclcpp_action::create_server(
  NodeT node,
  const std::string & name,
  typename Server< ActionT >::GoalCallback handle_goal,
  typename Server< ActionT >::CancelCallback handle_cancel,
  typename Server< ActionT >::AcceptedCallback handle_accepted,
  const rcl_action_server_options_t & options = rcl_action_server_get_
default_options(),
  rclcpp::CallbackGroup::SharedPtr group = nullptr
)
```

其中，node为节点对象；name为动作服务端的名称；handle_goal为处理目标请求的回调函数；handle_cancel为处理取消请求的回调函数；handle_accepted为处理接受请求的回调函数；options为动作附加选项；group为回调组。

（2）创建动作客户端

```
rclcpp_action::create_client()用于创建一个动作客户端，它的一般形式如下：
Client<ActionT>::SharedPtr rclcpp_action::create_client(
  NodeT node,
  const std::string & name,
  rclcpp::CallbackGroup::SharedPtr group = nullptr
)
```

其中，node为节点对象；name为动作客户端的名称；group为回调组。

接下来我们将学习使用rclcpp实现动作通信的方法，下面的例子能够实现动作客户端提交一个整型数据*N*，动作服务端接收请求数据并累加1到*N*之间的所有整数，将最终结果返回给动作客户端，且每累加一次都需要计算当前运算进度并反馈给动作客户端。具体步骤如下：

① 首先我们需要自定义接口消息，创建接口消息的步骤如下：

a）使用以下命令创建定义接口功能包，需要注意的是，目前只能在C++功能包中实现自定义接口。

```
$ ros2 pkg create interfaces_demo --build-type ament_cmake
```

b）在功能包interfaces_demo下新建action文件夹，在action文件夹下新建Progress.action文件，在文件中输入如下内容。

```
int64 num
---
int64 sum
---
```

```
float64 progress
```

c）在 package.xml 中需要添加如下依赖。

```
<buildtool_depend>rosidl_default_generators</buildtool_depend>
<depend>action_msgs</depend>
<member_of_group>rosidl_interface_packages</member_of_group>
```

d）在 CMakeLists.txt 中添加如下配置。

```
find_package(rosidl_default_generators REQUIRED)

rosidl_generate_interfaces(${PROJECT_NAME}
  "action/Progress.action"
)
```

e）在终端中进入当前工作空间，使用以下命令编译功能包。

```
$ colcon build --packages-select interfaces_demo
```

编译完成之后，在工作空间下的 install 目录下将生成 Progress.action 文件对应的 C++和 python 文件。我们也可以在终端下进入工作空间，通过如下命令查看文件定义以及编译是否正常：

```
$ . install/setup.bash
$ ros2 interface show interfaces_demo/action/Progress
```

正常情况下，终端将会输出与 Progress.action 文件一致的内容。

② 在终端下进入工作空间的 src 目录，调用如下命令创建 C++功能包：

```
$ ros2 pkg create cpp_action --build-type ament_cmake --dependencies rclcpp rclcpp_action interfaces_demo
```

③ 动作服务端实现。在功能包 cpp_action 的 src 目录下，新建 C++文件 cpp_action_server.cpp，并编辑文件。输入如下内容：

```
#include "rclcpp/rclcpp.hpp"
#include "rclcpp_action/rclcpp_action.hpp"
#include "interfaces_demo/action/progress.hpp"

using namespace std::placeholders;
using interfaces_demo::action::Progress;
using GoalHandleProgress = rclcpp_action::ServerGoalHandle<Progress>;

class MinimalActionServer : public rclcpp::Node
{
public:

  explicit MinimalActionServer(const rclcpp::NodeOptions & options = rclcpp::NodeOptions())
  : Node("minimal_action_server", options)
  {
    this->action_server_ = rclcpp_action::create_server<Progress>(
      this,
      "get_sum",
```

```
      std::bind(&MinimalActionServer::handle_goal, this, _1, _2),
      std::bind(&MinimalActionServer::handle_cancel, this, _1),
      std::bind(&MinimalActionServer::handle_accepted, this, _1));
    RCLCPP_INFO(this->get_logger(),"动作服务端创建，等待请求");
  }

private:
  rclcpp_action::Server<Progress>::SharedPtr action_server_;

  rclcpp_action::GoalResponse handle_goal(const rclcpp_action::GoalUUID &
uuid,std::shared_ptr<const Progress::Goal> goal)
  {
    (void)uuid;
    RCLCPP_INFO(this->get_logger(), "接收到动作客户端请求，请求数字为 %ld",
goal->num);
    if (goal->num < 1) {
      return rclcpp_action::GoalResponse::REJECT;
    }
    return rclcpp_action::GoalResponse::ACCEPT_AND_EXECUTE;
  }

  rclcpp_action::CancelResponse handle_cancel(
    const std::shared_ptr<GoalHandleProgress> goal_handle)
  {
    (void)goal_handle;
    RCLCPP_INFO(this->get_logger(), "接收到任务取消请求");
    return rclcpp_action::CancelResponse::ACCEPT;
  }

  void execute(const std::shared_ptr<GoalHandleProgress> goal_handle)
  {
    RCLCPP_INFO(this->get_logger(), "开始执行任务");
    rclcpp::Rate loop_rate(10.0);
    const auto goal = goal_handle->get_goal();
    auto feedback = std::make_shared<Progress::Feedback>();
    auto result = std::make_shared<Progress::Result>();
    int64_t sum= 0;
    for (int i = 1; (i <= goal->num) && rclcpp::ok(); i++) {
      sum += i;
      // Check if there is a cancel request
      if (goal_handle->is_canceling()) {
        result->sum = sum;
        goal_handle->canceled(result);
```

```
          RCLCPP_INFO(this->get_logger(), "任务取消");
          return;
        }
        feedback->progress = (double_t)i / goal->num;
        goal_handle->publish_feedback(feedback);
        RCLCPP_INFO(this->get_logger(), "连续反馈中，进度：%.2f", feedback->
progress);

        loop_rate.sleep();
      }

      if (rclcpp::ok()) {
        result->sum = sum;
        goal_handle->succeed(result);
        RCLCPP_INFO(this->get_logger(), "任务完成");
      }
    }

    void handle_accepted(const std::shared_ptr<GoalHandleProgress> goal_handle)
    {
      std::thread{std::bind(&MinimalActionServer::execute, this, _1), goal_
handle}.detach();
    }
  };

  int main(int argc, char ** argv)
  {
    rclcpp::init(argc, argv);
    auto action_server = std::make_shared<MinimalActionServer>();
    rclcpp::spin(action_server);
    rclcpp::shutdown();
    return 0;
  }
```

上述代码中，前3行代码引入ROS2节点、动作服务器和自定义动作接口的头文件；第4～8行使用标准库和ROS2的命名空间简化了代码；后续代码定义了一个名为MinimalActionServer的类。其中使用 rclcpp_action::create_server 创建动作服务器，并绑定处理函数以响应目标、取消和接收事件；使用 handle_goal 函数处理接收到的目标；execute 函数是实际执行任务的地方，它计算从1加到目标数的和，并在过程中发布进度反馈。

④ 动作客户端实现。在功能包 cpp_action 的 src 目录下，新建C++文件 cpp_action_client.cpp，并编辑文件。输入如下内容：

```
  #include "rclcpp/rclcpp.hpp"
  #include "rclcpp_action/rclcpp_action.hpp"
```

```
#include "interfaces_demo/action/progress.hpp"

using interfaces_demo::action::Progress;
using GoalHandleProgress = rclcpp_action::ClientGoalHandle<Progress>;
using namespace std::placeholders;

class MinimalActionClient : public rclcpp::Node
{
public:

  explicit MinimalActionClient(const rclcpp::NodeOptions & node_options =
rclcpp::NodeOptions())
  : Node("minimal_action_client", node_options)
  {
    this->client_ptr_ = rclcpp_action::create_client<Progress>(this,"get_
sum");
  }

  void send_goal(int64_t num)
  {

    if (!this->client_ptr_) {
      RCLCPP_ERROR(this->get_logger(), "动作客户端未被初始化");
    }

    if (!this->client_ptr_->wait_for_action_server(std::chrono::seconds(10))) {
      RCLCPP_ERROR(this->get_logger(), "服务连接失败");
      return;
    }

    auto goal_msg = Progress::Goal();
    goal_msg.num = num;
    RCLCPP_INFO(this->get_logger(), "发送请求数据");

    auto send_goal_options = rclcpp_action::Client<Progress>::SendGoalOptions();
    send_goal_options.goal_response_callback =std::bind(&MinimalActionClient::
goal_response_callback, this, _1);
    send_goal_options.feedback_callback =std::bind(&MinimalActionClient::
feedback_callback, this, _1, _2);
    send_goal_options.result_callback =std::bind(&MinimalActionClient::
result_callback, this, _1);
    auto goal_handle_future = this->client_ptr_->async_send_goal(goal_msg,
send_goal_options);
```

```
    }

  private:
    rclcpp_action::Client<Progress>::SharedPtr client_ptr_;

    void goal_response_callback(std::shared_future<GoalHandleProgress::SharedPtr>
goal_handle)
    {
      if (!goal_handle.get()) {
        RCLCPP_ERROR(this->get_logger(), "目标请求被服务器拒绝");
      } else {
        RCLCPP_INFO(this->get_logger(), "目标被接收，等待结果中");
      }
    }

    void feedback_callback(GoalHandleProgress::SharedPtr,const std::shared_ptr
<const Progress::Feedback> feedback)
    {
      int32_t progress = (int32_t)(feedback->progress * 100);
      RCLCPP_INFO(this->get_logger(), "当前进度: %d%%", progress);
    }

    void result_callback(const GoalHandleProgress::WrappedResult & result)
    {
      switch (result.code) {
        case rclcpp_action::ResultCode::SUCCEEDED:
          break;
        case rclcpp_action::ResultCode::ABORTED:
          RCLCPP_ERROR(this->get_logger(), "任务被中止");
          return;
        case rclcpp_action::ResultCode::CANCELED:
          RCLCPP_ERROR(this->get_logger(), "任务被取消");
          return;
        default:
          RCLCPP_ERROR(this->get_logger(), "未知异常");
          return;
      }

      RCLCPP_INFO(this->get_logger(), "任务执行完毕，最终结果: %ld",
result.result->sum);
    }
  };
```

```
int main(int argc, char ** argv)
{
  rclcpp::init(argc, argv);

  auto action_client = std::make_shared<MinimalActionClient>();
  action_client->send_goal(5);
  rclcpp::spin(action_client);

  rclcpp::shutdown();
  return 0;
}
```

上一段代码定义了一个名为MinimalActionClient的类，该类专门用于与ROS2中的动作服务器进行交互。它包含了用于发送动作目标到服务器的函数，以及处理来自服务器的响应的回调函数。

⑤ 编辑配置文件。

a）packages.xml。在创建功能包时，所依赖的功能包已经自动配置了，配置内容如下：

```
<depend>rclcpp</depend>
<depend>rclcpp_action</depend>
<depend>interfaces_demo</depend>
```

b）CMakeLists.txt。CMakeLists.txt中服务端和客户端程序核心配置如下：

```
find_package(rclcpp REQUIRED)
find_package(rclcpp_action REQUIRED)
find_package(interfaces_demo REQUIRED)

add_executable(cpp_action_server src/cpp_action_server.cpp)
ament_target_dependencies(
  cpp_action_server
  "rclcpp"
  "rclcpp_action"
  "interfaces_demo"
)

add_executable(cpp_action_client src/cpp_action_client.cpp)
ament_target_dependencies(
  cpp_action_client
  "rclcpp"
  "rclcpp_action"
  "interfaces_demo"
)

install(TARGETS
  cpp_action_server
```

```
    cpp_action_client
    DESTINATION lib/${PROJECT_NAME})
```

⑥ 编译。在终端中进入当前工作空间，使用以下命令编译功能包：

```
$ colcon build --packages-select cpp_action
```

⑦ 执行。当前工作空间下，启动两个终端，终端 1 输入如下指令：

```
$ . install/setup.bash
$ ros2 run cpp_action cpp_action_server
```

终端 2 输入如下指令：

```
$ . install/setup.bash
$ ros2 run cpp_action cpp_action_client
```

结果如图 4-5 所示。

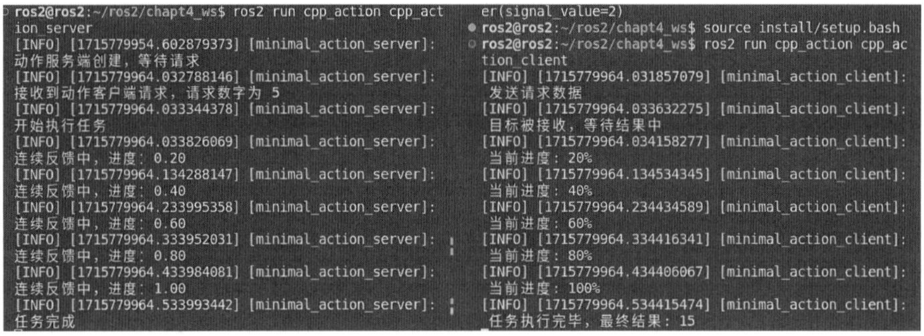

图 4-5 rclcpp 实现动作通信

4.2.5 参数

参数 API 接口相关参数如表 4-1 所示。

表 4-1 参数 API 接口相关参数

名称	作用	参数
declare_parameter	声明并初始化参数	参数名称（name） 默认值（default_value） 参数描述（parameter_descriptor） 忽略覆盖（ignore_override）
declare_parameters()	声明并初始化多个参数	命名空间（namespace_） 参数（parameters） 忽略覆盖（ignore_overrides）
set_parameters()	设置参数	参数（parameters）
get_parameters()	获取参数	参数名称（names）
describe_parameters()	描述参数	参数名称（names）
add_on_set_parameters_callback()	添加参数回调	回调函数（callback）

接下来我们将学习使用 rclcpp 设置参数的方法。

① 调用如下命令创建 C++功能包。

```
$ ros2 pkg create cpp_parameters --build-type ament_cmake --dependencies rclcpp
```

② 参数节点的编写。在功能包 cpp_parameters 的 src 目录下，新建 C++文件 cpp_parameters_ node.cpp，并编辑文件。输入如下内容：

```
#include <chrono>
#include <functional>
#include <string>
#include <rclcpp/rclcpp.hpp>

using namespace std::chrono_literals;
class MinimalParam : public rclcpp::Node
{
public:
  MinimalParam()
  : Node("minimal_param_node")
  {
    //声明一个名为"my_parameter"的参数，默认值为 world
  this->declare_parameter("my_parameter", "world");
   //创建一个定时器
    timer_ = this->create_wall_timer(
      1000ms, std::bind(&MinimalParam::timer_callback, this));
  }

  //定时器回调函数
  void timer_callback()
  {
    std::string my_param =
      this->get_parameter("my_parameter").get_parameter_value().get<std::
string>();

    RCLCPP_INFO(this->get_logger(), "Hello %s!", my_param.c_str());

    std::vector<rclcpp::Parameter> all_new_parameters{rclcpp::Parameter
("my_parameter", "world")};
    this->set_parameters(all_new_parameters);
  }

private:
 //定时器对象共享指针
  rclcpp::TimerBase::SharedPtr timer_;
};

int main(int argc, char ** argv)
{
  rclcpp::init(argc, argv);
```

```
  rclcpp::spin(std::make_shared<MinimalParam>());
  rclcpp::shutdown();
  return 0;
}
```

③ 编辑配置文件。

a）packages.xml。在创建功能包时，所依赖的功能包已经自动配置了，配置内容如下：

```
<depend>rclcpp</depend>
```

b）CMakeLists.txt。CMakeLists.txt 中参数服务端和参数客户端程序核心配置如下：

```
add_executable(minimal_param_node src/cpp_parameters_node.cpp)
ament_target_dependencies(minimal_param_node rclcpp)

install(TARGETS
  minimal_param_node
  DESTINATION lib/${PROJECT_NAME}
)
```

④ 编译。在终端中进入当前工作空间，使用下列命令编译功能包：

```
$ colcon build --packages-select cpp_parameters
```

⑤ 执行。在当前工作空间下启动终端，输入下列指令：

```
$ . install/setup.bash
$ ros2 run cpp_parameters minimal_param_node
```

终端每秒返回以下消息：“[INFO] [minimal_param_node]: Hello world!”。

打开另一个终端，输入下面一行命令：

```
$ ros2 param set /minimal_param_node my_parameter earth
```

终端将显示“Set parameter successful”。此时先前终端将输出“[INFO] [minimal_param_node]: Hello earth!”，如图 4-6 所示。

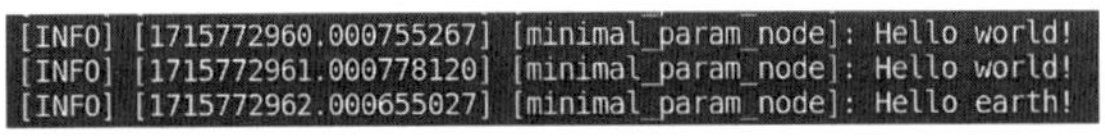

图 4-6　设置参数

4.3　rclpy

rclpy 是 ROS2 的 Python 客户端库，与 rclcpp 类似，提供了用于编写 ROS2 节点的 API。它允许开发者使用 Python 语言来编写 ROS2 应用程序。

rclpy 的主要部分包括：

① Initialization, Shutdown, Spinning。

② Node。

③ Topics。

④ Services。

⑤ Actions。

⑥ Timer。

⑦ Parameters。

⑧ Logging。

⑨ Context。

⑩ Execution，Callbacks。

4.3.1 rclpy 与 rclcpp 比较

rclcpp 是 ROS2 的 C++客户端库，使用 C++语言编写。C++具有静态类型和编译时检查的优势，但语法较为复杂。rclpy 是 ROS2 的 Python 客户端库，使用 Python 编程语言。Python 具有简洁的语法和动态类型，易于学习和使用。

C++编译成本较低，执行速度更快，并且有更好的内存管理，因此 rclcpp 通常比 rclpy 更高效。此外，rclcpp 利用 C++的静态类型系统和模板机制，提供了更严格的类型检查和类型安全性。rclpy 由于 Python 的解释执行，可能会在性能方面略逊一筹，尤其是在需要高性能的应用场景下，但 rclpy 是动态类型语言，编写起来更为灵活。

对于熟悉 C++的开发者来说，rclcpp 可能更容易上手，并且可以利用 C++丰富的开发工具和 IDE（integrated development environment，集成开发环境）进行开发和调试；对于 Python 开发者来说，rclpy 提供了更为简洁和直观的开发体验，但可能在性能和类型安全性方面稍逊一筹。在选择使用 rclcpp 还是 rclpy 时，需要根据项目需求、团队技术栈以及个人偏好进行权衡和选择。

4.3.2 节点

使用 rclpy 编写节点与使用 rclcpp 编写节点的步骤类似。首先，在任何节点被创建之前，需要通过调用 init()函数对上下文进行初始化，这通常在程序开头执行一次即可。接下来，可以通过调用 create_node()函数或者实例化一个 Node 对象来创建一个节点。当一个节点被创建后，可以使用 spin()、spin_once()和 spin_until_future_complete()等函数来处理等待执行的工作项，这些函数会使节点进入一个循环中，不断地处理等待执行的任务。最后，在程序结束时，应该调用 shutdown()函数来释放与上下文相关的所有实体，包括所有已创建的节点。

具体的步骤如下。

首先使用下列命令创建一个名字叫作 example_py 的 Python 版本的功能包：

```
$ cd chapt2/chapt2_ws/src/
$ ros2 pkg create example_py --build-type ament_python --dependencies rclpy
```

接下来在 example_py/example_py 下创建 node_02.py 并编写下列代码：

```
import rclpy
from rclpy.node import Node

def main(args=None):
    rclpy.init(args=args)
    node = Node("node_02")
    node.get_logger().info("node_02 节点开始运行.")
    rclpy.spin(node)
    rclpy.shutdown()
```

其中，rclpy.init(args=args)这条语句为初始化 rclpy 库；node = Node("node_02")为创建一个名为 node_02 的节点；node.get_logger().info("node_02 节点开始运行.")为通过节点的日志记录器发送一条

信息级别的日志消息，表示节点已开始运行；rclpy.spin(node)使得节点进入循环；rclpy.shutdown()为当 rclpy.spin()循环结束后关闭并清理 rclpy 环境。

与修改 CMakeLists.txt 类似，使用 rclpy 编写节点时需要修改 setup.py。在 setup.py 的 entry_points 字段的 console_scripts 中添加如下内容：

```
entry_points={
        'console_scripts': [
            "node_02 = example_py.node_02:main"
        ],
    },
```

运行节点，结果如图 4-7 所示。

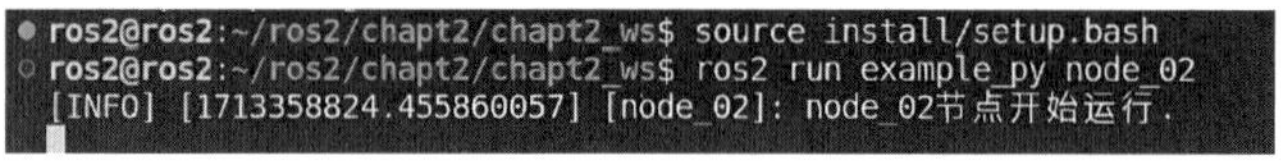

图 4-7　通过 rclpy 运行节点

4.3.3　话题

rclpy 与 rclcpp 类似，也提供了丰富的 API 接口。我们首先来学习 rclpy 中话题相关 API 接口。

（1）创建发布者

在指定节点上创建一个发布者需要用到 create_publisher()函数，它的一般格式为：

```
create_publisher(
msg_type, topic, qos_profile, *, callback_group=None, event_callbacks=None)
```

其中，msg_type 表示要发布的消息类型；topic 表示发布者发布消息的话题名称；qos_profile 表示发布者的配置文件；callback_group 表示发布者的回调组；event_callbacks 表示事件回调函数。

（2）创建订阅者

create_subscription()是用于创建订阅者的函数，它的一般格式为：

```
create_subscription(msg_type, topic, callback, qos_profile, *, callback_group=
None, event_callbacks=None, raw=False)
```

其中，msg_type 表示订阅的消息类型；topic 表示订阅者接收消息的话题名称；callback 表示接收到消息时的回调函数，是一个函数对象，当订阅者接收到消息时，会调用该回调函数进行处理；qos_profile 表示订阅者的配置文件；callback_group 表示回调组；event_callbacks 表示事件回调函数；raw 表示是否以原始数据的形式传递消息给回调函数，默认为 False。

（3）创建定时器

create_timer()函数用于创建一个定时器，它的一般格式为：

```
create_timer(timer_period_sec, callback, callback_group=None, clock=None)
```

其中，timer_period_sec 表示定时器的周期；callback 是回调函数；callback_group 是回调组；clock 用于指定计时器使用的时钟类型。

接下来我们将通过一个具体的例子学习如何使用 rclpy 实现话题通信。

① 首先进入工作空间的 src 目录，通过以下命令创建 Python 功能包：

```
$ ros2 pkg create py_topic --build-type ament_python --dependencies rclpy
```

② 发布方实现。在功能包 py_topic 的 py_topic 目录下，新建 python 文件 py_topic_pub.py，并编辑文件。输入如下内容：

```
#!/usr/bin/env python3
import rclpy
from rclpy.node import Node
from std_msgs.msg import String

class NodePublisher02(Node):
    def __init__(self,name):
        super().__init__(name)
        self.get_logger().info("%s 已启动" % name)
        self.command_publisher_ = self.create_publisher(String,"command", 10)
        self.timer = self.create_timer(5, self.timer_callback)

    def timer_callback(self):
        msg = String()
        msg.data = 'hello world'
        self.command_publisher_.publish(msg)
        self.get_logger().info(f'发布了指令：{msg.data}')


def main(args=None):
    rclpy.init(args=args)
    node = NodePublisher02("py_topic_pub")
    rclpy.spin(node)
    rclpy.shutdown()
```

上述代码是一个使用 ROS2 和 Python 编写的简单节点示例，它展示了如何创建一个发布者节点，该节点定期发布字符串消息到名为"command"的主题上。其中，第 6 行定义了 NodePublisher02 类；第 9 行使用 self.get_logger().info(...)来记录日志，表明节点已启动；第 10 行调用 self.create_publisher(String, "command", 10)创建一个发布者，它发布 String 类型的消息到名为"command"的主题上，队列大小为 10，这意味着它可以缓存最多 10 个待发送的消息，以防发送速度超过接收速度；第 11 行调用 self.create_timer(5, self.timer_callback)创建一个定时器；后续代码创建了一个 String 类型的消息对象，并设置其 data 属性为'hello world'，然后，使用 self.command_publisher_.publish(msg)发布消息。

③ 订阅方实现。在功能包 py_topic 的 py_topic 目录下，新建 python 文件 py_topic_sub.py，并编辑文件。输入如下内容：

```
#!/usr/bin/env python3
import rclpy
from rclpy.node import Node
from std_msgs.msg import String

class NodeSubscribe02(Node):
  def __init__(self,name):
   super().__init__(name)
   self.get_logger().info("%s 已启动" % name)
```

```
        self.command_subscribe_ = self.create_subscription(String,"command",
self.command_callback,10)

    def command_callback(self,msg):
        if msg.data=="hello world":
            self.get_logger().info(f'收到[{msg.data}]命令')

def main(args=None):
    rclpy.init(args=args)
    node = NodeSubscribe02("py_topic_sub")
    rclpy.spin(node)
    rclpy.shutdown()
```

这段代码是一个使用 ROS2 的 Python 客户端库 rclpy 编写的简单订阅者节点，节点名为"py_topic_sub"，它订阅了一个名为"command"的主题，该主题上的消息类型为 std_msgs.msg.String，即字符串类型。当该节点接收到"command"主题上的消息时，它会检查消息内容是否为"hello world"。如果是，它会通过日志记录器输出一条信息，表明收到了该命令。

④ 编辑配置文件。在 Python 功能包中，配置文件主要关注 package.xml 与 setup.py。在创建功能包时，package.xml 所依赖的功能包已经自动配置了，只需要在 setup.py 的 entry_points 字段的 console_scripts 中添加如下内容：

```
    entry_points={
        'console_scripts': [
            "py_topic_pub = py_topic.py_topic_pub:main",
            "py_topic_sub = py_topic.py_topic_sub:main"
        ],
    },
```

⑤ 编译与执行。在终端中进入当前工作空间，通过下列命令编译功能包：

```
$ colcon build --packages-select py_topic
```

在当前工作空间下，启动两个终端，终端 1 执行发布程序，终端 2 执行订阅程序。

在终端 1 中输入如下指令：

```
$ . install/setup.bash
$ ros2 run py_topic py_topic_pub
```

在终端 2 中输入如下指令：

```
$ . install/setup.bash
$ ros2 run py_topic py_topic_sub
```

最终运行结果与使用 rclcpp 实现话题通信类似，如图 4-8 所示。

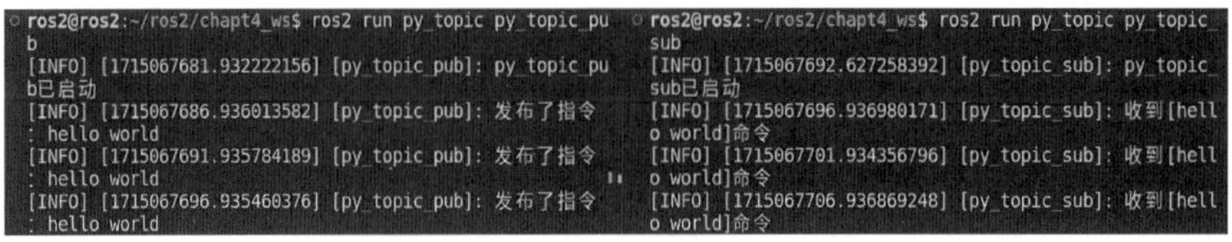

图 4-8 使用 rclpy 实现话题通信

4.3.4 服务

我们首先来学习 rclpy 中服务的相关 API 接口。

(1) 创建服务端

create_service()用于创建一个服务端，它的一般格式为：

```
create_service(srv_type, srv_name, callback, *, qos_profile=<rclpy.qos.QoSProfile object>, callback_group=None)
```

其中，srv_type 是服务的类型；srv_name 是服务的名称；callback 是回调函数；qos_profile 是质量服务配置文件；callback_group 是回调组。

(2) 创建客户端

create_client()函数用于创建客户端，它的一般格式为：

```
create_client(
srv_type,srv_name,*,qos_profile=<rclpy.qos.QoSProfileobject>, callback_group=None)
```

其中，srv_type 是服务的类型；srv_name 是服务的名称；qos_profile 定义了服务的质量服务配置文件；callback_group 指定回调函数所属的回调组。

接下来我们将通过具体的例子学习通过 rclpy 实现服务通信的方法。

① 在终端下进入工作空间的 src 目录，通过以下命令创建 Python 功能包：

```
$ ros2 pkg create py_service --build-type ament_python --dependencies rclpy example_interfaces
```

② 服务端实现。在功能包 py_service 的 py_service 目录下，新建 python 文件 py_service_server.py，并编辑文件。输入如下内容：

```
#!/usr/bin/env python3
import rclpy
from rclpy.node import Node
from example_interfaces.srv import AddTwoInts

class ServiceServer(Node):
    def __init__(self,name):
        super().__init__(name)
        self.get_logger().info("%s 已启动." % name)
        self.add_ints_server_ = self.create_service(AddTwoInts,"add_two_ints_srv",self.handle_add_two_ints)

    def handle_add_two_ints(self,request, response):
        self.get_logger().info(f"计算{request.a} + {request.b}")
        response.sum = request.a + request.b
        return response

def main(args=None):
    rclpy.init(args=args)
```

```
    node = ServiceServer("py_service_server")
    rclpy.spin(node)
    rclpy.shutdown()
```

上述代码定义了一个名为 ServiceServer 的类，该类继承自 rclpy.node.Node，表示 ROS2 中的一个节点。这个节点创建了一个服务，该服务实现了 example_interfaces.srv.AddTwoInts 服务类型，即接收两个整数作为输入，并返回它们的和作为输出。

③ 客户端实现。在功能包 py_service 的 py_service 目录下，新建 python 文件 py_service_client.py，并编辑文件。输入如下内容：

```
#!/usr/bin/env python3
import rclpy
from rclpy.node import Node
from example_interfaces.srv import AddTwoInts

class ServiceClient(Node):
    def __init__(self,name):
        super().__init__(name)
        self.get_logger().info("%s 已启动." % name)
        self.client_ = self.create_client(AddTwoInts,"add_two_ints_srv")

    def result_callback_(self, result_future):
        response = result_future.result()
        self.get_logger().info(f"结果: {response.sum}")

    def send_request(self, a, b):
        while rclpy.ok() and self.client_.wait_for_service(1)==False:
            self.get_logger().info(f"等待...")

        request = AddTwoInts.Request()
        request.a = a
        request.b = b
        self.client_.call_async(request).add_done_callback(self.result_callback_)

def main(args=None):
    rclpy.init(args=args)
    node = ServiceClient("py_service_client")
    node.send_request(1,2)
    rclpy.spin(node)
    rclpy.shutdown()
```

上段代码创建了一个名为 ServiceClient 的节点，该节点能够异步地向一个名为 add_two_ints_srv 的服务发送加法请求。当发送请求时，它会等待服务变得可用，并在服务响应后通过回调函数 result_callback_ 输出加法结果。

④ 编辑配置文件。

a）package.xml。在创建功能包时，所依赖的功能包已经自动配置了，配置内容如下：

```
<depend>rclpy</depend>
<depend>example_interfaces</depend>
```

b）setup.py。在 entry_points 字段的 console_scripts 中需要添加如下内容：

```
entry_points={
    'console_scripts': [
        "py_service_server = py_service.py_service_server:main",
        "py_service_client = py_service.py_service_client:main"
    ],
},
```

⑤ 编译。在终端中进入当前工作空间，使用下列命令编译功能包：

```
$ colcon build --packages-select py_service
```

⑥ 执行。在当前工作空间下，启动两个终端，在终端 1 中输入如下指令：

```
$ . install/setup.bash
$ ros2 run py_service py_service_client
```

在终端 2 中输入如下指令：

```
$ . install/setup.bash
$ ros2 run py_service py_service_server
```

结果如图 4-9 所示。

图 4-9　rclpy 实现服务通信

4.3.5　动作

首先我们来学习 rclpy 中动作的相关 API 接口。

（1）创建动作服务端

ActionServer()用于创建一个动作服务端，它的一般格式为：

```
class rclpy.action.server.ActionServer(
node, action_type, action_name, execute_callback, *, callback_group=None,
goal_callback=<function default_goal_callback>,
handle_accepted_callback=<function default_handle_accepted_callback>,
cancel_callback=<function default_cancel_callback>,
goal_service_qos_profile=<rclpy.qos.QoSProfile object>,
result_service_qos_profile=<rclpy.qos.QoSProfile object>,
cancel_service_qos_profile=<rclpy.qos.QoSProfile object>,
feedback_pub_qos_profile=<rclpy.qos.QoSProfile object>,
status_pub_qos_profile=<rclpy.qos.QoSProfile object>, result_timeout=900)
```

其中，node 表示当前节点；action_type 为动作的类型；action_name 是动作的名称；execute_ callback 是执行回调函数；callback_group 是回调函数所属的回调组；goal_callback 是处理目标请求的回调函数，如果未提供，则使用默认的 default_goal_callback 函数；handle_accepted_callback 是接收新的目标请求时调用的回调函数，如果未提供，则使用默认的 default_handle_accepted_callback 函数；cancel_callback 是处理取消请求的回调函数，如果未提供，则使用默认的 default_cancel_callback 函数；goal_service_qos_profile 是目标服务的质量服务配置文件；result_service_qos_profile 是结果服务的质量服务配置文件；cancel_service_qos_profile 是取消服务的质量服务配置文件；feedback_pub_qos_profile 是反馈发布的质量服务配置文件；status_pub_qos_profile 是状态发布的质量服务配置文件；result_timeout 是等待结果的超时时间，单位为 ms，如果未提供，则默认为 900ms。

（2）创建动作客户端

ActionClient()用于创建一个动作客户端，它的一般格式为：

```
class rclpy.action.client.ActionClient(
node, action_type, action_name, *, callback_group=None,
goal_service_qos_profile=<rclpy.qos.QoSProfile object>,
result_service_qos_profile=<rclpy.qos.QoSProfile object>,
cancel_service_qos_profile=<rclpy.qos.QoSProfile object>,
feedback_sub_qos_profile=<rclpy.qos.QoSProfile object>,
status_sub_qos_profile=<rclpy.qos.QoSProfile object>)
```

其中，node 表示当前节点；action_type 指定了动作的类型；action_name 用于定义动作的名称；callback_group 为回调组；goal_service_qos_profile 定义了目标服务的质量服务配置文件；result_service_qos_profile 定义了结果服务的质量服务配置文件；cancel_service_qos_profile 定义了取消服务的质量服务配置文件；feedback_sub_qos_profile 定义了反馈订阅的质量服务配置文件；status_sub_qos_profile 定义了状态订阅的质量服务配置文件。

接下来我们将学习使用 rclpy 实现动作通信的方法。

① 在终端下进入工作空间的 src 目录，调用如下命令创建 Python 功能包：

```
$ ros2 pkg create py_action --build-type ament_python --dependencies rclpy interfaces_demo
```

② 动作服务端实现。在功能包 py_action 的 src 目录下，新建 python 文件 py_action_server.cpp，并编辑文件。输入如下内容：

```
import time
import rclpy
from rclpy.action import ActionServer
from rclpy.node import Node
from interfaces_demo.action import Progress

class ProgressActionServer(Node):
    def __init__(self):
        super().__init__('progress_action_server')
        self._action_server = ActionServer(
            self,
            Progress,
```

```
            'get_sum',
            self.execute_callback)
        self.get_logger().info('动作服务已启动')
    def execute_callback(self, goal_handle):
        self.get_logger().info('开始执行任务')

        feedback_msg = Progress.Feedback()

        sum = 0
        for i in range(1, goal_handle.request.num + 1):
            sum += i
            feedback_msg.progress = i / goal_handle.request.num
            self.get_logger().info('连续反馈: %.2f' % feedback_msg.progress)
            goal_handle.publish_feedback(feedback_msg)
            time.sleep(1)

        goal_handle.succeed()
        result = Progress.Result()
        result.sum = sum
        self.get_logger().info('任务完成')
        return result

def main(args=None):
    rclpy.init(args=args)
    Progress_action_server = ProgressActionServer()
    rclpy.spin(Progress_action_server)
    rclpy.shutdown()
if __name__ == '__main__':
    main()
```

上段代码实现了一个名为ProgressActionServer的动作服务器，它监听并响应名为get_sum的动作请求。服务器在接收到请求后，会计算从1到请求中指定数字num的累加和，并在计算过程中不断地向客户端发送进度反馈。计算完成后，服务器会发送包含累加和的结果给客户端，并标记任务成功完成。

③ 动作客户端实现。在功能包py_action的src目录下，新建python文件py_action_client.cpp，并编辑文件。输入如下内容：

```
import rclpy
from rclpy.action import ActionClient
from rclpy.node import Node
from interfaces_demo.action import Progress

class ProgressActionClient(Node):
    def __init__(self):
        super().__init__('progress_action_client')
```

```
        self._action_client = ActionClient(self, Progress, 'get_sum')
    def send_goal(self, num):
        goal_msg = Progress.Goal()
        goal_msg.num = num
        self._action_client.wait_for_server()
        self._send_goal_future = self._action_client.send_goal_async(goal_msg, 
feedback_callback=self.feedback_callback)
        self._send_goal_future.add_done_callback(self.goal_response_callback)
    def goal_response_callback(self, future):
        goal_handle = future.result()
        if not goal_handle.accepted:
            self.get_logger().info('请求被拒绝')
            return

        self.get_logger().info('请求被接收，开始执行任务')
        self._get_result_future = goal_handle.get_result_async()
        self._get_result_future.add_done_callback(self.get_result_callback)

    def get_result_callback(self, future):
        result = future.result().result
        self.get_logger().info('最终计算结果：sum = %d' % result.sum)
        rclpy.shutdown()
    def feedback_callback(self, feedback_msg):
        feedback = (int)(feedback_msg.feedback.progress * 100)
        self.get_logger().info('当前进度：%d%%' % feedback)

def main(args=None):
    rclpy.init(args=args)
    action_client = ProgressActionClient()
    action_client.send_goal(10)
    rclpy.spin(action_client)
if __name__ == '__main__':
    main()
```

上段代码定义了一个 ROS2 动作客户端，名为 ProgressActionClient。它初始化一个节点并通过该节点向名为 get_sum 的动作服务器发送请求。客户端等待服务器响应，并在请求被接收后异步获取计算结果。同时，它还接收并处理来自服务器的进度反馈，最终当结果可用时，打印出累加和的值。

④ 编辑配置文件。

a）packages.xml。在创建功能包时，所依赖的功能包已经自动配置了，配置内容如下：

```
<depend>rclpy</depend>
 <depend>interfaces_demo</depend>
```

b）setup.py。在 entry_points 字段的 console_scripts 中添加如下内容：

```
entry_points={
        'console_scripts': [
            'py_action_server = py_action.py_action_server:main',
            'py_action_client = py_action.py_action_client:main'
        ],
    },
```

⑤ 编译。

在终端中进入当前工作空间，通过以下命令编译功能包：

```
$ colcon build --packages-select py_action
```

⑥ 执行。在当前工作空间下，启动两个终端，在终端 1 中输入如下指令：

```
$ . install/setup.bash
$ ros2 run py_action py_action_server
```

在终端 2 中输入如下指令：

```
$ . install/setup.bash
$ ros2 run py_action py_action_client
```

最终运行结果与使用 rclcpp 实现动作通信类似，如图 4-10 所示。

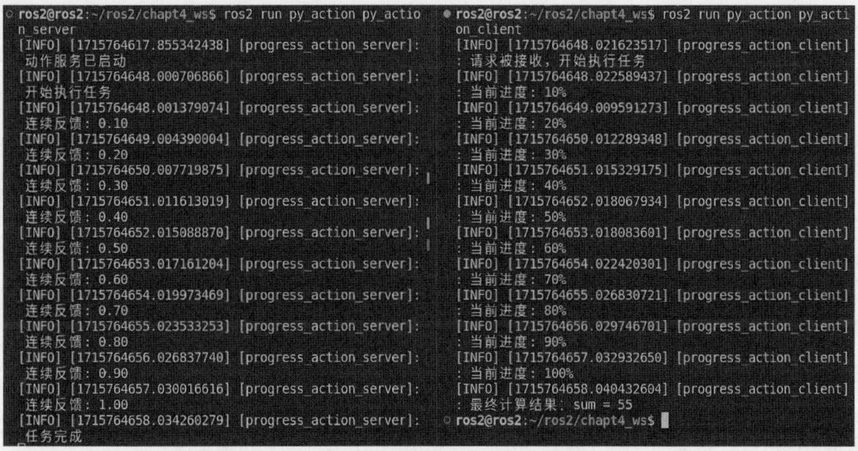

图 4-10 使用 rclpy 实现动作通信

4.3.6 参数

rclpy 中参数的相关 API 与 rclcpp 中参数相关接口基本一致，接下来我们将学习使用 rclpy 设置参数的方法。

① 在终端下进入工作空间的 src 目录，调用如下命令创建 Python 功能包：

```
$ ros2 pkg create py_parameters --build-type ament_python --dependencies rclcpp
```

② 参数节点的编写。在功能包 py_parameters 的 src 目录下，新建 python 文件 py_parameters_node.py，并编辑文件。输入如下内容：

```
import rclpy
import rclpy.node

class MinimalParam(rclpy.node.Node):
```

```
    def __init__(self):
        super().__init__('minimal_param_node')
        self.declare_parameter('my_parameter', 'world')
        self.timer = self.create_timer(1, self.timer_callback)

    def timer_callback(self):
        my_param = self.get_parameter('my_parameter').get_parameter_value().
string_value

        self.get_logger().info('Hello %s!' % my_param)
        my_new_param = rclpy.parameter.Parameter(
            'my_parameter',
            rclpy.Parameter.Type.STRING,
            'world'
        )
        all_new_parameters = [my_new_param]
        self.set_parameters(all_new_parameters)

def main():
    rclpy.init()
    node = MinimalParam()
    rclpy.spin(node)
if __name__ == '__main__':
    main()
```

上述代码定义了一个名为 MinimalParam 的 ROS2 节点，它首先声明了一个名为 my_parameter 的参数，并将其默认值设置为'world'。然后，该节点创建了一个定时器，该定时器每秒触发一次，并在触发时执行 timer_callback 回调函数。在回调函数中，节点首先获取 my_parameter 参数的值，并使用这个值来打印一条日志消息。然后，创建了一个新的 rclpy.parameter.Parameter 对象，并将这个新参数对象放入一个列表中，然后通过 set_parameters 方法设置参数。

③ 编辑配置文件。

a）package.xml。在创建功能包时，所依赖的功能包已经自动配置了，配置内容如下：

```
<depend>rclpy</depend>
```

b）setup.py。在 entry_points 字段的 console_scripts 中添加如下内容：

```
entry_points={
        'console_scripts': [
            'minimal_param_node = py_parameters.py_parameters_node:main',
        ],
    },
```

④ 编译。在终端中进入当前工作空间，编译功能包：

```
$ colcon build --packages-select py_parameters
```

⑤ 执行。在当前工作空间下启动终端，输入如下指令：

```
$ . install/setup.bash
```

```
$ ros2 run py_parameters minimal_param_node
```

终端每秒返回以下消息："[INFO] [minimal_param_node]: Hello world!"。

打开另一个终端输入下面一行命令：

```
$ ros2 param set /minimal_param_node my_parameter earth
```

与第 4.2.5 节一样，终端将显示"Set parameter successful"，此时先前终端将输出"[INFO] [minimal_param_node]: Hello earth!"。

4.4 本章小结

本章介绍了ROS2的两大核心客户端库：rclcpp和rclpy。这两个库为开发者提供了丰富的API，使我们能够高效地创建、管理和交互 ROS2 节点、话题、服务、动作以及参数。本章分别介绍了 rclcpp 和 rclpy 在节点、话题、服务、动作和参数中的应用方法，无论何种通信机制，它们的实现框架都是类似的。无论是 C++还是 Python 开发者，都可以利用这些客户端库创建出更加出色、更具创新性的机器人解决方案。

习题四

1. [单选] rclcpp 和 rclpy 分别是下列哪种编程语言的 ROS2 客户端库？

   A. C++和 Python　　B. C++和 Java

   C. Python 和 Java　　D. C++和 JavaScript

2. [单选] rclcpp 支持哪些 ROS2 的核心概念？

   A. 仅支持节点和话题通信　　B. 支持节点、话题通信、服务请求/响应、动作

   C. 不支持服务请求/响应　　D. 不支持动作

3. [单选] rclcpp 中，在 ROS2 中创建新节点时，使用的类是？

   A. rclcpp.Node　　B. rclcpp.Publisher

   C. rclcpp.Subscriber　　D. rclcpp.Service

4. [单选] 在 ROS2 中，rclcpp::init()通常在哪个部分调用？

   A. 在发布消息之前　　B. 在订阅消息之前

   C. 在调用服务之前　　D. 在创建节点之前

5. [单选] 在 ROS2 中，如何创建话题发布者？

   A. 使用 rclcpp.create_publish()　　B. 使用 rclcpp.spin()

   C. 使用 rclpy.create_publisher()　　D. 使用 rclpy.spin_once()

6. [单选] 在 ROS2 中，create_client()是以下哪个类的成员函数？

   A. rclcpp::Service　　B. rclcpp::Node

   C. rclcpp::Publisher　　D. rclcpp::Timer

7. [单选] 以下哪个选项正确地描述了使用 create_client()方法创建服务客户端后，你应该如何发送服务请求？

   A. 直接调用服务客户端的构造函数并传递请求参数

   B. 调用服务客户端的 send_request 方法并传递一个包含请求数据的 std::shared_ptr<T>，其中 T 是请求消息的类型

C. 等待服务服务器自动响应，无需显式发送请求

D. 使用 rclcpp::Service 类来发送请求，因为 create_client 实际上返回了一个 rclcpp::Service 实例

8. [单选] 以下哪条命令在 CMakeLists.txt 文件中可以用于指定一个可执行文件的生成？

A. ament_target_dependencies(node_01 rclcpp)

B. install(TARGETS node_01 DESTINATION lib/${PROJECT_NAME})

C. add_executable(node_01 src/node_01. cpp)

D. 以上都不是

9. [单选] std::bind(&TopicPublisher::timer_callback, this)中，this 指针的作用是什么？

A. 它指定了 timer_callback 函数的返回类型

B. 它将 TopicPublisher 类的当前实例传递给 timer_callback 函数

C. 它确保 timer_callback 函数在定时器创建后立即被调用

D. 它允许 timer_callback 函数修改全局变量而不是类成员变量

10. [单选] 下面对 add_on_set_parameters_callback()函数的说法正确的是？

A. 只能注册一个回调函数　　B. 可以注册多个回调函数

C. 用于取消已注册的回调函数　　D. 用于替换已注册的回调函数

11. 使用 ROS2 的客户端库（rclcpp 或 rclpy），编写一个程序，实现以下功能。

创建一个节点，发布一个名为"numbers"的话题，每秒发布一个递增的整数消息，起始值为 0，并在终端上打印发布的消息。

12. 设计一个发布者节点和一个订阅者节点，发布者节点定期发布温度数据（假设为 float64 类型）到名为/temperature 的话题上。订阅者节点订阅该话题，并打印出接收到的每条温度数据。

第5章 坐标变换TF2及编程

人类进行简单动作时，从思考到实施再到完成可能仅需几秒，而机器人执行相似的任务则需要进行大量的计算和坐标变换。因此，在机器人学中，坐标变换一直是一个复杂而重要的问题。有效管理各个坐标系之间的位置关系至关重要。在一个完整的机器人系统中，存在着多个坐标系，例如机器人本体坐标系、工具末端坐标系等。这些坐标系的位置关系需要精确地管理和处理，以确保机器人能够准确地执行任务。

在本章，我们将深入研究坐标变换 TF2 及相关编程。我们会探讨 TF2 的基本概念、编程基础以及广播与监听实现方法。通过乌龟跟随的仿真案例，我们将理论知识与工程实践相结合，从而为开发高效、精确的机器人系统奠定技术基础。

5.1 认识 TF2

5.1.1 简介

在机器人系统中，TF2（Transform2）是一个核心概念，它负责处理不同坐标系之间的变换，使得机器人能够理解和执行复杂的动作。机器人在进行任务时，通常需要同时考虑多个坐标系，而 TF2 的作用就是将这些不同的坐标系变换成一个统一的参考框架，从而使得机器人能够准确地进行操作。

在现实生活中，我们的各种行为都可以在很短的时间里完成，比如拿起身边的物品，但是在机器人的世界里，则远远没有那么简单。观察如图 5-1 所示的机器人，我们直观上不认为拿起物品会有什么难度，站在人类的立场上，我们也许会想到手向前伸、抓住、收回，就完成了这整个一系列的动作。但是如今的机器人远远没有这么智能，它能得到的只是各种传感器发送回来的数据，然后它再对各种数据进行处理，比如手臂弯曲 45°，再向前移动 20cm 等这种十分精确的数据，尽管如此，机器人依然没法做到像人类一样自如地进行各种行为操作。

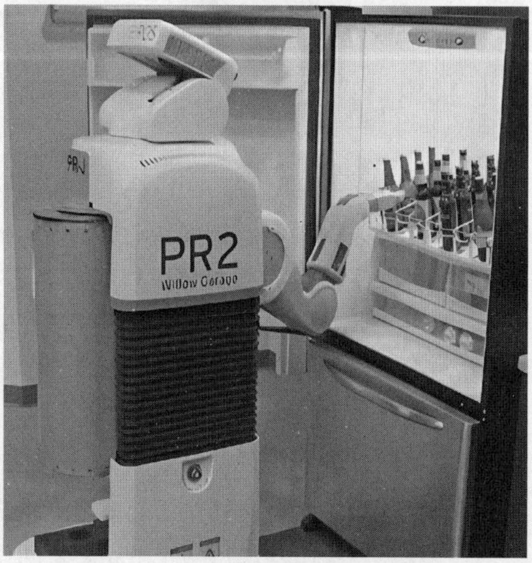

图 5-1 PR2 机器人

那么在这个过程中，TF2 又扮演着什么样的角色呢？还拿该图来说，当机器人的“眼睛”获取一组关于物体的坐标方位的数据时，对于机器人手臂来说，这个坐标只是相对于机器人头部的传感器的数据，并不直接适用于机器人手臂执行，那么物体相对于头部和手臂之间的坐标变换，就是 TF2。

通过 TF2，机器人能够在执行复杂任务时，如抓取、移动和避障等，迅速调整自己的动作。这个过程不仅提高了机器人的灵活性和准确性，也使得它在各种环境中能够更好地适应和学习。

在未来，随着机器人技术的不断发展，TF2 的应用将会更加广泛，尤其是在自主导航、物体识别和人机协作等领域。有效的坐标变换将使得机器人能够更智能地处理复杂任务，进而实现更高水平的自动化和智能化。通过 TF2，机器人不仅能够“看”到周围的环境，还能“理解”如何在这个环境中行动，从而更接近人类的行为模式。

5.1.2 ROS2 中的 TF2

观察图 5-2，我们可以看到 ROS2 数据结构的一个抽象图，ROS2 中机器人模型包含大量的部件，每一个部件都可被称为 link（比如手部、头部、某个关节、某个连杆），每一个 link 上面对应着一个 frame（坐标系），用 frame 表示该部件的坐标系，frame 和 link 是绑定在一起的，TF2 可以实现 frame 之间的坐标变换。TF2 是一个通俗的名称，实际上它有很多含义。

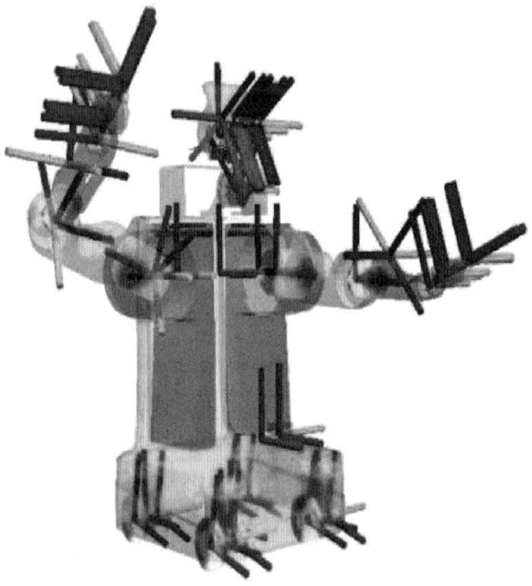

图 5-2 PR2 机器人模型

① TF2 可以被当作是一套标准规范，这套标准定义了坐标变换的数据格式和数据结构，TF2 本质是树状的数据结构，即“TF Tree”（TF 树）。

② TF2 也可以看成是一个话题/tf，话题中的消息保存的就是 TF 树的数据结构格式，维护了整个机器人，甚至是地图的坐标变换关系。维持并更新机器人整个坐标系的话题是/tf，/tf 话题表示的内容是整个机器人的 TF 树，而非仅仅是某两个坐标系的变换关系，这样的话，/tf 话题是需要很多的节点来维护的，每一个节点维护两个 frame 之间的关系。

③ TF2 含有一部分的 API 接口，就是 rclcpp 和 rclpy 里关于 TF2 的 API，用作节点程序中的编程。TF2 对发布器与订阅器进行了封装，使开发者通过 TF2 的接口可以更加简单地建立对 TF 树中某些坐标系变换关系的维护与订阅。

如图 5-2 所示的 PR2 机器人模型，我们可以看到有很多的 frame，错综复杂地分布在机器人的各个 link 上，维护各个坐标系之间的关系，就要靠 TF Tree 来处理。如图 5-3 所示的 TF 树，每一个圆圈代表一个 frame，对应着机器人上的一个 link，任意的两个 frame 之间都必须是连通的，如果出现某一环节的断裂，就会引发 error 系统报错。所以完整的 TF Tree 不能有任何断层的地方，这样我们才能查清楚任意两个 frame 之间的关系。

仔细观察，我们发现每两个 frame 之间都有一个 broadcaster（广播器），这就是为了使得两个 frame 之间能够正确连通，中间都会有一个 node（节点）来发布消息。如果缺少 node 来发布消息维护连通，那么这两个 frame 之间的连接就会断掉。broadcaster 就是一个 publisher（发布者），如果两个 frame 之间发生了相对运动，broadcaster 就会发布相关消息。

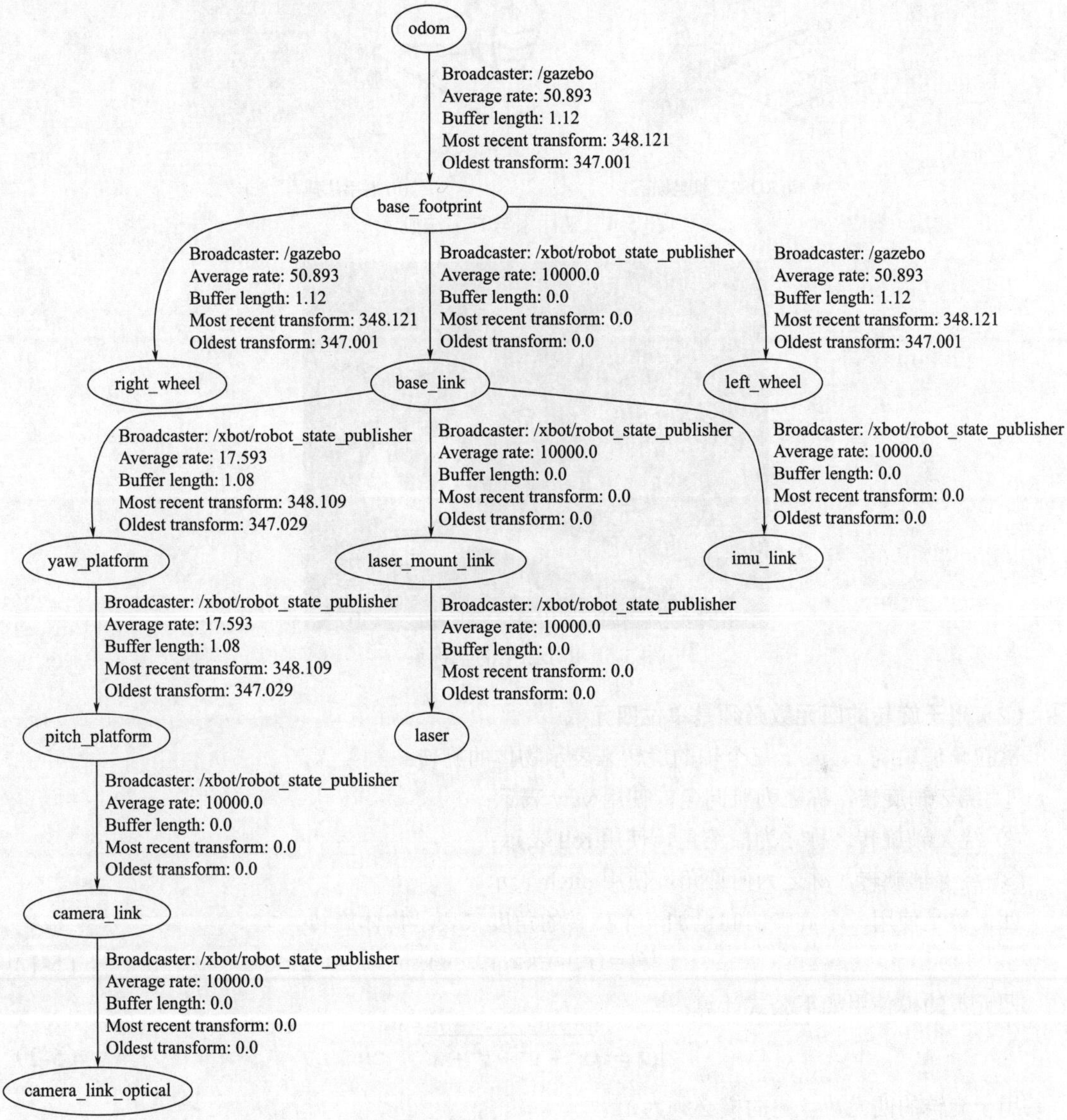

图 5-3　TF 树

5.1.3　ROS2 中 TF2 坐标的基本规则

（1）ROS2 的坐标系统使用右手法则

在 ROS2 中坐标系总是三维的，而且遵循右手法则，*Z* 轴用拇指表示，*X* 轴用食指表示，*Y* 轴用中指表示。*X* 轴指向前方，*Y* 轴指向左方，*Z* 轴指向上方。研究坐标系绕某轴旋转时，也是用右手法则，右手握住坐标轴，大拇指的方向朝着坐标轴朝向的正方向，四指环绕的方向即为这个坐标轴旋转的正方向。ROS2 坐标系及对应的右手法则如图 5-4 所示。

在 Rviz2 中，默认 *X* 轴是红色、*Y* 轴是绿色、*Z* 轴是蓝色，也就是 *XYZ* 对应 RGB。如图 5-5 所示。

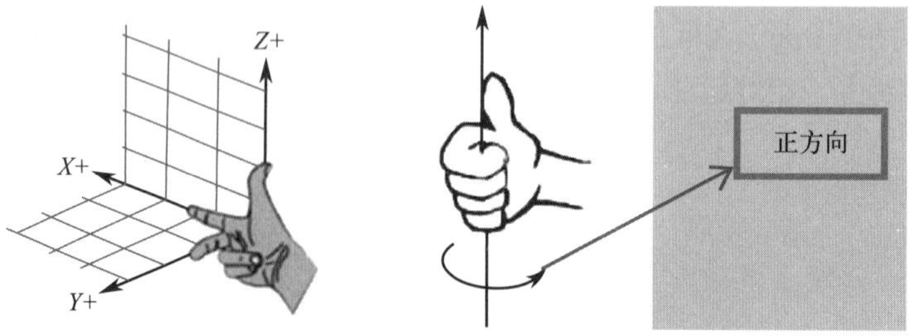

(a) ROS2三维坐标系　　(b) 右手法则

图 5-4　坐标系与右手法则

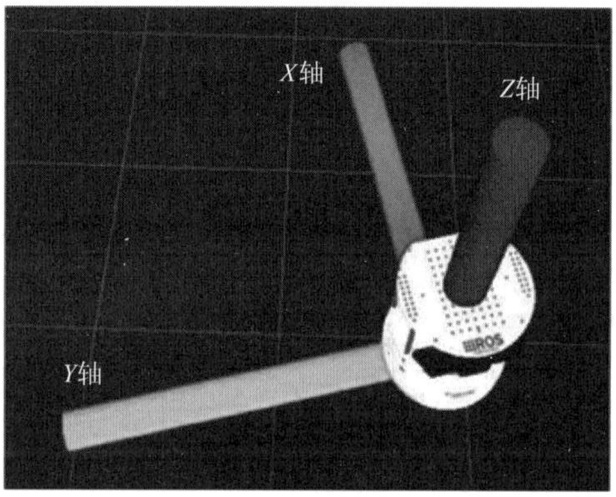

图 5-5　Rviz2 中的坐标系

（2）用于旋转的四元数必须是单位四元数

欧拉角使用绕 x、y、z 三个轴的旋转来表示物体的旋转：

① 绕 Z 轴旋转，称之为航向角，使用 yaw 表示；

② 绕 X 轴旋转，称之为横滚角，使用 roll 表示；

③ 绕 Y 轴旋转，称之为俯仰角，使用 pitch 表示。

四元数是使用一个旋转的向量加一个旋转的角度来表示物体旋转。

$$Q=(\boldsymbol{v},w)=(x,y,z,w) \tag{5-1}$$

四元数的模使用如下公式计算：

$$|Q|=\sqrt{x^2+y^2+z^2+w^2} \tag{5-2}$$

用于旋转的四元数，它的模必须为 1。

（3）机器人中的坐标系

在 ROS2 机器人系统中，坐标系被广泛用于描述机器人及其组件在三维空间中的位置、方向和运动。其中，base_link 坐标系被定义为机器人的基本参考坐标系，通常位于机器人的底盘或底座的中心位置，作为其他组件位置和方向的基准。odom 坐标系用于表示机器人的里程计数据，即机器人相对于某个初始位置的运动变化。map 坐标系则提供了全局地图中的定位信息，为机器人的导航和路径规划提供重要支持。此外，对于搭载传感器的机器人，如摄像头或激光雷达，通常会定义相应的坐标系，如 camera_link 和 laser_link，用于描述它们的位置和方向。在整个系统中，world 坐标系作为全局参考坐标系，为虚拟环境中的机器人运动提供了全局参考点。TF2 库被引入以管理这些坐标系之间的变换关系，使得机器人系统能够灵活地在不同坐标系之间进行切换和转换，从而实现感知、规划和控制等任务的高效执行。

5.2 TF2 编程基础

5.2.1 TF2 功能包及官方实例

本小节以 ROS2 官方经典案例“乌龟跟随”为例，演示 TF2 坐标变换的应用。实现效果为：通过键盘控制主海龟运动时，从动海龟会自动计算相对位姿并进行跟随。首先我们先安装 TF2 功能包。

```
$ sudo apt-get install ros-humble-turtle-tf2-py ros-humble-tf2-tools ros-humble-tf-transformations
```

此外，还需要安装一个名为 transforms3d 的 python 包，它为 tf_transformations 包提供四元数和欧拉角变换功能，安装命令如下：

```
$ sudo apt intall python3-pip
$ pip3 install transforms3d
```

执行以下命令：

```
$ ros2 launch turtle_tf2_py turtle_tf2_demo.launch.py
$ ros2 run turtlesim turtle_teleop_key
```

通过键盘控制初始化在中心的海龟进行运动，可以看到另一只海龟自动跟随，如图 5-6 所示。

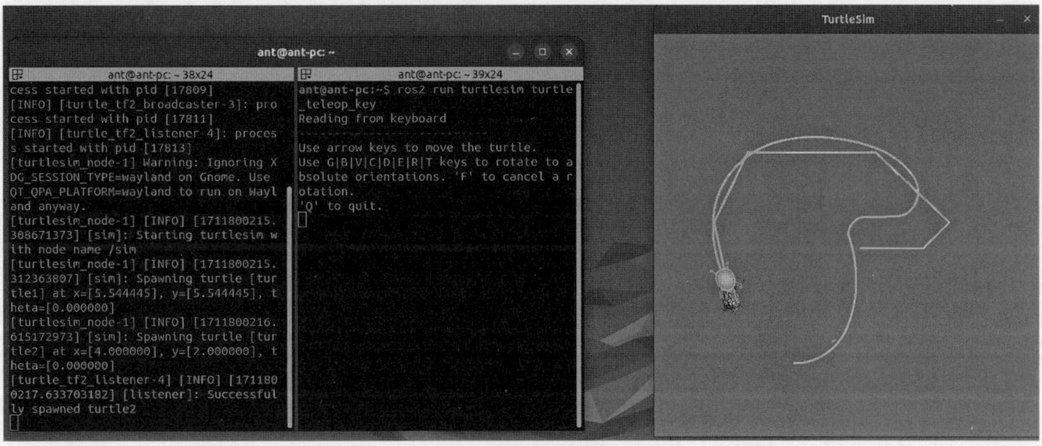

图 5-6 乌龟跟随示例

该例程利用 TF2 构建了三个坐标系：world（世界坐标系）、turtle1 和 turtle2（海龟局部坐标系）。通过广播节点实时发布两只海龟各自的坐标系相对于 world 坐标系的位姿关系，同时监听节点计算 turtle1 与 turtle2 之间的相对位姿偏差，并基于此生成跟随控制指令，实现了一只海龟对另一只的跟随运动。

5.2.2 TF2 工具

（1）rqt_tf_tree

rqt_tf_tree 是 ROS2 中的一个可视化工具，用于查看和理解 TF 树。rqt_tf_tree 提供了一个直观的图形界面，可以帮助用户可视化 TF 树，并查看坐标系之间的变换关系。

这个工具需要我们手动安装，安装命令如下：

```
$ sudo apt install ros-humble-rqt-tf-tree
```

安装完成后，再次打开 rqt 工具， Plugins -> Visualization -> TF Tree，接着便可以看到图 5-7 所示的这个强大的，几乎可以实时看到系统 tf 更新信息的工具。

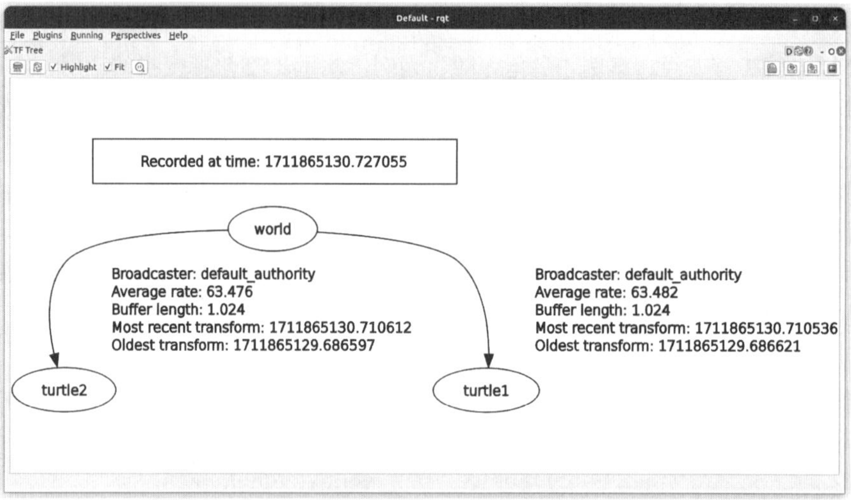

图 5-7　rqt_tf_tree

（2）tf2_echo

tf2_echo 工具可以查询 ROS2 系统中任意两个坐标系之间的关系。比如我们想知道 turtle2 坐标系相对于 turtle1 坐标系的位置关系，就可以通过如下命令查询：

```
$ ros2 run tf2_ros tf2_echo turtle2 turtle1
```

很快在终端中就可以看到查询结果的周期刷新了。执行结果见图 5-8。

```
At time 1711802718.364347675
- Translation: [0.000, 0.000, 0.000]
- Rotation: in Quaternion [0.000, 0.000, -0.124, 0.992]
- Rotation: in RPY (radian) [0.000, 0.000, -0.248]
- Rotation: in RPY (degree) [0.000, 0.000, -14.211]
- Matrix:
  0.969  0.245  0.000  0.000
 -0.245  0.969 -0.000  0.000
 -0.000  0.000  1.000  0.000
  0.000  0.000  0.000  1.000
```

图 5-8　tf2_echo

（3）tf2_monitor

tf2_monitor 工具可以打印所有坐标系的发布频率与网络延迟。通过如下命令：

```
$ ros2 run tf2_ros tf2_monitor
```

我们可以查看所有坐标系的发布频率与网络延迟，如图 5-9 所示。

```
RESULTS: for all Frames

Frames:
Frame: turtle1, published by <no authority available>, Average Delay: 0.000784599, Max Delay: 0.00157309
Frame: turtle2, published by <no authority available>, Average Delay: 0.000777941, Max Delay: 0.00144792

All Broadcasters:
Node: <no authority available> 125.244 Hz, Average Delay: 0.000791333 Max Delay: 0.00144792
```

图 5-9　所有坐标系的发布频率与网络延迟

5.2.3 广播器与监听器

（1）认识广播器与监听器

在 ROS2 中，广播器（broadcaster）与监听器（listener）是处理坐标变换的重要组件，属于 TF2 库的一部分。广播器负责发布坐标变换关系的信息，即将一个坐标系相对于另一个坐标系的变换信息发布到 ROS2 系统中，以供其他节点使用。它将变换关系封装为消息，利用 ROS2 的话题机制向 TF2 系统发送包含坐标系位移、旋转信息及时间戳的变换数据，以此确保信息的时效性和准确性。当广播器发布变换关系后，TF2 系统会维护并持续更新坐标变换树。该树动态反映所有坐标系间的拓扑关系，支持其他节点快速查询和调用，为坐标计算与运动控制提供基础支撑。

相对而言，监听器的任务是接收并处理这些变换关系的信息。它通过订阅 TF2 系统中发布的消息，根据需要查询和处理这些信息，以获取特定坐标系之间的变换关系或进行坐标变换计算。监听器能够在运行时动态获取坐标系的最新变换信息，这对于机器人在动态环境中执行任务尤为重要。监听器不仅支持一次性查询，还可以持续跟踪变换关系，确保数据的时效性。以移动机器人为例，其位姿变化会触发广播器持续更新坐标系变换，监听器则通过实时获取最新变换数据，支持运动控制模块进行动态轨迹修正。这样的设计使得系统具有高度的灵活性和可扩展性，随着新传感器或坐标系的引入，新广播器可轻松添加并发布该坐标系的变换关系，而现有的监听器则可以自动接收到更新的信息，避免了大规模的系统重构。通过这种高效的信息传递和处理机制，机器人能够在复杂环境中智能、自适应地互动，从而提升其在实际应用中的性能与可靠性。

（2）常用消息接口

通过前面的学习，我们了解到，接口消息在整个通信模型中扮演着重要角色。在 ROS2 中，geometry_msgs/TransformStamped 和 geometry_msgs/msg/PointStamped 是两种常用的接口消息，用于处理坐标变换和点的信息。

① geometry_msgs/TransformStamped　geometry_msgs/TransformStamped 是一种 ROS2 消息接口，用于表示坐标系之间的变换。它包含了位移、旋转信息以及时间戳和参考的坐标系。这种消息通常用于描述机器人的位姿变换，例如底盘在地图坐标系中的位置。在终端中输入 ros2 interface show geometry_msgs/TransformPointStamped，我们可以看到它的消息的结构如下：

```
# 表示变换的时间戳和参考的坐标系
std_msgs/Header header
  builtin_interfaces/Time stamp
    int32 sec            # 秒数部分
    uint32 nanosec       # 纳秒部分
  string frame_id        # 参考坐标系的 ID
string child_frame_id   # 子坐标系的 ID
# 包含位移和旋转信息的变换
Transform transform
  Vector3 translation
    float64 x  # x 轴上的位移
    float64 y  # y 轴上的位移
    float64 z  # z 轴上的位移
  Quaternion rotation
```

```
    float64 x  # x 轴上的旋转分量
    float64 y  # y 轴上的旋转分量
    float64 z  # z 轴上的旋转分量
    float64 w  # 旋转的标量部分，1 表示无旋转
```

这种消息结构的设计使其可以准确描述坐标系之间的相对关系，为机器人系统中的感知、规划和控制提供了基础的空间描述信息。

② geometry_msgs/msg/PointStamped　当使用 geometry_msgs/msg/PointStamped 消息时，我们能够精确地描述在某个时间点下，某个坐标系中的一个点的位置信息。这种消息结构的设计使得它在机器人系统中具有广泛的应用，特别是在感知、规划和控制等领域。下面是该消息结构的详细解释：

```
# 该消息的头部信息，包含时间戳和参考的坐标系
std_msgs/Header header
  # 时间戳信息
  builtin_interfaces/Time stamp
    int32 sec          # 秒数部分
    uint32 nanosec     # 纳秒部分
  string frame_id      # 参考坐标系的 ID
# 点的位置信息
geometry_msgs/Point point
  float64 x  # x 轴上的位置
  float64 y  # y 轴上的位置
  float64 z  # z 轴上的位置
```

在这个消息结构中，header 字段包含了时间戳信息和参考坐标系的 ID。时间戳提供了该消息的生成时间，而参考坐标系的 ID 则指示了这个点所在的坐标系。这对于机器人系统中需要进行时空关系推理的任务至关重要。

在 point 字段中，包含了该点的具体位置信息。这个位置是以三维坐标形式表示的，分别是 X 轴、Y 轴和 Z 轴上的位置。这种设计使得我们能够准确地描述空间中的点的位置，为机器人在执行任务时提供了必要的空间信息。

总的来说，geometry_msgs/msg/PointStamped 消息的设计使得它能够在 ROS2 系统中作为一种标准化的消息接口，用于传递点的位置信息，为机器人系统中的各个模块提供了必要的空间描述信息，从而实现了机器人的感知、规划和控制等功能。

5.3　TF2 广播及监听

5.3.1　TF2 静态广播

静态坐标变换在机器人系统中扮演着至关重要的角色，主要用于描述机器人基坐标系与其他与之保持相对静止的坐标系之间的关系。这些坐标系可能包括传感器（如雷达、相机）的坐标系以及机器人的各个部件（如手臂、底盘）的坐标系。通过静态广播，用户可以在系统初始化时明确这些固定关系，确保机器人在进行各种操作时能够准确地转换和理解各个坐标系之间的联系。例如，雷达坐标系的定义可以帮助机器人准确地将传感器获取的环境数据转换为机器人基坐标系

下的坐标，从而进行有效的路径规划和障碍物检测。静态广播的简单性和高效性使其成为许多应用场景的首选，尤其是在那些坐标关系不会随时间变化的场合。

（1）命令行实现

在 ROS2 中，可以使用 tf2_ros2 软件包中提供的 static_transform_publisher 命令行工具来实现静态广播。该工具允许用户通过命令行发布静态的变换信息到 TF2 的静态转换缓存中。

以下是 static_transform_publisher 命令行工具的基本用法：

```
$ ros2 run tf2_ros static_transform_publisher --x x --y y --z z --yaw yaw --pitch pitch --roll roll --frame-id frame_id --child-frame-id child_frame_id
```

x,y,z：指定变换的平移部分。yaw,pitch,roll：指定变换的旋转部分，以弧度为单位。frame_id：指定父坐标系的名称。child_frame_id：指定子坐标系的名称。

例如，命令发布摄像头（camera）相对于底盘（base_link）的静态坐标变换，摄像头坐标系相对于底盘坐标系的三维平移量分别为 x 方向−0.5m，y 方向 0m，z 方向 0.4m，无旋转，可以使用以下命令：

```
$ ros2 run tf2_ros static_transform_publisher --x -0.5 --y 0 --z 0.4 --yaw 0 --roll 0 --pitch 0 --frame-id base_link --child-frame-id camera
```

通过这种方式，可以在命令行中快速地实现静态广播，而无需编写额外的 ROS2 节点。

（2）代码实现

① 在终端下进入工作空间的 src 目录，调用如下命令创建名为 cpp_tf_broadcaster 的 C++功能包：

```
$ ros2 pkg create cpp_tf_broadcaster --build-type ament_cmake --dependencies rclcpp tf2 tf2_ros geometry_msgs turtlesim
```

② 代码实现。在功能包 cpp_tf_broadcaster 的 src 目录下，新建 C++文件 static_broadcast.cpp，并编辑文件，输入如下内容：

```cpp
#include <geometry_msgs/msg/transform_stamped.hpp>
#include <tf2/LinearMath/Quaternion.h>
#include <tf2_ros/static_transform_broadcaster.h>
#include <rclcpp/rclcpp.hpp>

int main(int argc, char * argv[])
{
    // 初始化 ROS2 客户端
    rclcpp::init(argc, argv);
    if (argc != 9)
    {
        std::cerr << "x y z pitch yaw roll frame_id child_frame_id" << std::endl;
        return 1;
    }
    auto node = std::make_shared<rclcpp::Node>("static_tf_publisher");

    // 创建静态坐标变换发布器
    auto tf_publisher = std::make_shared<tf2_ros::StaticTransformBroadcaster>(node);
```

```
    // 创建并填充坐标变换消息
    geometry_msgs::msg::TransformStamped transformStamped;
    transformStamped.header.stamp = rclcpp::Clock().now(); // 设置时间戳
    transformStamped.header.frame_id = argv[7];; // 设置父坐标系
    transformStamped.child_frame_id = argv[8]; // 设置子坐标系
    // 设置平移信息
    transformStamped.transform.translation.x = atof(argv[1]);
    transformStamped.transform.translation.y = atof(argv[2]);
    transformStamped.transform.translation.z = atof(argv[3]);
    // 设置旋转信息
    tf2::Quaternion q;
    q.setRPY(atof(argv[4]), atof(argv[5]), atof(argv[6]));
    transformStamped.transform.rotation.x = q.x();
    transformStamped.transform.rotation.y = q.y();
    transformStamped.transform.rotation.z = q.z();
    transformStamped.transform.rotation.w = q.w();
    // 发布静态坐标变换消息
    tf_publisher->sendTransform(transformStamped);
    rclcpp::spin(node);
    rclcpp::shutdown();
    return 0;
}
```

这段代码用于发布一个静态的坐标变换。首先，我们包含了 transform_stamped.hpp 头文件，以便使用其定义 TransformStamped 消息类型来描述坐标变换。接着，我们引用了 tf2 库中的两个头文件：tf2::Quaternion 类提供了欧拉角与四元数之间的转换功能，而 static_transform_broadcaster.h 中的 StaticTransformBroadcaster 类用于创建静态坐标变换的广播实例。

在主函数中，通过 rclcpp::init(argc,argv)初始化了 ROS2 客户端，使用 std::make_shared<tf2_ros::StaticTransformBroadcaster>(node)创建了一个静态坐标变换广播器对象 tf_publisher，用于发布静态坐标变换。

然后，创建了一个 geometry_msgs::msg::TransformStamped 消息对象 transformStamped，并设置了时间戳、父坐标系和子坐标系。其中父、子坐标系的名称从命令行参数中获取。接着，设置了坐标变换的平移信息，分别对应 X 轴、Y 轴和 Z 轴上的平移量，这些值也是从命令行参数中获取的。随后，将命令行获取的欧拉角信息转换为四元数，并设置了坐标变换的旋转信息。最后，调用 tf_publisher->sendTransform(transformStamped)发布了填充好的静态坐标变换消息。

③ 编辑配置文件。

a）package.xml。在创建功能包时，所依赖的功能包已经自动配置了，配置内容如下：

```
<depend>rclcpp</depend>
<depend>tf2</depend>
<depend>tf2_ros</depend>
<depend>geometry_msgs</depend>
<depend>turtlesim</depend>
```

b）CMakeLists.txt。CMakeLists.txt 中发布和订阅程序核心配置如下：

```
find_package(ament_cmake REQUIRED)
find_package(rclcpp REQUIRED)
find_package(tf2 REQUIRED)
find_package(tf2_ros REQUIRED)
find_package(geometry_msgs REQUIRED)
find_package(turtlesim REQUIRED)

add_executable(static_broadcast src/static_broadcast.cpp)
ament_target_dependencies(
  static_broadcast
  "rclcpp"
  "tf2"
  "tf2_ros"
  "geometry_msgs"
  "turtlesim"
)

install(TARGETS static_broadcast
  DESTINATION lib/${PROJECT_NAME})
```

④ 编译。

```
$ colcon build --packages-select cpp_tf_broadcaster
```

⑤ 执行。

```
$ source install/setup.bash
$ ros2 run cpp_tf_broadcaster static_broadcast 0.4 0 0.2 0 0 0 base_link laser
```

（3）通过 Rviz2 查看坐标系关系

在前面的内容中，我们学习了如何通过广播器发布坐标变换关系，掌握了静态广播器的命令行实现和代码实现。接下来，我们将通过 Rviz2 来可视化这些坐标变换。

首先，使用第一部分内容中的命令行方法发布摄像头（camera）相对于底盘（base_link）的静态坐标变换：

```
$ ros2 run tf2_ros static_transform_publisher --x -0.5 --y 0 --z 0.4 --yaw 0 --roll 0 --pitch 0 --frame-id base_link --child-frame-id camera
```

接着，在另一个终端中，使用第二部分内容中的代码发布雷达（laser）相对于底盘（base_link）的静态坐标变换：

```
$ ros2 run cpp_tf_broadcaster static_broadcast 0.4 0 0.2 0 0 0 base_link laser
```

最后，打开 Rviz2，将 Global Options 中的 Fixed Frame 设置为 base_link，点击 Add 按钮添加 TF 插件，并勾选 TF 插件中的 show names，即可看到图 5-10 所示的坐标变换关系。

5.3.2 TF2 动态广播

在 ROS2 中，除了静态广播外，还有动态广播这一功能。动态广播与静态广播的核心差异在于其运行时灵活性：前者无需预先在代码中声明坐标系关系，而是允许在系统运行过程中按需动

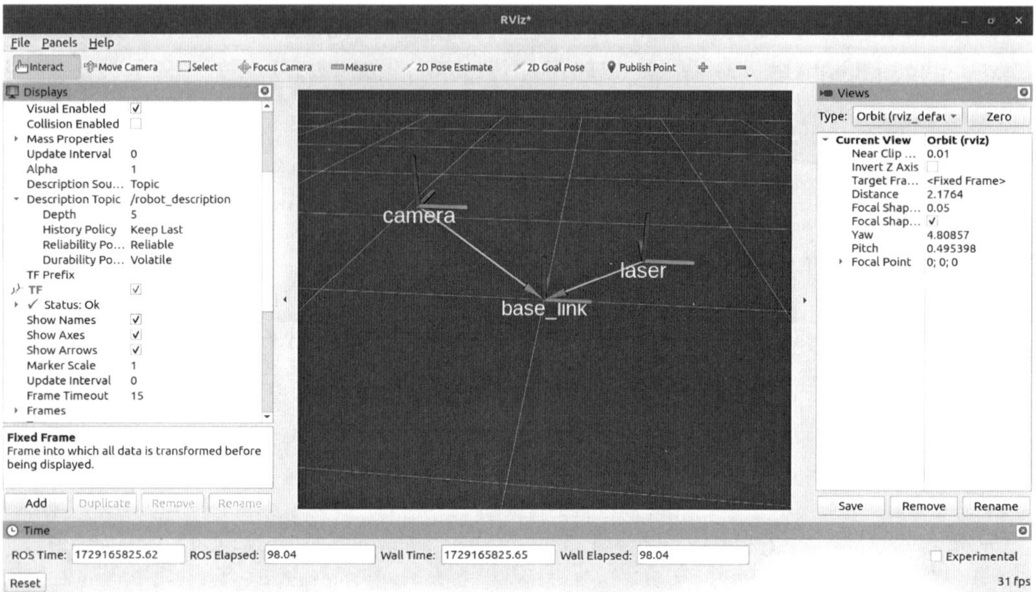

图 5-10 可视化坐标变换关系

态发布和更新变换信息。这种特性使得动态广播在许多实际应用场景中更具优势，尤其是当机器人系统的坐标关系需要根据环境的变化进行调整时。例如，在复杂动态环境中，若机器人因规避障碍物发生姿态调整，或搭载的传感器（如云台相机）需临时校准，导致其局部坐标系与基坐标系的关系发生变化，此时动态广播可实时发布更新后的坐标变换信息，确保机器人对自身及环境的坐标认知始终准确，从而快速适应新的环境状态。

动态广播的应用范围非常广泛，包括自主导航、避障和多机器人协作等。在自主导航的场景中，机器人能够根据传感器数据实时调整位置，从而更有效地避开障碍物。在多机器人协作中，各个机器人可以通过动态广播共享最新的位置信息，实现高效的任务分配和资源利用。总的来说，动态广播为机器人系统提供了更高的灵活性和适应性，使得复杂任务的执行更加顺利和高效。

① 代码实现。在功能包 cpp_tf_broadcaster 的 src 目录下，继续新建 C++文件 dynamic_broadcast.cpp，并编辑文件，输入如下内容：

```
#include <geometry_msgs/msg/transform_stamped.hpp>
#include <rclcpp/rclcpp.hpp>
#include <tf2/LinearMath/Quaternion.h>
#include <tf2_ros/transform_broadcaster.h>
#include <turtlesim/msg/pose.hpp>

int main(int argc, char * argv[])
{
  rclcpp::init(argc, argv);
  // 创建节点
  auto node = std::make_shared<rclcpp::Node>("minimal_dynamic_frame_
broadcaster");
  // 创建坐标变换广播器
  auto tf_broadcaster = std::make_shared<tf2_ros::TransformBroadcaster>(node);
```

```
    auto turtlename_ = node->declare_parameter<std::string>("turtlename",
"turtle1");
    std::string topic_name = std::string(turtlename_.c_str()) + "/pose";
    // 创建乌龟位姿订阅器
    auto subscription = node->create_subscription<turtlesim::msg::Pose>
(topic_name, 10,
                [&](const turtlesim::msg::Pose::SharedPtr msg) {
    // 组织消息
      geometry_msgs::msg::TransformStamped t;
      t.header.stamp = node->now();
      t.header.frame_id = "world";
      t.child_frame_id = turtlename_.c_str();
      t.transform.translation.x = msg->x;
      t.transform.translation.y = msg->y;
      t.transform.translation.z = 0.0;
      tf2::Quaternion q;
      q.setRPY(0, 0, msg->theta);
      t.transform.rotation.x = q.x();
      t.transform.rotation.y = q.y();
      t.transform.rotation.z = q.z();
      t.transform.rotation.w = q.w();
      // 发布消息
      tf_broadcaster->sendTransform(t);
    });
    // 进入 ROS2 事件循环
    rclcpp::spin(node);
    // 关闭 ROS2 客户端
    rclcpp::shutdown();
    return 0;
  }
```

这段代码用于在 ROS2 中发布一个动态的坐标变换。首先，我们包含了所需的头文件，其中包括了描述坐标变换的消息类型、ROS2 节点、四元数类以及坐标变换广播器等功能。

在主函数中，我们通过 rclcpp::init(argc,argv)初始化了 ROS2 客户端，并创建了一个名为"minimal_dynamic_frame_broadcaster"的节点和一个坐标变换广播器对象 tf_broadcaster，并将其绑定到节点上，以便发布动态坐标变换信息。

然后，声明了一个参数"turtlename"，默认值为"turtle1"，并将其存储在 turtlename_变量中。然后根据乌龟的名称构建了订阅乌龟位姿的话题名称 topic_name。在订阅器的 Lambda 表达式即回调函数中，我们将接收到的乌龟位姿信息转换为坐标变换消息，并设置了相应的时间戳、父坐标系和子坐标系。随后，将该消息通过坐标变换广播器发布出去。

最后，通过调用 rclcpp::spin(node)进入 ROS2 事件循环，等待接收乌龟位姿消息并处理。当程序结束时，我们关闭 ROS2 客户端并返回 0，以结束程序的执行。

② 编辑配置文件。由于功能包中新增了 dynamic_broadcast.cpp 文件，因此需要对 CMakeLists.txt

进行相应修改，而 package.xml 无需更改。

CMakeLists.txt 文件需要添加如下内容：

```
add_executable(dynamic_broadcast src/dynamic_broadcast.cpp)

ament_target_dependencies(
  dynamic_broadcast
  "rclcpp"
  "tf2"
  "tf2_ros"
  "geometry_msgs"
  "turtlesim"
)
```

文件中 install 修改为如下内容：

```
install(TARGETS
  static_broadcast
  dynamic_broadcast
  DESTINATION lib/${PROJECT_NAME}
)
```

③ 编译。

```
$ colcon build --packages-select cpp_tf_broadcaster
```

④ 执行。启动两个终端，在终端 1 中输入如下命令：

```
$ ros2 run turtlesim turtlesim_node
```

在终端 2 中输入如下命令：

```
$ ros2 run turtlesim turtle_teleop_key
```

再在当前工作空间下，启动终端，输入如下命令：

```
$ source install/setup.bash
$ ros2 run cpp_tf_broadcaster dynamic_broadcast
```

5.3.3 TF2 监听

坐标变换监听器是 ROS2 中与广播器配套的核心功能组件，其作用是允许节点监听并获取其他节点通过广播发布的坐标变换信息。与坐标变换广播器不同，坐标变换监听器是用于接收和处理坐标变换消息的组件。通常情况下，一个节点可能需要监听其他节点发布的坐标变换，以便在自己的任务中使用这些变换信息。

在 ROS2 中，我们可以使用 tf2_ros::TransformListener 类来创建坐标变换的监听器。该类会自动订阅 TF2 系统的坐标变换主题，并将接收到的变换消息缓存至 tf2_ros::Buffer 中，后续可通过缓存接口按需查询特定坐标系间的变换关系，无需手动处理消息接收逻辑。例如，我们可以监听一个固定的坐标系相对于另一个坐标系的变换，并根据需要进行处理，比如执行坐标系间的变换、执行机器人导航等任务。

① 在终端下进入工作空间的 src 目录，调用如下命令创建名为 cpp_tf_listener 的 C++功能包：

```
$ ros2 pkg create cpp_tf_listener --build-type ament_cmake --dependencies rclcpp tf2 tf2_ros geometry_msgs turtlesim
```

② 代码实现。在功能包 cpp_tf_listener 的 src 目录下，新建 C++文件 tf_listener.cpp，并编辑文件。输入如下内容：

```
#include <rclcpp/rclcpp.hpp>
#include <tf2_ros/transform_listener.h>
#include <tf2_ros/buffer.h>
#include <geometry_msgs/msg/transform_stamped.hpp>
int main(int argc, char *argv[])
{
    // 初始化 ROS2 客户端
    rclcpp::init(argc, argv);
    // 创建节点
    auto node = std::make_shared<rclcpp::Node>("transform_listener");
    // 创建 tf2 缓冲区
    auto buffer = std::make_shared<tf2_ros::Buffer>(node->get_clock());
    // 创建坐标变换监听器，并绑定 tf2 缓冲区
    auto tf_listener = std::make_shared<tf2_ros::TransformListener>(*buffer,
node);
    // 设置定时器以持续监听坐标变换
    auto timer = node->create_wall_timer(std::chrono::milliseconds(1000), [&]()
  {
        // 监听并处理坐标变换
        geometry_msgs::msg::TransformStamped transform_stamped;
        try {
                transform_stamped = buffer->lookupTransform(
                                           "argv[2]",
                                           "argv[1]",
                                            rclcpp::Time(0));
                // 打印接收到的坐标变换信息
                RCLCPP_INFO(node->get_logger(),
                                 "Translation: (%f, %f, %f), Rotation: (%f, %f,
                                 %f, %f)",
                                  transform_stamped.transform.translation.x,
                                  transform_stamped.transform.translation.y,
                                  transform_stamped.transform.translation.z,
                                  transform_stamped.transform.rotation.x,
                                  transform_stamped.transform.rotation.y,
                                  transform_stamped.transform.rotation.z,
                                  transform_stamped.transform.rotation.w);
        } catch (const tf2::TransformException& ex) {
            RCLCPP_ERROR(node->get_logger(), "Transform error: %s", ex.what());
        }
    });
    // 进入 ROS2 事件循环
```

```
    rclcpp::spin(node);
    // 关闭 ROS2 客户端
    rclcpp::shutdown();
    return 0;
}
```

这段代码创建了一个ROS2节点，用于监听和处理来自tf2库的坐标变换。首先，我们包含了必要的头文件，包括rclcpp和tf2_ros库，以及用于处理ROS2中消息类型的geometry_msgs。

在主函数中，首先进行了ROS2客户端的初始化，创建了一个节点。接下来，我们通过std::make_shared<tf2_ros::Buffer>(node->get_clock())创建了一个坐标变换监听缓冲区，再用std::make_shared<tf2_ros::TransformListener>(*buffer,node)将监听器与缓冲区进行了绑定。

随后，设置了一个定时器，每隔一秒执行一次回调函数。在回调函数中，尝试从argv[1]到argv[2]查找坐标变换信息，并将其存储在geometry_msgs::msg::TransformStamped类型的变量transform_stamped中。如果成功获取了坐标变换信息，我们将打印出接收到的平移和旋转信息。

③ 编辑配置文件。CMakeLists.txt中发布和订阅程序核心配置如下：

```
find_package(ament_cmake REQUIRED)
find_package(rclcpp REQUIRED)
find_package(tf2 REQUIRED)
find_package(tf2_ros REQUIRED)
find_package(geometry_msgs REQUIRED)
find_package(turtlesim REQUIRED)

add_executable(tf_listener src/tf_listener.cpp)
ament_target_dependencies(
  tf_listener
  "rclcpp"
  "tf2"
  "tf2_ros"
  "geometry_msgs"
  "turtlesim"
)

install(TARGETS tf_listener
  DESTINATION lib/${PROJECT_NAME})
```

④ 编译。

```
$ colcon build --packages-select cpp_tf_listener
```

⑤ 执行。

参照第5.3.1节的内容，首先，在命令行中发布摄像头（camera）相对于底盘（base_link）的静态坐标变换。可以使用以下命令：

```
$ ros2 run tf2_ros static_transform_publisher --x -0.5 --y 0 --z 0.4 --yaw 0 --roll 0 --pitch 0 --frame-id base_link --child-frame-id camera
```

接下来，在另一个终端中，通过程序发布雷达（laser）相对于底盘（base_link）的静态坐标变换，命令如下：

```
$ ros2 run cpp_tf_broadcaster static_broadcast 0.4 0 0.2 0 0 0 base_link laser
```

最后，运行程序以获取雷达相对于摄像头的坐标，命令为：

```
$ ros2 run cpp_tf_listener tf_listener
```

通过以上步骤，可以有效地获取雷达与摄像头之间的坐标关系。

5.4 乌龟跟随案例的实现

在前面的学习中，我们已经掌握了 ROS2 中坐标变换监听器和广播器的实现方式。接下来，我们将通过一个乌龟跟随的案例，将这些知识应用于实际操作中。在这个案例中，我们将模拟一只乌龟跟随移动目标的过程。通过利用 TF2 的动态广播和监听，我们能够实时更新乌龟的位置和目标的位置，确保乌龟始终保持在目标的身后。这个实际案例将帮助我们巩固对坐标变换的理解，并提高对 ROS2 的实际应用能力。

实现乌龟跟随，首先需要调用 service 中的/spawn 服务，生成一只新的乌龟，才可实现后续两只乌龟的跟随效果。

首先，在 cpp_tf_listener 的 src 目录下，新建 C++文件 spawn.cpp，并编辑文件。输入如下内容：

```
#include "turtlesim/srv/spawn.hpp"
#include "rclcpp/rclcpp.hpp"
int main(int argc, char * argv[])
{
  // 初始化 ROS2 节点
  rclcpp::init(argc, argv);
  // 创建节点
  auto node = std::make_shared<rclcpp::Node>("turtle_spawner");
  // 创建乌龟生成服务的客户端
  auto client = node->create_client<turtlesim::srv::Spawn>("spawn");
  auto turtle_name = node->declare_parameter<std::string>("turtle_name",
"turtle2");

  // 等待乌龟生成服务就绪
  if (!client->wait_for_service(std::chrono::seconds(1))) {
    RCLCPP_ERROR(node->get_logger(), "Failed to wait for the service. Exiting.");
    return -1;
  }
  // 创建请求
  auto request = std::make_shared<turtlesim::srv::Spawn::Request>();
  request->x = 4.0; // 乌龟的初始 x 坐标
  request->y = 2.0; // 乌龟的初始 y 坐标
  request->theta = 0.0; // 乌龟的初始角度
  request->name = turtle_name.c_str(); // 乌龟的名称
  // 发送请求
```

```
    auto result = client->async_send_request(request);
    // 等待响应
    if (rclcpp::spin_until_future_complete(node, result) !=
    rclcpp::FutureReturnCode::SUCCESS)
    {
      RCLCPP_ERROR(node->get_logger(), "Failed to spawn turtle.");
      return -1;
    }
    RCLCPP_INFO(node->get_logger(), "Turtle spawned successfully.");
    // 关闭节点
    rclcpp::shutdown();
    return 0;
}
```

这段代码实现了一个ROS2节点，其主要功能是生成一个名为turtle_name的乌龟。首先，通过包含必要的头文件，如"turtlesim/srv/spawn.hpp"和"rclcpp/rclcpp.hpp"，引入了所需的ROS2功能和消息定义。然后，在主函数中，初始化了ROS2节点，创建了一个用于调用"spawn"服务的客户端，并获取了乌龟的名称参数。在等待"spawn"服务就绪后，构造了生成乌龟的请求对象，并设置了乌龟的初始位置和名称。随后，异步地发送了生成乌龟的请求，并使用rclcpp::spin_until_future_complete()函数等待生成乌龟的响应。如果生成成功，则打印成功信息，并关闭ROS2节点。

接下来，参照第5.3.3节TF2监听的代码，稍作修改，编写follow.cpp，实现监听两个乌龟的相对坐标变换，并根据变换信息计算出线速度和角速度。随后，将计算得到的速度信息发布到目标乌龟的命令速度话题上，实现乌龟的跟随移动。

```
#include <rclcpp/rclcpp.hpp>
#include <tf2_ros/transform_listener.h>
#include <tf2_ros/buffer.h>
#include <geometry_msgs/msg/transform_stamped.hpp>
#include <geometry_msgs/msg/twist.hpp>

int main(int argc, char *argv[])
{
    // 初始化 ROS2 客户端
    rclcpp::init(argc, argv);
    // 创建节点
    auto node = std::make_shared<rclcpp::Node>("transform_listener");
    auto target = node->declare_parameter<std::string>("target", "new_
turtle1");
    auto source = node->declare_parameter<std::string>("source", "turtle1");
    auto twist_pub_ = node->create_publisher<geometry_msgs::msg::Twist>(
                    std::string(target.c_str()) + "/cmd_vel",10);
    // 创建 tf2 缓冲区
    auto buffer = std::make_shared<tf2_ros::Buffer>(node->get_clock());
    // 创建坐标变换监听器，并绑定 tf2 缓冲区
```

```
    auto tf_listener = std::make_shared<tf2_ros::TransformListener>(*buffer);
    // 设置定时器以持续监听坐标变换
    auto timer = node->create_wall_timer(std::chrono::milliseconds(1000), [&]() {
        // 监听并处理坐标变换
        geometry_msgs::msg::TransformStamped transformStamped;
        try {
            transformStamped = buffer->lookupTransform(
                                        target.c_str(),
                                        source.c_str(),
                                        rclcpp::Time(0));
        } catch (const tf2::TransformException& ex) {
            RCLCPP_ERROR(node->get_logger(), "Transform error: %s", ex.what());
        }
    geometry_msgs::msg::Twist msg;
    static const double scaleRotationRate = 1.0;
    msg.angular.z = scaleRotationRate * atan2(
                    transformStamped.transform.translation.y,
                    transformStamped.transform.translation.x);
    static const double scaleForwardSpeed = 0.5;
    msg.linear.x = scaleForwardSpeed * sqrt(
                   pow(transformStamped.transform.translation.x, 2) +
                   pow(transformStamped.transform.translation.y, 2));
    twist_pub_->publish(msg);
    });
    // 进入 ROS2 事件循环
    rclcpp::spin(node);
    // 关闭 ROS2 客户端
    rclcpp::shutdown();
    return 0;
}
```

上面这段代码首先初始化了 ROS2 客户端，并创建了一个名为"transform_listener"的节点。然后，它获取了两个参数"target"和"source"，分别表示目标和源的坐标系名称。接下来，它创建了一个速度指令发布器，用于发布速度指令到目标坐标系。然后，它创建了一个 tf2 缓冲区和一个坐标变换监听器，并将它们绑定在一起。最后，它设置了一个定时器，每隔 1s 监听一次坐标变换，并根据坐标变换计算出速度指令，发布出去。在完成所有操作后，它进入 ROS2 的事件循环，等待处理传入的消息。最后，它关闭了 ROS2 客户端并返回 0 表示程序正常结束。

然后，修改配置文件 CMakeLists.txt，添加如下内容：

```
add_executable(follow src/follow.cpp)
add_executable(spawn src/spawn.cpp)

ament_target_dependencies(
  spawn
```

```
  "turtlesim"
  "rclcpp"
)

ament_target_dependencies(
  follow
  "rclcpp"
  "tf2"
  "tf2_ros"
  "geometry_msgs"
)
```

文件中 install 修改为如下内容：

```
install(TARGETS
        tf_listener
        spawn
        follow
        DESTINATION lib/${PROJECT_NAME})
```

最后，我们编写 turtle_tf2.launch.py 文件，这个 launch 文件描述了一个包含多个节点的 ROS2 系统的启动过程。其中包括了 turtlesim 仿真器节点（turtlesim_node）、坐标变换监听节点（spawn）、两个坐标变换广播节点（dynamic_broadcast），以及一个用于实现乌龟跟随功能的坐标变换监听节点（follow）。

```
from launch import LaunchDescription
from launch_ros.actions import Node

def generate_launch_description():
    return LaunchDescription([
         Node(
              package='turtlesim',
              executable='turtlesim_node'),
         Node(
              package='cpp_tf_listener',
              executable='spawn'),
         Node(
              package='cpp_tf_broadcaster',
              executable='dynamic_broadcast',
              name='broadcaster1',
              parameters=[{'turtlename': 'turtle1'}]),
         Node(
              package='cpp_tf_broadcaster',
              executable='dynamic_broadcast',
              name='broadcaster2',
              parameters=[{'turtlename': 'turtle2'}]),
```

```
        Node(
            package='cpp_tf_listener',
            executable='follow',
            parameters=[{'target': 'turtle2'},{'source': 'turtle1'}]),
    ])
```

在启动过程中，首先启动了 turtlesim 仿真器节点，用于提供一个二维仿真环境，其中包含了一个或多个移动的乌龟。接着，启动了一个坐标变换监听功能包下的 spawn 节点，它用于生成乌龟，并将新生成的乌龟添加到仿真环境中。该节点会发布相关的命令到 ROS2 系统中，让仿真器生成新的乌龟实例。

然后，启动了两个坐标变换广播功能包下的 dynamic_broadcast 节点，它们分别命名为 broadcaster1 和 broadcaster2，该节点的源码为第 5.3.2 节中的 TF2 动态广播代码，负责动态地广播乌龟的坐标变换信息。这些广播节点会将各自乌龟的坐标信息发布到 ROS2 系统中。

最后，启动了一个坐标变换监听功能包下的 follow 节点，它用于监听两只乌龟之间的相对坐标变换，并实现了乌龟的跟随功能。该节点会从参数服务器中获取两只乌龟的名称，并监听这两只乌龟之间的坐标变换。根据坐标变换的信息，该节点会计算出控制一只乌龟（turtle1）跟随另一只乌龟（turtle2）移动的命令，并将这些命令发布出去。

综上所述，这个 launch 文件定义了一个包含了 turtlesim 仿真器节点、坐标变换广播节点、坐标变换监听节点以及乌龟生成节点的 ROS2 系统，通过坐标变换监听和广播来实现乌龟的跟随移动，并能够动态地生成和添加新的乌龟到仿真环境中。

接下来，我们验证代码的效果。首先，在终端中通过以下命令构建工程：

```
$ colcon build --packages-select cpp_tf_listener
```

构建完成后，运行以下命令启动程序：

```
$ ros2 launch  cpp_tf_listener turtle_tf2.launch.py
$ ros2 run turtlesim turtle_teleop_key
```

这样就可以查看乌龟跟随的效果，如图 5-11 所示。

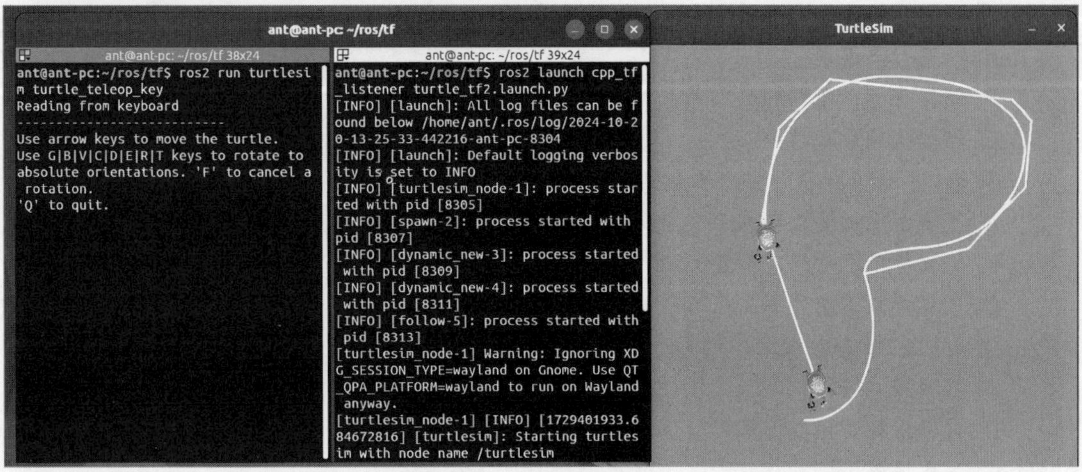

图 5-11　乌龟跟随实现

5.5 本章小结

本章深入探讨了 ROS2 中实现坐标变换的核心工具 TF2，强调了其在机器人学中处理不同坐标系间关系的重要性。通过介绍 TF2 的结构及其在维护机器人模型各部件间坐标关系的作用，以及基于右手法则和单位四元数的坐标系定义方法，读者可以更好地理解 TF2 的工作原理。

在编程方面，本章内容涵盖了从安装功能包到使用 rqt_tf_tree、tf2_echo 和 tf2_monitor 等工具查看和查询坐标系关系的全过程，详细讨论了如何通过编程实现广播器发布坐标变换信息，以及如何通过监听器订阅这些信息。

最后，通过一个乌龟跟随案例展示了 TF2 在实际中的应用。该案例通过 spawn 服务生成两只乌龟，并动态广播两只乌龟相对于世界坐标系的位置，创建了一个 ROS2 节点来监听两只乌龟之间的坐标变换信息，并计算出使一只乌龟跟随另一只所需的线速度和角速度，进而发布相应的命令。此外，还介绍了构建和运行仿真环境的步骤，包括使用 launch 文件启动 turtlesim 仿真器节点、坐标变换监听节点等。

综上所述，本章既系统概述了 ROS2 中 TF2 系统的理论基础与工具链应用，也通过编程实践和工程案例，构建了“理论-工具-实践”的完整知识体系，为读者在实际机器人项目（自主导航、多传感器融合、多机器人协作）中实现高精度坐标变换管理和位姿关系解算，提供了可直接复用的技术方案与实操指南。

习题五

1. [单选] TF2 中坐标变换的基本概念是什么？
   A. 描述物体的形状
   B. 定义不同坐标系之间的位置和方向关系
   C. 计算机器人的速度
2. [单选] 在 TF2 中，“树结构”的意义是什么？
   A. 提高计算速度
   B. 组织坐标系之间的层次关系，方便变换查找
   C. 增加代码复杂性
3. [单选] “父坐标系”和“子坐标系”的关系是什么？
   A. 子坐标系的变换依赖于父坐标系
   B. 父坐标系总是固定不变
   C. 子坐标系不能影响父坐标系
4. [单选] TF2 在路径规划中的角色是什么？
   A. 直接规划路径
   B. 提供坐标变换以计算目标位置
   C. 生成地图
5. [单选] 可视化 TF 树的工具通常是什么？
   A. Rviz2
   B. Gazebo

C. rqt

6. [单选] TF2 中的坐标变换可以用来实现什么功能？

A. 数据存储

B. 不同传感器之间的数据融合

C. 仅路径规划

7. [单选] TF2 中的时间戳主要用于什么任务？

A. 计算变换的精度

B. 处理不同时间获取的数据

C. 显示坐标系的顺序

8. [单选] TF2 树结构中的根节点通常代表什么？

A. 任何坐标系

B. 全局坐标系或固定参考系

C. 子坐标系

9. 说明如何在 TF2 中实现坐标系的平移和旋转。

10. 给出一个示例，说明如何使用 TF2 进行静态和动态坐标变换。

11. 如何在 TF2 中实现坐标系的监听？请给出示例代码。

12. 试着实现多只乌龟跟随的简单编队。

第6章 机器人建模与仿真

在项目实践中，机器人的外形和尺寸差异很大，如果开发和调试都在真实的物理设备上进行，无疑会造成非常大的工作量、成本负担和潜在的项目延期风险，而且也不是每个人都有机会接触到真正的机器人。基于这些原因，我们需要对机器人及其所处环境进行建模与仿真。

本章将带领读者从零开始系统掌握机器人建模与仿真的全流程知识体系。通过循序渐进的学习路径，我们将依次实现以下核心目标：首先，基于 URDF/Xacro 构建机器人三维参数化模型并在 Rviz2 可视化平台上实现模型加载与运动控制；其次，通过添加物理特性与传感器配置打造高保真仿真模型；接着，在 Gazebo 物理引擎中完成仿真验证；最终，结合 ros2_control 框架实现精准运动控制测试，从而完成从基础建模到高级仿真的完整开发流程。

6.1 机器人 URDF 模型

URDF（unified robot description format，统一机器人描述格式）是 ROS 中一个非常重要的机器人模型描述格式，URDF 能够描述机器人的运动学和动力学特征、视觉表示、碰撞模型等。在 URDF 中，机器人模型由连接件（link）和连接连接件的关节（joint）、传感器（sensor）、传动件（transmission）等部件组成。ROS2 同时也提供 urdf 文件的 C++解析器，可以解析 urdf 文件中使用 XML 格式描述的机器人模型。

在使用 urdf 文件构建机器人模型之前，有必要先梳理一下 urdf 文件中常用的 XML 标签，对 URDF 有一个大概的了解。

（1）<link>标签

<link>标签用于描述机器人某个刚体部分的外观和物理属性，包括尺寸（size）、颜色（color）、形状（shape）、惯性矩阵（inertial matrix）、碰撞参数（collision properties）等。

机器人的 link 结构一般如图 6-1 所示。

其基本的 URDF 描述语法如下：

```
<link name="<link name>">
    <inertial> ...... </inertial>
    <visual> ...... </visual>
    <collision> ...... </collision>
</link>
```

<visual>标签用于描述机器人 link 部分的外观参数，<inertial>标签用于描述 link 的惯性参数，而<collision>标签用于描述 link 的碰撞属性。从图 6-1 中可以看到，检测碰撞的 link 区域大于外观可视的区域，这就意味着只要有其他物体与 collision 区域相交，就认为 link 发生碰撞。

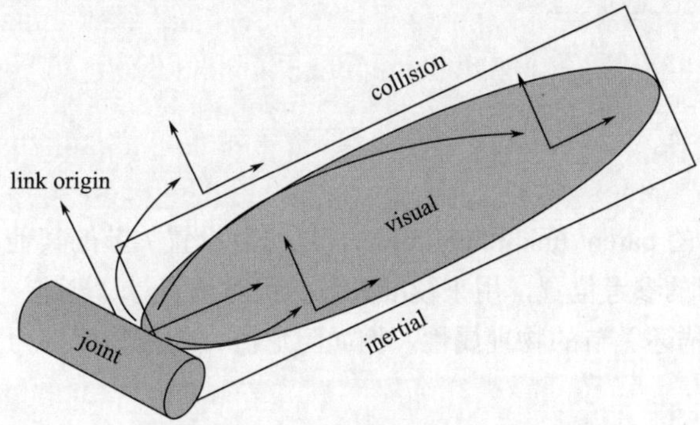

图 6-1 URDF 模型中的 link

（2）<joint>标签

<joint>标签用于描述机器人关节的运动学和动力学属性，包括关节运动的位置和速度限制。根据机器人的关节运动形式，可以将其分为 6 种类型，如表 6-1 所示。

表 6-1 URDF 模型中的 joint 类型

关节类型	描述
continuous	旋转关节，可以围绕单轴无限旋转
revolute	旋转关节，类似于 continuous，但是有旋转的角度极限
prismatic	滑动关节，沿某一轴线移动的关节，带有位置极限
planar	平面关节，允许在平面正交方向上平移或者旋转
floating	浮动关节，允许进行平移、旋转运动
fixed	固定关节，不允许运动的特殊关节

与人的关节一样，机器人关节的主要作用是连接两个刚体 link，这两个 link 分别称为 parent link 和 child link，如图 6-2 所示。

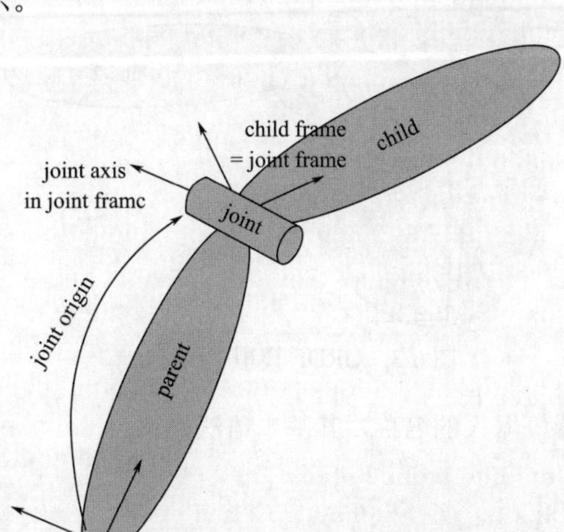

图 6-2 URDF 模型中的 joint

<joint>标签的描述语法如下：

```
<joint name="<name of the joint>">
  <parent link="parent_link"/>
  <child link="child_link"/>
  <calibration .... />
  <dynamics damping ..../>
  <limit effort .... /> ....
</joint>
```

其中必须指定 joint 的 parent link 和 child link，还可以设置关节的其他属性如下：

<calibration>：关节的参考位置，用来校准关节的绝对位置。

<dynamics>：用于描述关节的物理属性，例如阻尼值、物理静摩擦力等，经常在动力学仿真中用到。

<limit>：用于描述运动的一些极限值，包括关节运动的上下限位置、速度限制、力矩限制等。

<mimic>：用于描述该关节与已有关节的关系。

<safety_controller>：用于描述安全控制器参数。

（3）<robot>标签

<robot>是完整机器人模型的最顶层标签，<link>和<joint>标签都必须包含在<robot>标签内。如图 6-3 所示，一个完整的机器人模型由一系列<link>和<joint>组成。

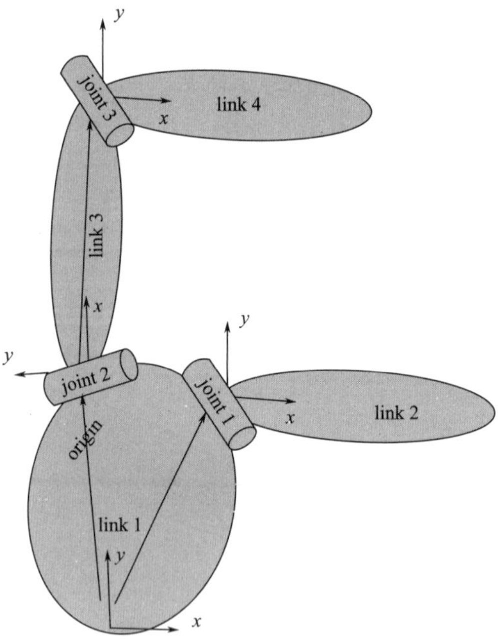

图 6-3　URDF 模型中的 robot

<robot>标签内可以设置机器人的名称，其基本语法如下：

```
<robot name="<name of the robot>">
  <link> ....... </link>
  <link> ....... </link>
  <joint> ....... </joint>
```

```
  <joint> ....... </joint>
</robot>
```

（4）<gazebo>标签

<gazebo>标签用于描述机器人模型在 Gazebo 中仿真所需要的参数，包括机器人材料的属性、Gazebo 插件等。该标签不是机器人模型必需的部分，只有在 Gazebo 仿真时才需加入。

该标签的基本语法如下：

```
<gazebo reference="link_1">
  <material>Gazebo/Black</material>
</gazebo>
```

6.2 创建与显示 URDF 模型

在 ROS2 中，机器人的模型一般需要单独创建一个功能包。下面尝试从零开始创建一个移动机器人的 URDF 模型。建议读者一定要动手从无到有尝试写一个机器人的 urdf 文件，才能在实践中更加深刻地理解 URDF 中坐标、旋转轴、关节类型等关键参数的意义和设置方法。

6.2.1 机器人描述功能包

本书配套源码包中已经包含了 robot_description 功能包，其中有创建好的机器人模型和配置文件。你也可以创建一个新的机器人描述功能包。以 robot_description 功能包为例，一个完整的功能包目录如下：

```
robot_description/
├── CMakeLists.txt
├── config
├── install
├── launch
├── package.xml
├── src
├── urdf
└── world
```

在 ROS2 中，创建功能包的命令用法与 ROS1 有所不同，但基本概念相似。下面我们在 ROS2 中创建机器人描述功能包。

首先在终端下进入工作空间的 src 目录，调用如下命令创建 C++功能包：

```
$ ros2 pkg create robot_description  --build-type ament_cmake
```

在创建机器人描述功能包时，通常需要新建几个文件夹以组织内容：urdf/ 用于存放机器人模型文件（如 .urdf 和 .xacro），定义机器人的结构和关节；launch/ 存放启动文件（如 .launch.py），用来加载模型、启动仿真和控制节点；rviz/ 保存 Rviz 的视图配置文件，方便调试和可视化；config/ 存储参数配置文件（如 .yaml），定义机器人的控制和传感器设置；world/ 存放仿真环境文件（如 .world），定义场景中的地面、障碍物等。这些目录让功能包结构清晰，便于管理和扩展。

由于新建了若干目录，需要修改 CMakeLists.txt 为这些目录配置安装路径，内容如下：

```
cmake_minimum_required(VERSION 3.8)
```

```
project(robot_description)

if(CMAKE_COMPILER_IS_GNUCXX OR CMAKE_CXX_COMPILER_ID MATCHES "Clang")
  add_compile_options(-Wall -Wextra -Wpedantic)
endif()

# find dependencies
find_package(ament_cmake REQUIRED)
# uncomment the following section in order to fill in
# further dependencies manually.
# find_package(<dependency> REQUIRED)

if(BUILD_TESTING)
  find_package(ament_lint_auto REQUIRED)
  # the following line skips the linter which checks for copyrights
  # comment the line when a copyright and license is added to all source files
  set(ament_cmake_copyright_FOUND TRUE)
  # the following line skips cpplint (only works in a git repo)
  # comment the line when this package is in a git repo and when
  # a copyright and license is added to all source files
  set(ament_cmake_cpplint_FOUND TRUE)
  ament_lint_auto_find_test_dependencies()
endif()

install(DIRECTORY launch urdf config world
  DESTINATION share/${PROJECT_NAME}
)

ament_package()
```

6.2.2 创建 URDF 模型

在之前的学习中，我们已经大致了解了 URDF 模型中常用的标签和语法，接下来使用这些基本语法创建一个如图 6-4 所示的机器人模型，模型文件是 robot_description/urdf/ robot.urdf。

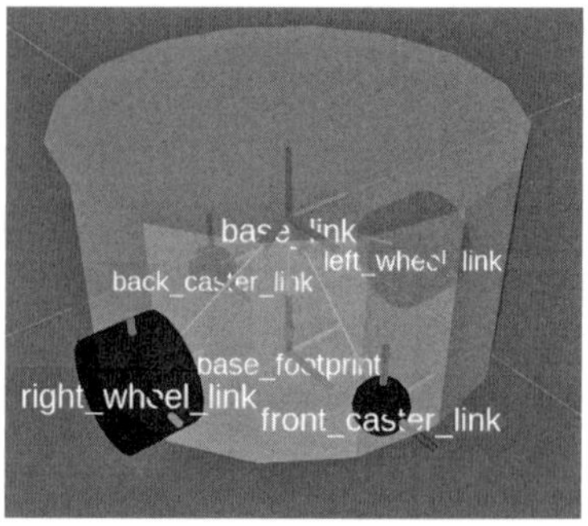

图 6-4　机器人模型

URDF 提供了一些命令行工具，可以帮助我们检查、梳理模型文件，需要在终端中独立安装：

```
$ sudo apt install liburdfdom-tools
```

然后使用 check_urdf 命令对 robot.urdf 文件进行检查：

```
$ check_urdf robot.urdf
```

check_urdf 命令会解析 urdf 文件，并且显示解析过程中发现的错误。如果一切正常，在终端中会输出如图 6-5 所示的信息。

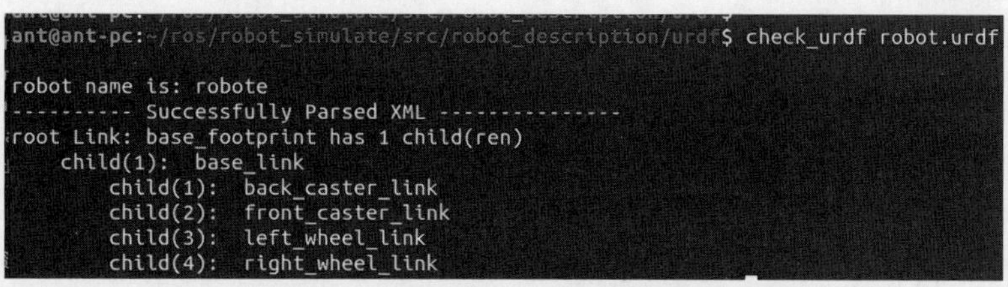

图 6-5 使用 check_urdf 解析 urdf 文件

还可以使用 urdf_to_graphiz 命令查看 URDF 模型的整体结构：

```
$ urdf_to_graphiz robot.urdf
```

执行命令后，会在当前目录下生成一个 pdf 文件，打开该文件，可以看到模型的整体结构图，如图 6-6 所示。这个机器人底盘模型有 6 个 link（在图中用方框表示）和 5 个 joint（在图中用椭圆表示）。

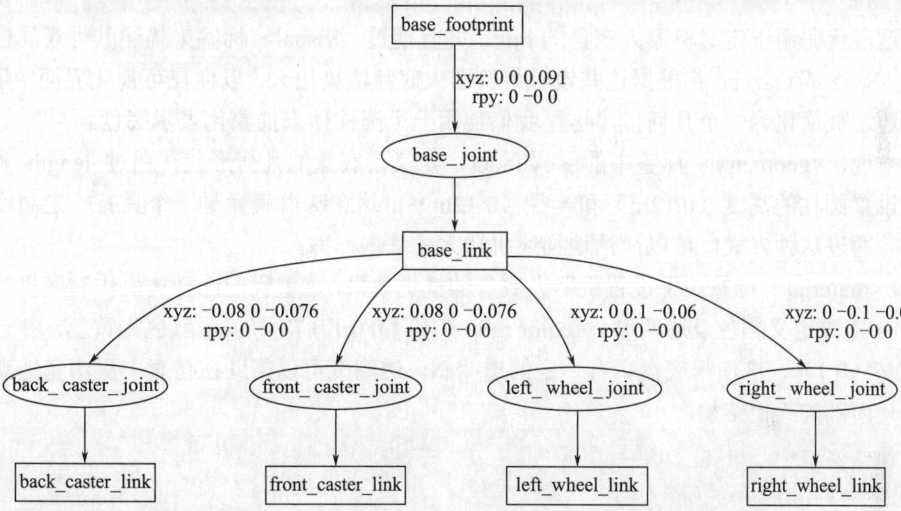

图 6-6 使用 urdf_to_graphiz 命令生成的 URDF 模型整体结构图

6.2.3 解析 URDF 模型

针对上面创建的 URDF 模型，下面将对其关键部分进行解析。

```
<?xml version="1.0" ?>
<robot name="robot">
```

首先需要声明该文件使用 XML 描述，然后使用<robot>根标签定义一个机器人模型，并定义该机器人模型的名称是“robot”。根标签内的内容即为对机器人模型的详细定义。

```
  <link name="base_footprint"/>
  <joint name="base_joint" type="fixed">
    <parent link="base_footprint"/>
    <child link="base_link"/>
    <origin rpy="0 0 0" xyz="0.0 0.0 0.091"/>
  </joint>
```

这段代码定义了机器人的两个 link 和一个 joint。base_footprint 表示机器人的基准底座，用作地面接触点；base_link 是机器人的主体。base_joint 是一个固定关节，将 base_footprint 和 base_link 连接起来，确保底盘的正确位置和姿态。这种固定关节通常用于设置机器人结构中的静态部分，定义机器人的基本框架。

```
<link name="base_link">
  <visual>
    <origin rpy="0 0 0" xyz="0 0 0.0"/>
    <geometry>
      <cylinder length="0.12" radius="0.12"/>
    </geometry>
    <material name="yellow">
      <color rgba="1.0 1.0 0.1 0.7"/>
    </material>
  </visual>
</link>
```

上面这段代码用于定义机器人底盘的 link，并且通过 <visual> 标签来描述其外观属性。在仿真环境中，Rviz 或 Gazebo 将根据这些设置将机器人底盘渲染出来，以便在可视化界面中展示。机器人底盘通常被简化为一个几何体，这里我们使用一个圆柱体来抽象化表示底盘。

具体来说，<geometry> 标签中的 <cylinder> 定义了底盘的几何形状，通过 length 和 radius 属性分别设置圆柱的高度（0.12m）和半径（0.12m）。这意味着底盘是一个具有一定高度和宽度的圆柱体。通过这种方式，可以简洁地描述机器人的基本形态。

此外，<material> 标签用于设置机器人底盘的视觉效果，这里我们选择黄色作为底盘的颜色，且使用 rgba 值来定义颜色及透明度。<color rgba="1.0 1.0 0.1 0.7"/> 表示颜色为黄色，并且透明度设置为 70%（0.7），这使得底盘具有一定的透明感。透明度可以帮助在仿真中更清楚地观察到底盘下方或其内部的其他结构。

```
<joint name="left_wheel_joint" type="fixed">
  <parent link="base_link"/>
  <child link="left_wheel_link"/>
  <origin xyz="0 0.10 -0.06"/>
  <axis xyz="0 1 0"/>
</joint>
```

这段代码定义了一个名为 left_wheel_joint 的关节，连接机器人底盘（base_link）和左侧车轮（left_wheel_link），关节类型设置为 fixed。parent 链接为 base_link，即机器人底盘，而 child 链接为 left_wheel_link，即左侧车轮。关节的原点通过 <origin> 标签指定，xyz="0 0.10 -0.06" 表示车轮相对于底盘的位置，其中 x=0 表示车轮与底盘沿 X 轴对齐，y=0.10 表示车轮在 Y 轴方向偏移 0.10m，z=−0.06 则表明车轮稍低于底盘的高度。旋转轴通过 <axis> 标签定义，xyz="0 1 0" 表示车轮围绕 Y 轴进行旋转。这段代码实现了车轮与底盘之间的连接。

```
<link name="left_wheel_link">
  <visual>
    <origin rpy="1.57079 0 0" xyz="0 0 0"/>
    <geometry>
      <cylinder length="0.04" radius="0.032"/>
    </geometry>
    <material name="black">
      <color rgba="0.0 0.0 0.0 0.8"/>
```

```
        </material>
      </visual>
    </link>
```

上面这一段代码描述了左侧车轮的模型。左侧车轮的外形抽象为一个圆柱体，圆柱体的半径为 0.032，长度为 0.04。使用 <origin> 标签声明左侧车轮在空间中的三维坐标位置和旋转姿态，其中 rpy 表示围绕 *X* 轴、*Y* 轴和 *Z* 轴的旋转角度，1.57079 表示绕 *X* 轴旋转 90°，xyz 表示左轮在 *X* 轴、*Y* 轴和 *Z* 轴上的位置坐标。接下来，通过<material>标签设置左侧车轮的颜色为黑色，并且设置透明度为 0.8，使其在仿真中呈现出真实的外观。

6.2.4 使用 xacro 文件简化 URDF 模型

回顾现在的机器人模型，我们似乎创建了一个十分冗长的模型文件，其中除了参数，几乎都是重复的内容。但是 urdf 文件并不支持代码复用的特性，如果为一个复杂的机器人建模，那么 urdf 文件会有多么复杂！

ROS2 当然不会容忍这种冗长重复的情况，因为它的设计目标就是提高代码的复用率。于是，针对 URDF 模型产生了另外一种精简化、可复用、模块化的描述形式——xacro，它具备以下几点突出的优势。

精简模型代码：xacro 是一个精简版本的 urdf 文件，在 xacro 文件中，可以通过创建宏定义的方式定义常量或者复用代码，不仅可以减少代码量，而且可以让模型代码更加模块化、更具可读性。

提供可编程接口：xacro 的语法支持一些可编程接口，如常量、变量、数学公式、条件语句等，可以让建模过程更加智能有效。

xacro 是 urdf 的升级版，模型文件的后缀名由.urdf 变为.xacro，而且在模型<robot>标签中需要加入 xacro 的声明：

```
<?xml version="1.0"?>
<robot name="macroed" xmlns:xacro="http://ros.org/wiki/xacro">
```

（1）使用常量定义

在之前的 URDF 模型中有很多尺寸、坐标等常量的使用，但是这些常量分布在整个文件中，不仅可读性差，而且后期修改起来十分困难。xacro 提供了一种常量属性的定义方式：

```
<xacro:property name="PI" value="3.14159"/>
```

当需要使用该常量时，使用如下语法调用即可：

```
<origin xyz="0 0 0" rpy="${PI/2} 0 0" />
```

这种方式使得修改机器人模型时，只需要修改常量的定义即可，而不必在多个地方手动修改参数，极大地提高了修改的便利性和效率。

（2）调用数学公式

在“${}”语句中，不仅可以调用常量，还可以使用一些常用的数学运算，包括加、减、乘、除、负号、括号等，例如：

```
<origin xyz="0.0 0.0 ${length/2.0+0.032-0.001}" rpy="0 0 0" />
```

所有数学运算都会转换成浮点数进行，以保证运算精度。

（3）使用宏定义

xacro 文件可以使用宏定义来声明重复使用的代码模块，而且可以包含输入参数，类似编程中的函数概念。下面我们使用 xacro 的宏功能定义机器人的轮子模型，创建一个名为 wheel_xacro

的宏，接收两个参数：wheel_name 和 xyz。wheel_name 用于动态设置轮子的名称，确保每个轮子的链接和关节唯一，避免重复编写代码。xyz 是三维坐标，用于指定轮子在机器人中的位置，灵活调整每个轮子的位置。通过这种方式，机器人模型变得更加模块化，可重复使用，易于管理和修改。

```
<xacro:macro name="wheel_xacro" params="wheel_name xyz">
    <link name="${wheel_name}_wheel_link">
        <visual>
            <origin xyz="0 0 0" rpy="1.57079 0 0" />
            <geometry>
                <cylinder length="0.04" radius="0.032" />
            </geometry>
            <material name="black">
                <color rgba="0.0 0.0 0.0 0.8"/>
            </material>
        </visual>
        <xacro:cylinder_inertia m="0.1" h="0.04" r="0.032"/>
    </link>
    <joint name="${wheel_name}_wheel_joint" type="fixed">
        <parent link="base_link" />
        <child link="${wheel_name}_wheel_link" />
        <origin xyz="${xyz}" />
        <axis xyz="0 1 0" />
    </joint>
</xacro:macro>
```

当需要该宏模块创建两个车轮模型时，使用如下语句调用，设置输入参数即可：

```
<xacro:wheel_xacro wheel_name="left" xyz="0 0.10 -0.06" />
<xacro:wheel_xacro wheel_name="right" xyz="0 -0.10 -0.06" />
```

（4）xacro 文件引用

xacro 文件引用时，需要首先包含被引用文件，类似于 C 语言中的 include 文件。声明包含关系后，该文件就可以使用被包含文件中的模块了。如下所示：

```
<xacro:include filename="$(find robot_description)/urdf/camera.xacro" />
```

（5）显示 xacro 模型

使用命令行可以直接将 xacro 文件解析为 urdf 文件。

```
$ xacro myrobot.urdf.xacro
```

当前目录下会生成一个转化后的 urdf 文件，然后使用上面介绍的 launch 文件可将该 URDF 模型显示在 Rviz 中。也可以省略手动转换模型的过程，直接在 launch 文件中调用 xacro 解析器，自动将 xacro 转换成 urdf 文件，代码如下：

```
robot_description = launch_ros.parameter_descriptions.ParameterValue(
                    launch.substitutions.Command(
                    ['xacro', launch.substitutions.LaunchConfiguration('model')]),
                    value_type=str)
```

6.2.5 在 Rviz2 中显示模型

完成URDF模型的设计后，可以使用Rviz将该模型可视化显示出来，检查是否符合设计目标。在 myrobot_description 功能包 launch 文件夹中已经创建用于显示 myrobot 模型的 launch 文件 myrobot_description/launch/display_myrobot_urdf.launch，详细内容如下：

```
import launch
import launch_ros
from ament_index_python.packages import get_package_share_directory


def generate_launch_description():
    # 获取默认路径
    urdf_tutorial_path = get_package_share_directory('robot_description')
    default_model_path = urdf_tutorial_path + '/urdf/robot.urdf'
    default_rviz_config_path = urdf_tutorial_path + '/config/display_model.rviz'
    # 为 Launch 声明参数
    action_declare_arg_mode_path = launch.actions.DeclareLaunchArgument(
        name='model', default_value=str(default_model_path),
        description='URDF 的绝对路径')
    # 获取文件内容生成新的参数
    robot_description = launch_ros.parameter_descriptions.ParameterValue(
        launch.substitutions.Command(
            ['xacro ', launch.substitutions.LaunchConfiguration('model')]),
        value_type=str)
    # 状态发布节点
    robot_state_publisher_node = launch_ros.actions.Node(
        package='robot_state_publisher',
        executable='robot_state_publisher',
        parameters=[{'robot_description': robot_description}]
    )
    # 关节状态发布节点
    joint_state_publisher_node = launch_ros.actions.Node(
        package='joint_state_publisher',
        executable='joint_state_publisher',
    )
    # Rviz2 节点
    rviz_node = launch_ros.actions.Node(
        package='rviz2',
        executable='rviz2',
        arguments=['-d', default_rviz_config_path]
    )
    return launch.LaunchDescription([
        action_declare_arg_mode_path,
```

```
        joint_state_publisher_node,
        robot_state_publisher_node,
        rviz_node
    ])
```

这段代码用于启动与机器人模型相关的节点，并在 Rviz2 中进行可视化。首先，使用 get_package_share_directory 获取 robot_description 包的路径，并定义了默认的机器人模型路径（robot.urdf）和默认的 Rviz2 配置文件路径（display_model.rviz）。接着，通过 DeclareLaunchArgument 声明了一个名为 model 的启动参数，允许用户在启动时指定 URDF 模型的路径。若用户没有指定，则使用默认值 robot.urdf。

然后，使用 LaunchConfiguration 来获取 model 参数的值，并通过 xacro 命令生成实际的 URDF 模型，最终通过 robot_state_publisher 节点发布机器人的状态信息。robot_state_publisher 使用 URDF 模型来推算和发布机器人的关节和链接变换，确保机器人在仿真或真实环境中的姿态正确。此外，joint_state_publisher 节点负责发布关节状态信息，通常用于模拟机器人的关节活动。

最后，启动了 Rviz2 节点并加载了默认的配置文件 display_model.rviz，使得机器人模型能够在 Rviz2 中可视化显示。所有这些节点和参数都通过 LaunchDescription 封装，最终完成了整个 ROS2 启动过程。通过这种方式，用户能够方便地启动机器人模型，进行仿真或可视化，且能根据需要动态指定不同的机器人模型。

打开终端运行该 launch 文件，如果一切正常，可以在打开的 Rviz2 中看到如图 6-7 所示的机器人模型。

```
$ ros2 launch robot_description display_robot.launch.py model:=`ros2 pkg prefix --share robot_description`/urdf/myrobot.xacro
```

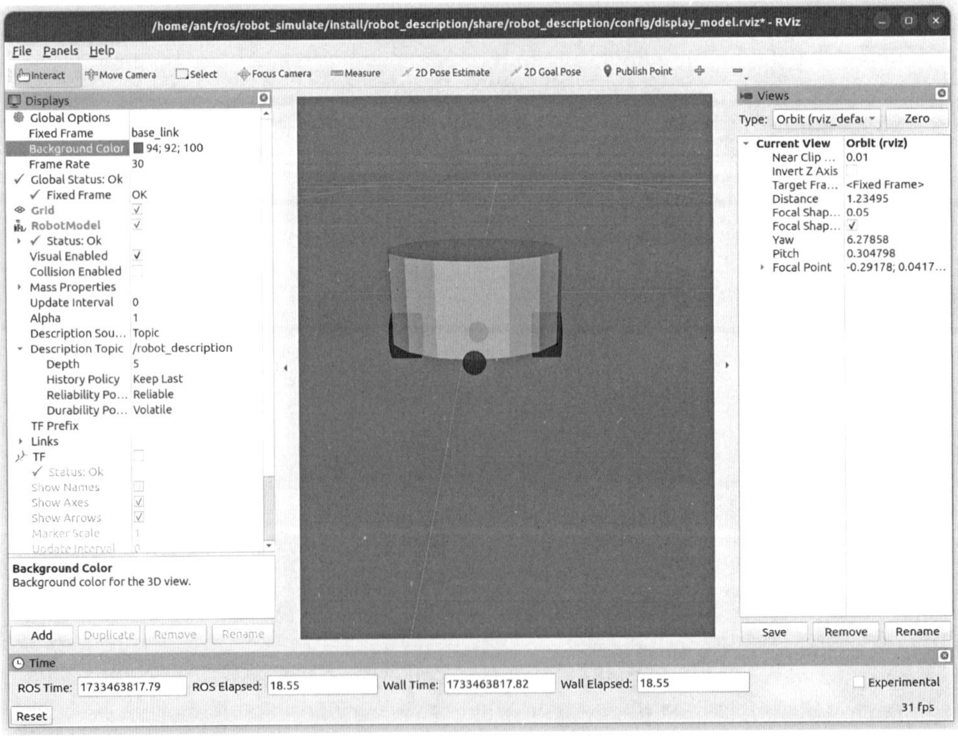

图 6-7　在 Rviz2 中显示机器人模型

6.2.6 让机器人动起来

之前，机器人的关节（joint）类型都是 fixed，因此机器人无法运动。根据表 6-1 的说明，要使机器人能够动起来，最关键的步骤是修改关节的类型。为了实现这一目标，我们将轮子的关节类型更改为可旋转的类型。接下来，我们通过 joint_state_publisher 的 UI 界面来控制轮子的转动，从而实现机器人的运动。

通常，车轮的转动是连续的，并且没有转动限制，因此选择使用 continuous 类型，这样车轮可以在负无穷大到正无穷大的范围内任意旋转，角度没有限制。车轮的建模通常采用该类型，这意味着车轮可以在两个方向上无限制地滚动。唯一需要补充的附加信息是旋转轴（<axis>），该轴由一个三维向量（xyz）来指定，表示车轮旋转的方向。由于我们希望车轮绕着 *Y* 轴旋转，因此指定旋转轴为“0 1 0”。

```
<joint name="${wheel_name}_wheel_joint" type="continuous">
    <parent link="base_link" />
    <child link="${wheel_name}_wheel_link" />
  <origin xyz="${xyz}" />
  <axis xyz="0 1 0" />
</joint>
```

接下来，修改 launch 文件，将 joint_state_publisher 替换为 joint_state_publisher_gui，通过图形用户界面（GUI）控制机器人的关节状态。

```
joint_state_publisher = Node(
    package="joint_state_publisher_gui",
    executable="joint_state_publisher_gui"
)
```

正常启动后如图 6-8 所示。在“joint_state_publisher_gui”的 GUI 控制界面中用鼠标滑动控制条，Rviz2 中对应的关节就会开始动作。

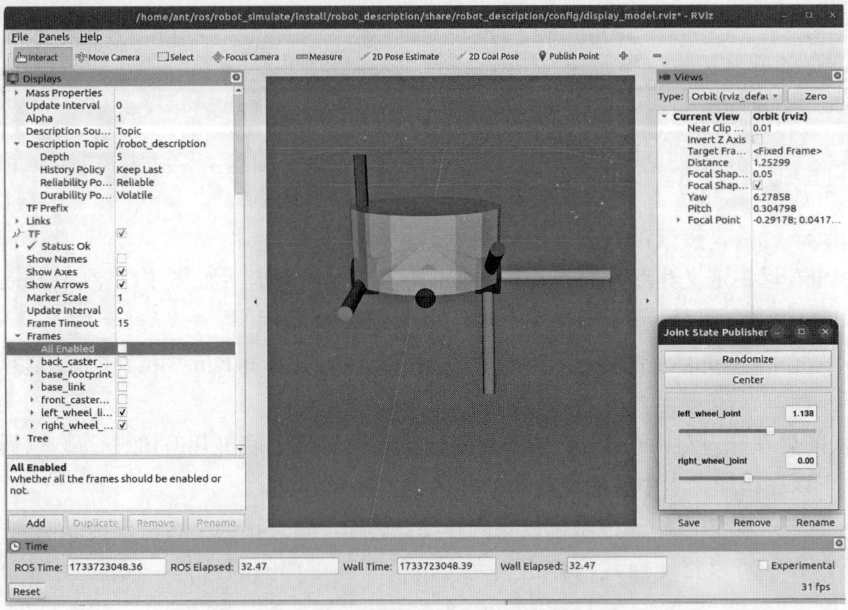

图 6-8 在 Rviz2 中控制机器人模型关节运动

6.3 添加碰撞和物理属性

在之前的建模中，我们仅定义了机器人的外观可视化属性，接下来需要进一步完善模型的物理属性（如质量、惯性）和碰撞属性（如碰撞几何体），以满足仿真环境中的物理交互需求。

（1）碰撞属性

到目前为止，我们只设置了 link 的 visual 标签，定义了机器人的外观。然而，为了在机器人。工作或者仿真中实现碰撞检测，我们还需要定义碰撞标签<collision>。下面是具有碰撞标签的新 URDF 模型，以 base_link 为例。

```
<link name="base_link">
    <visual>
        <origin xyz="0 0 0.0" rpy="0 0 0" />
        <geometry>
            <cylinder length="0.12" radius="0.12" />
        </geometry>
        <material name="blue">
            <color rgba="0.1 0.1 1.0 0.5"/>
        </material>
    </visual>
    <collision>
        <origin xyz="0 0 0.0" rpy="0 0 0" />
        <geometry>
            <cylinder length="0.12" radius="0.12" />
        </geometry>
        <material name="blue">
            <color rgba="0.1 0.1 1.0 0.5"/>
        </material>
    </collision>
    ...
</link>
```

注意以下几点：

① collision 标签直接放在 link 下，与 visual 标签同等级。

② collision 标签定义其形状的方式与 visual 标签相同，带有几何图形标签<geometry>。

③ collision 标签可以设置子标签<origin>，与 visual 标签相同。

在很多情况下，collision 标签和 visual 标签定义的 visual 和 origin 相同，但是在以下两种情况下会不同：

① 更快的处理——对两个 meshes 进行碰撞检测比对两个简单几何体进行碰撞检测要复杂得多。因此，可以在碰撞元素中使用更简单的几何体替换 meshes。

② 安全区——希望限制靠近敏感设备的移动。例如，如果我们不希望任何东西与机器人的头部发生碰撞，我们可以将碰撞几何体定义为一个包围其头部的圆柱体，以防止任何东西靠近其头部。

（2）物理属性

为了让模型正确仿真，需要定义机器人的几个物理属性，即 Gazebo 等物理引擎需要的属性。

① 惯性（inertia） 每个被仿真的 link 都需要一个惯性标签。

```
<link name="xxx">
    ......
    <inertial>
        <mass value="10"/>
        <inertia ixx="0.4" ixy="0.0" ixz="0.0" iyy="0.4" iyz="0.0" izz="0.2"/>
    </inertial>
</link>
```

说明如下：

a）此标签与 visual 标签同等级。

b）质量以千克为单位。

c）3×3 转动惯量矩阵由惯性元素指定。由于这是对称的，因此只能用 6 个元素来表示。如式（6-1）所示。具体的物理含义是惯性张量，对角元素是分别对 x、y、z 三轴的转动惯量，非对角元素称为惯量积。矩阵用于物体对其旋转运动的惯性大小的度量。

$$\begin{bmatrix} ixx & ixy & ixz \\ ixy & iyy & iyz \\ ixz & iyz & izz \end{bmatrix} \tag{6-1}$$

d）可以指定<origin>子标签，以指定重心和惯性参照系（相对于 link 的参照系）。

e）使用实时控制器时，零（或几乎零）的惯性标签可能会导致机器人模型在没有警告的情况下崩溃，并且所有 link 都将显示其原点与世界原点重合。

② 接触系数（contact_coefficients） 可以定义 link 彼此接触时的行为方式。这是通过名为 contact_coefficients 的碰撞标签的子标签完成的，有 3 个属性需要指定：mu——摩擦系数；kp——刚体系数；kd——阻尼系数。

③ 关节动力学（joint dynamics） 关节的移动方式由关节的动力学标记定义。这里有两个属性，如果未指定，这些系数默认为零。

a）摩擦（friction）：物理静态摩擦。对于棱柱运动类型，单位为 N。对于旋转接头，单位为 N·m。

b）阻尼（damping）：物理阻尼值。对于棱柱关节，单位为 N·s/m。对于旋转关节，N·m·s/rad。

6.4 添加传感器模型

通常室内移动机器人会装配彩色摄像头、RGB-D 摄像头、激光雷达等传感器，也许现实中我们无法拥有这些传感器，但是在虚拟的机器人模型世界里我们可以创造一切。

6.4.1 添加摄像头

首先尝试创建一个摄像头的模型。笔者仿照真实摄像头画了一个长方体，以此代表摄像头模型。对应的模型文件为 robot_description/urdf/camera.xacro。

```
<link name="camera_link">
```

```
    <visual>
        <origin xyz="0 0 0.0" rpy="0 0 0" />
        <geometry>
            <box size="0.02 0.10 0.02" />
        </geometry>
        <material name="black">
            <color rgba="0.0 0.0 0.0 0.8"/>
        </material>
    </visual>
    <collision>
        <origin xyz="0 0 0.0" rpy="0 0 0" />
        <geometry>
            <box size="0.02 0.10 0.02" />
        </geometry>
        <material name="black">
            <color rgba="0.0 0.0 0.0 0.8"/>
        </material>
    </collision>
    <xacro:box_inertia m="0.01" w="0.02" h="0.10" d="0.02" />
</link>
```

这段代码定义了摄像头的物理链接，包括摄像头的外观、碰撞信息以及惯性参数。摄像头在URDF 中被建模为一个长方体，并且设置了指定的质量和尺寸。这些参数对于仿真中的碰撞检测和物理计算至关重要，确保了摄像头在仿真环境中的正确行为和交互。

为了将摄像头与机器人模型拼装在一起，需要在机器人的 xacro 文件中导入摄像头模型并定义相应的位置。为此，我们可以在 myrobot.xacro 文件中加入以下代码：

```
<xacro:include filename="$(find robot_description)/urdf/camera.xacro" />
<xacro:camera_xacro xyz="0.10 0 0.075" />
```

下面我们启动 launch 文件，在 Rviz2 中查看安装有摄像头的机器人模型，如图 6-9 所示。

此时你可能会想：这么简单的摄像头模型，会不会太草率了？不要着急，一会儿在 Gazebo 中仿真时，你就会发现这个黑方块是“简约而不简单”。另外，也可以在 Solidworks 等软件中创建更加形象、具体的传感器模型，然后转换成 URDF 模型格式装配到机器人上。

6.4.2 添加激光雷达

激光雷达是一种常用于机器人、自动驾驶和无人机等领域的传感器，它通过发射激光束并接收反射光来测量物体的距离、形状和位置。使用类似的方式还可以为机器人添加一个激光雷达模型，这里不再赘述，可以参考本书配套源码中激光雷达的模型文件 robot_description/urdf/laser.xacro。为了将激光雷达与机器人模型拼装在一起，需要在机器人的 xacro 文件中导入激光雷达模型并定义相应的位置。为此，我们可以在 myrobot.xacro 文件中加入以下代码：

```
<xacro:include filename="$(find robot_description)/urdf/laser.xacro" />
<xacro:laser_xacro xyz="0 0 0.10" />
```

启动 launch 文件，即可看到安装有激光雷达的机器人模型，如图 6-10 所示。

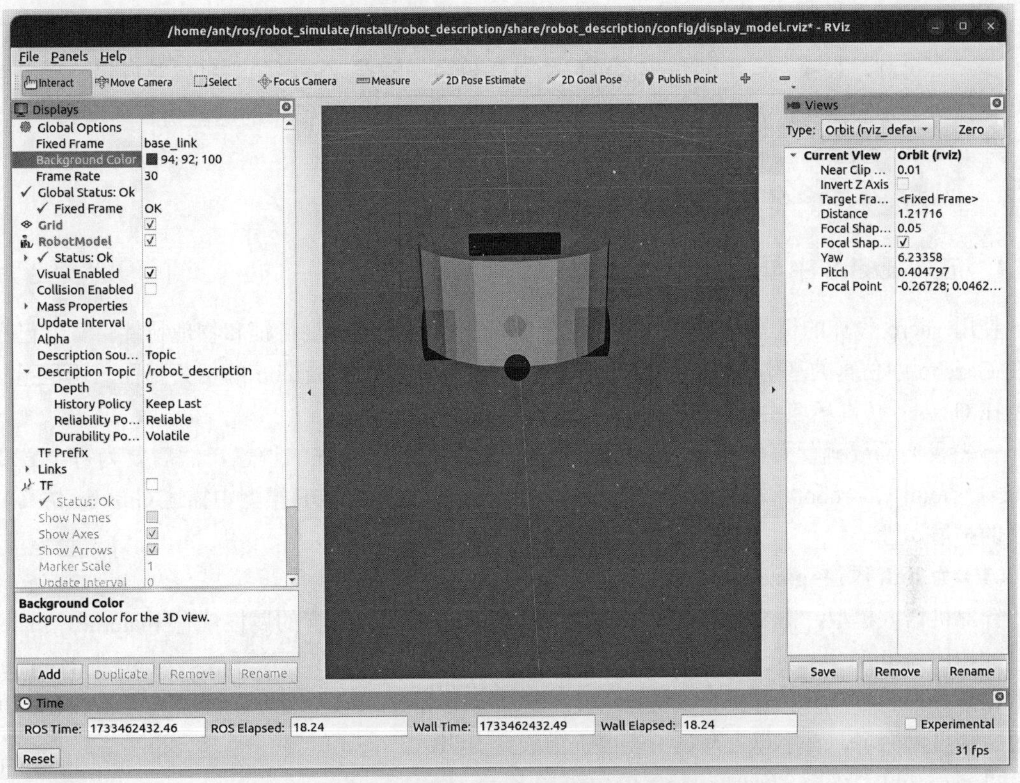

图 6-9 安装有摄像头的机器人模型

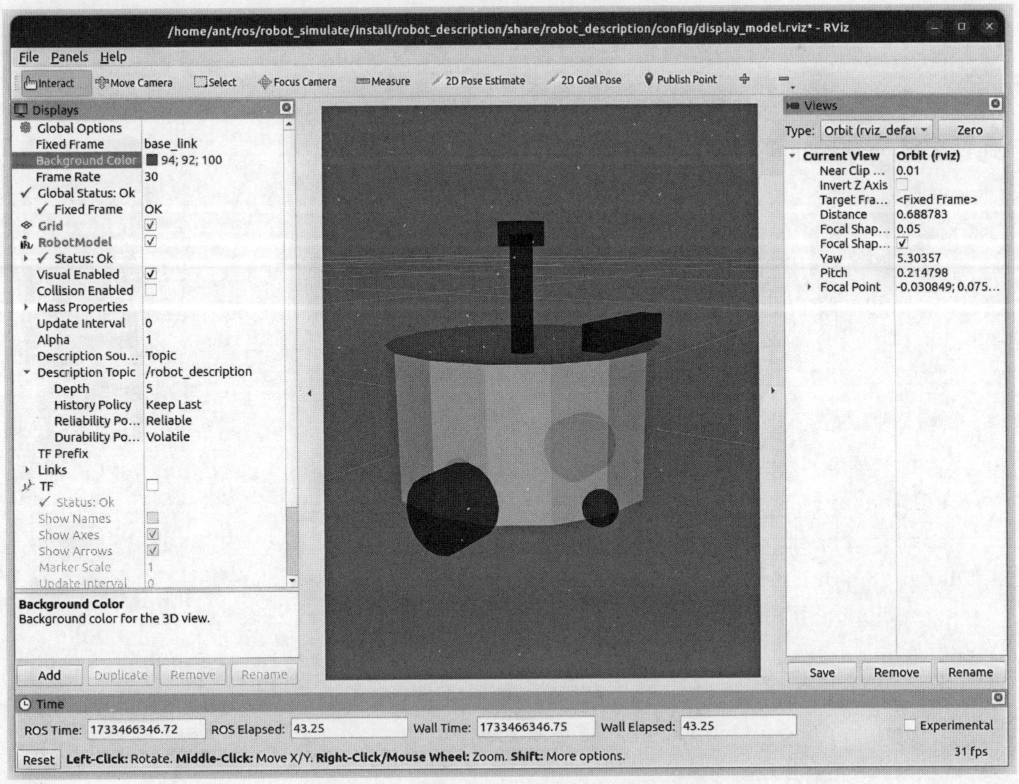

图 6-10 安装有激光雷达的机器人模型

现在机器人模型已经创建完成，为了实现机器人仿真，还需要想办法控制机器人在虚拟环境中的运动。另外，如果仿真中的传感器可以像真实设备一样获取周围的信息就更好了。别着急，这些功能本章都会实现，我们先来学习如何在 Gazebo 中搭建一个简单的运动仿真环境。

6.5 机器人 Gazebo 仿真

6.5.1 在 Gazebo 中显示机器人模型

使用 xacro 设计的机器人 URDF 模型已经描述了机器人的外观特征和物理特性，虽然已经具备在 Gazebo 中仿真的基本条件，但是，由于没有在模型中加入 Gazebo 的相关属性，还是无法让模型在 Gazebo 仿真环境中动起来。那么如何开始仿真呢？

首先我们需要确保每个 link 的<inertia>元素已经进行了合理的设置，然后要为每个必要的<link>、<joint>、<robot>设置<gazebo>标签。<gazebo>标签是 URDF 模型中描述 Gazebo 仿真时所需要的扩展属性。

（1）为 link 添加<gazebo>标签

针对机器人模型，需要对每一个 link 添加<gazebo>标签，包含的属性仅有 material。material 属性的作用与 link 里<visual>中 material 属性的作用相同，Gazebo 无法通过<visual>中的 material 参数设置外观颜色，所以需要单独设置，否则默认情况下 Gazebo 中显示的模型全是灰白色。其中颜色直接可以命名，首字母大写，不需要提前设定 RGBA。

以 base_link 为例，<gazebo>标签的内容如下：

```
<gazebo reference="base_link">
  <material>Gazebo/Blue</material>
</gazebo>
```

（2）在 Gazebo 中显示机器人模型

通过运行 gazebo.launch.py，将机器人模型导入到 Gazebo 中显示：

```
import launch
import launch_ros
from ament_index_python.packages import get_package_share_directory
from launch.launch_description_sources import PythonLaunchDescriptionSource

def generate_launch_description():
    # 获取默认路径
    robot_name_in_model = "fishbot"
    urdf_tutorial_path = get_package_share_directory('robot_description')
    default_model_path = urdf_tutorial_path + '/urdf/myrobot.xacro'
    default_world_path = urdf_tutorial_path + '/world/playground.world'
    # 为 Launch 声明参数
    action_declare_arg_mode_path = launch.actions.DeclareLaunchArgument(
        name='model', default_value=str(default_model_path),
        description='URDF 的绝对路径')
    # 获取文件内容生成新的参数
    robot_description = launch_ros.parameter_descriptions.ParameterValue(
```

```
    launch.substitutions.Command(
        ['xacro ', launch.substitutions.LaunchConfiguration('model')]),
    value_type=str)

robot_state_publisher_node = launch_ros.actions.Node(
    package='robot_state_publisher',
    executable='robot_state_publisher',
    parameters=[{'robot_description': robot_description}]
)

# 通过 IncludeLaunchDescription 包含另外一个 launch 文件
launch_gazebo = launch.actions.IncludeLaunchDescription(
    PythonLaunchDescriptionSource([get_package_share_directory(
        'gazebo_ros'), '/launch', '/gazebo.launch.py']),
    # 传递参数
    launch_arguments=[('world', default_world_path),('verbose','true')]
)
# 请求 Gazebo 加载机器人
spawn_entity_node = launch_ros.actions.Node(
    package='gazebo_ros',
    executable='spawn_entity.py',
    arguments=['-topic', '/robot_description',
               '-entity', robot_name_in_model, ])

# 加载并激活 fishbot_joint_state_broadcaster 控制器
load_joint_state_controller = launch.actions.ExecuteProcess(
    cmd=['ros2', 'control', 'load_controller', '--set-state', 'active',
        'fishbot_joint_state_broadcaster'],
    output='screen'
)


load_robot_diff_drive_controller = launch.actions.ExecuteProcess(
    cmd=['ros2','control','load_controller','--set-state',
         'active','robot_diff_drive_controller'],
    output='screen')

return launch.LaunchDescription([
    action_declare_arg_mode_path,
    robot_state_publisher_node,
    launch_gazebo,
    spawn_entity_node,
    # 事件动作，当加载机器人结束后执行
    launch.actions.RegisterEventHandler(
```

```
            event_handler=launch.event_handlers.OnProcessExit(
                target_action=spawn_entity_node,
                on_exit=[load_joint_state_controller],)
            ),
        # 事件动作，load_fishbot_diff_drive_controller
        launch.actions.RegisterEventHandler(
        event_handler=launch.event_handlers.OnProcessExit(
            target_action=load_joint_state_controller,
            on_exit=[load_robot_diff_drive_controller],)
            ),
    ])
```

这段代码是一个 ROS2 的 launch 文件，用于在 Gazebo 仿真环境中加载机器人模型并配置相关的控制器。首先，通过 ament_index_python 获取功能包 robot_description 的路径，定义默认的机器人模型文件（.xacro）和仿真世界文件路径。然后，通过 DeclareLaunchArgument 声明参数 model，允许用户传入自定义的机器人模型路径，否则使用默认值。随后，使用 xacro 工具解析传入的模型文件生成机器人描述（robot_description），并将其作为参数传递给 robot_state_publisher 节点，以发布机器人各关节的 TF 信息。

接下来，嵌套加载 Gazebo 的启动文件，并将仿真世界文件路径作为参数传递。同时，启动 spawn_entity.py 节点，根据生成的机器人描述在 Gazebo 中生成机器人实体。为实现机器人的控制，代码还定义了两个控制器加载任务：一个是 fishbot_joint_state_broadcaster，用于发布关节状态；另一个是 robot_diff_drive_controller，用于差速驱动控制。通过事件机制，控制流程依次执行：在机器人实体加载完成后激活关节状态控制器，随后再激活差速驱动控制器。

最终，这些动作被封装到 LaunchDescription 中，形成完整的启动描述文件。此代码实现了在 Gazebo 仿真中加载机器人模型、初始化仿真环境以及设置控制器的完整流程。

使用如下命令启动仿真环境，加载 robot_description/urdf/myrobot.xacro 到 Gazebo，运行效果如图 6-11 所示。

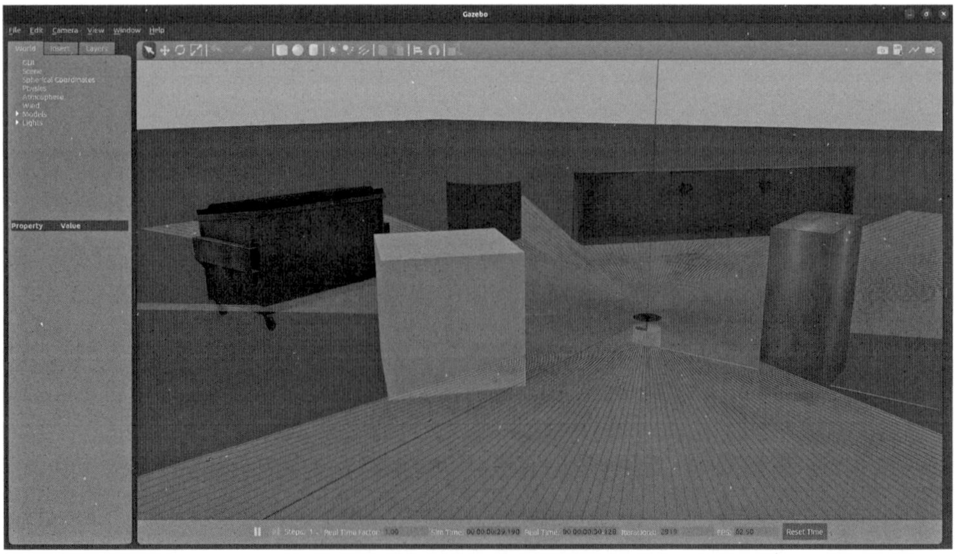

图 6-11　在 Gazebo 中显示机器人模型

```
$ ros2 launch robot_description gazebo_sim.launch.py
```

如果启动 launch 文件失败，并显示类似图 6-12 所示的错误信息，其主要原因可能是环境变量未正确设置。此时，可以通过运行以下命令检查 Gazebo 相关进程号：

```
$ ps -aux | grep gazebo
```

使用 kill 命令强制终止相关进程。在重新运行 launch 文件之前，应确保刷新新环境变量以正确加载 Gazebo 环境配置，从而保证模拟环境的正常运行。具体操作为执行以下命令：

```
$ source /usr/share/gazebo/setup.bash
```

图 6-12　Gazebo 错误信息

6.5.2　Gazebo 插件

Gazebo 插件赋予了 URDF 模型更加强大的功能，可以帮助模型绑定 ROS2 消息，从而完成传感器的仿真输出以及对电机的控制，让机器人模型更加真实。Gazebo 插件可以根据插件的作用范围应用到 URDF 模型的<robot>、<link>、<joint>上，需要使用<gazebo>标签作为封装。

（1）为<robot>元素添加插件

为<robot>元素添加 Gazebo 插件的方式如下：

```
<gazebo>
   <plugin name="unique_name" filename="plugin_name.so">
      ... plugin parameters ...
   </plugin>
</gazebo>
```

与其他的<gazebo>元素相同，如果<gazebo>元素中没有设置 reference="x"属性，则默认应用于<robot>标签。

（2）为<link>、<joint>标签添加插件

如果需要为<link>、<joint>标签添加插件，则需要设置<gazebo>标签中的 reference="x"属性：

```
<gazebo reference="your_link_name">
   <plugin name="unique_name" filename="plugin_name.so">
      ... plugin parameters ...
   </plugin>
</gazebo>
```

至于 Gazebo 目前支持的插件种类，可以查看 ROS2 默认安装路径下的/opt/ros/humble/lib 文件夹。

（3）主要插件介绍

libgazebo_ros_diff_drive、libgazebo_ros_camera 和 libgazebo_ros_ray_sensor 是 ROS2 的 Gazebo 插件中的 3 个重要组件。libgazebo_ros_diff_drive 插件用于仿真差速驱动机器人，通过接收速度命令控制机器人移动，并发布里程计数据用于导航和定位。libgazebo_ros_camera 插件则仿真相机传感器，将捕捉到的图像数据发布到 ROS2 话题上，支持多种图像格式和相机内参配置，适用于计算机视觉等应用。libgazebo_ros_ray_sensor 插件用于仿真激光雷达，通过发布激光扫描数据实现环境感知和导航，并支持多种扫描配置和高效仿真。通过这些插件，用户可以在 Gazebo 仿真环境中构建复杂的机器人系统，并使用 ROS2 进行控制和数据处理，从而加速机器人开发和测试过程。

6.5.3 摄像头仿真

Gazebo 提供了一系列传感器插件，可以帮助我们仿真传感器数据，获取 Gazebo 虚拟环境中的传感信息。首先为机器人模型添加一个摄像头插件，让机器人看到 Gazebo 中的虚拟世界。传感器的 Gazebo 插件需要在 URDF 模型中配置。摄像头模型中的插件配置内容如下：

```
<gazebo reference="camera_link">
    <material>Gazebo/Black</material>
    <sensor type="depth" name="camera_sensor">
        <plugin name="depth_camera" filename="libgazebo_ros_camera.so"></plugin>
        <always_on>true</always_on>
        <update_rate>10</update_rate>
        <camera name="camera">
            <horizontal_fov>1.5009831567</horizontal_fov>
            <image>
                <width>800</width>
                <height>600</height>
                <format>R8G8B8</format>
            </image>
            <distortion>
                <k1>0.0</k1>
                <k2>0.0</k2>
                <k3>0.0</k3>
                <p1>0.0</p1>
                <p2>0.0</p2>
                <center>0.5 0.5</center>
            </distortion>
        </camera>
    </sensor>
</gazebo>
```

这段代码定义了一个深度相机传感器，并通过 Gazebo 与 ROS2 集成，实现仿真环境下的相机数据发布。首先，通过<gazebo>元素将传感器关联到模型中的 camera_link，并为其指定了材质为 Gazebo/Black，用于视觉呈现效果。传感器的类型被设定为深度传感器（type="depth"），名称为 camera_sensor，这表明它能够生成深度图信息。同时，代码通过加载 libgazebo_ros_camera.so 插件，将 Gazebo 的深度相机功能与 ROS2 框架连接，允许 ROS 系统接收该传感器的数据输出。

该深度相机配置了始终开启（always_on=true）的工作模式，并以 10Hz 的频率更新数据，确保能够实时获取传感器输出。具体的相机参数通过<camera>元素进行定义，包括水平视场角（horizontal_fov），设置为 1.5rad，约等于 85.99°，用于决定相机视野的宽度。此外，相机的图像输出参数被详细描述，分辨率为 800×600 像素，图像格式为 R8G8B8（24 位 RGB），支持高质量的色彩还原。

畸变参数部分定义了相机的光学特性，其中径向畸变（k1, k2, k3）和切向畸变（p1, p2）均被设置为零，这意味着模拟的相机没有任何镜头畸变，符合理想化模型。畸变中心被设置为 (0.5, 0.5)，表示其位于图像中心，进一步强调了相机的对称性和理想化。

总的来说，这段配置代码在 Gazebo 仿真环境中实现一个功能完备的深度相机模拟，通过 ROS2 插件发布数据供外部系统使用。它既包括传感器在物理模型中的绑定，也涵盖了传感器的具体参数设定，确保了仿真中相机功能的精确模拟和集成。

正常启动 launch 文件后，在终端中启动 rqt 工具，选择 Plugins->Visulization->Image View，选择仿真摄像头发布的图像话题/camera/image_raw，即可看到如图 6-13 所示的图像信息。

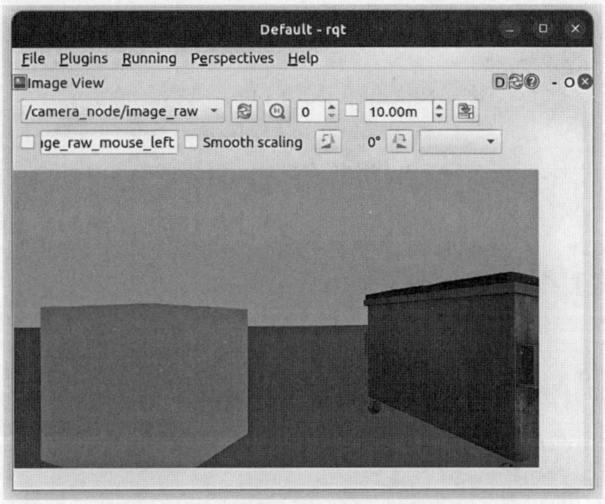

图 6-13　仿真摄像头发布的图像信息

同时，通过运行以下命令：

```
$ ros2 run teleop_twist_keyboard teleop_twist_keyboard
```

可以使用键盘控制小车的运动。在运行过程中，通过键盘输入相应的指令，可实时控制小车的前进、后退、转向等动作。此时，可以借助 rqt 工具打开可视化界面，实时查看整个仿真环境的画面。

6.5.4 激光雷达仿真

在 SLAM（simultaneous localization and mapping，同步定位与地图构建）和导航等机器人应用中，为了获取更精确的环境信息，往往会使用激光雷达作为主要传感器。我们可以在 Gazebo 中为仿真机器人装载一款激光雷达。激光雷达模型中的插件配置内容如下：

```
<gazebo reference="laser_link">
    <sensor name="laserscan" type="ray">
        <plugin name="laserscan" filename="libgazebo_ros_ray_sensor.so">
            <ros>
                <namespace>/</namespace>
                <remapping>~/out:=scan</remapping>
            </ros>
            <output_type>sensor_msgs/LaserScan</output_type>
            <frame_name>laser_link</frame_name>
        </plugin>
```

```
        <always_on>true</always_on>
        <visualize>true</visualize>
        <update_rate>5</update_rate>
        <pose>0 0 0 0 0 0</pose>
                    <!-- 激光传感器配置 -->
        <ray>
          <!-- 设置扫描范围 -->
          <scan>
            <horizontal>
              <samples>360</samples>
              <resolution>1.000000</resolution>
              <min_angle>0.000000</min_angle>
              <max_angle>6.280000</max_angle>
            </horizontal>
          </scan>
          <!-- 设置扫描距离 -->
          <range>
            <min>0.120000</min>
            <max>8.0</max>
            <resolution>0.015000</resolution>
          </range>
          <!-- 设置噪声 -->
          <noise>
            <type>gaussian</type>
            <mean>0.0</mean>
            <stddev>0.01</stddev>
          </noise>
        </ray>
      </sensor>
    </gazebo>
```

这段代码配置了一个 Gazebo 中的激光扫描传感器，并将其与 ROS2 系统通过插件集成，实现在仿真环境中的激光数据采集和发布。传感器类型为 ray，通过 libgazebo_ros_ray_sensor.so 插件将激光扫描数据转换为 ROS2 可识别的 LaserScan 消息，发布到 ROS2 系统中的 scan 话题。传感器被配置为始终开启，并以 5Hz 的频率更新数据，确保能够稳定、实时地获取环境信息。

激光扫描的参数配置包括水平扫描的 360 个样本点，扫描角度范围从 0 到 2π（即 0°到 360°），分辨率为 1°，这意味着每次扫描会覆盖完整的环境范围，并生成精细的扫描数据。扫描距离的最小值为 0.12m，最大值为 8m，分辨率为 0.015m，提供了较为精确的深度信息，适用于各种近距离到中等距离的环境感知任务。

此外，传感器启用了 <visualize>true</visualize>，在 Gazebo 中可通过红色射线束直观观察扫描范围；同时配置了针对距离测量的高斯噪声（均值为 0，标准差为 0.01m），以模拟实际传感器的随机误差，能够更真实地反映现实中传感器的不完美特性。通过这种噪声设置，激光数据的精度更接近真实传感器的表现，避免过于理想化的结果。

传感器数据的坐标框架设置为 laser_link，使得激光扫描数据与机器人模型的 laser_link 坐标系对齐，确保数据的正确性和一致性。此外，传感器输出的数据格式采用标准的 LaserScan 消息格式，使得 ROS2 系统中的其他模块能够方便地接收并处理这些数据。

整体来说，这段配置代码为 Gazebo 中的激光传感器提供了完整的设置，包括数据更新频率、扫描范围、精度、噪声模拟等多个方面，确保了传感器在仿真环境中能够准确、可靠地采集并发布激光扫描数据，进而为机器人在导航、避障、地图构建等任务中提供必要的环境感知能力。

正常启动 launch 文件后，即可看到如图 6-14 所示的 Gazebo 仿真环境。

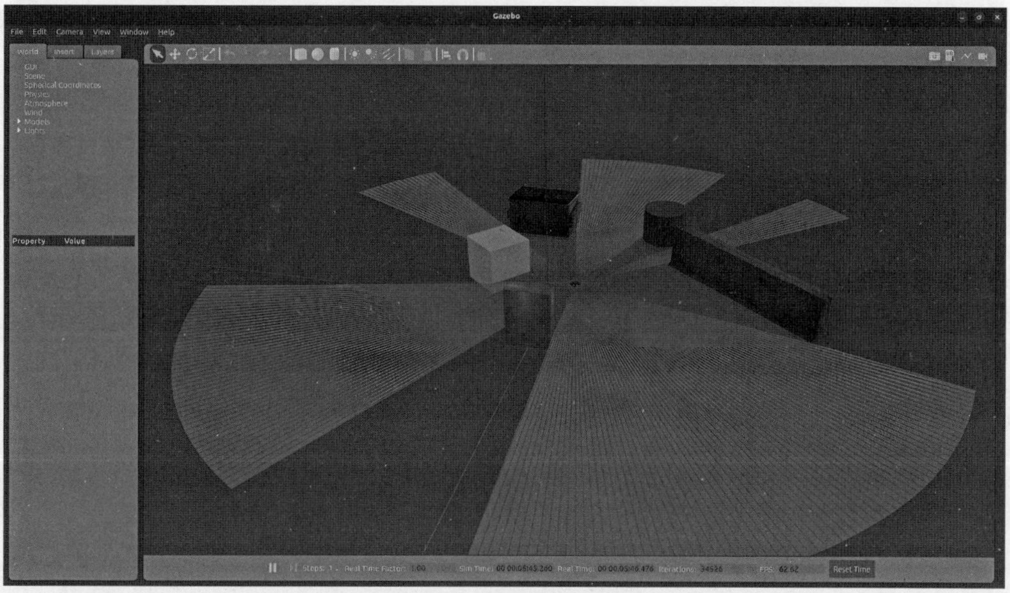

图 6-14 Gazebo 仿真环境

打开 Rviz2，设置“Fixed Frame”为“laser_link”，然后添加一个 LaserScan 类型的插件，修改插件订阅的话题为“/scan”，就可以看到界面中的激光数据了，如图 6-15 所示。

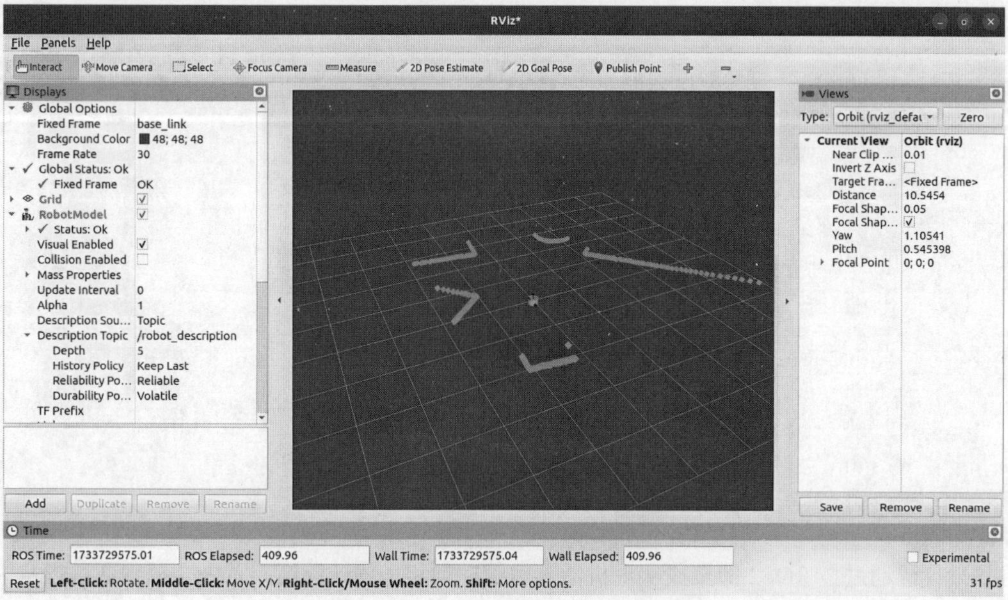

图 6-15 仿真激光雷达发布的激光信息

到目前为止，Gazebo 中的机器人模型已经比较完善了，接下来我们就可以在这个仿真环境的基础上实现丰富的机器人功能。

6.5.5 使用两轮差速插件控制机器人运动

libgazebo_ros_diff_drive 插件用于控制差速驱动机器人轮子的运动，并反馈轮子的实际位置和速度信息。该插件通过向 Gazebo 发送目标轮速命令，并从 Gazebo 获取实际的速度和位置反馈，结合运动学模型计算机器人的当前位姿（里程计）。需要特别注意的是，插件发送的目标速度与实际反馈的速度之间可能存在差异，尤其是在轮子被卡住时，实际速度可能为零（尽管发送了目标速度）。该插件的主要输入为控制指令（cmd_vel），输出为里程计信息（odom），以及可选的里程计和轮子坐标变换（tf）。此外，通过配置参数，如轮距和轮径等，插件能够精确设置机器人运动的物理特性。通过这些输入与输出，gazebo_ros_diff_drive 插件实现了差速驱动机器人的精确控制与仿真，为机器人导航与控制算法的开发与验证提供了重要支持。

接下来，为了实现差速控制，我们对两轮差速控制器插件进行了配置。差速控制器插件能够根据不同角度下的运动需求，自动分配两个电机的速度。具体配置如下：

```
<gazebo>
    <plugin name='diff_drive' filename='libgazebo_ros_diff_drive.so'>
        <ros>
            <namespace>/</namespace>
            <remapping>cmd_vel:=cmd_vel</remapping>
            <remapping>odom:=odom</remapping>
        </ros>
        <update_rate>30</update_rate>
        <!-- wheels -->
        <left_joint>left_wheel_joint</left_joint>
        <right_joint>right_wheel_joint</right_joint>
        <!-- kinematics -->
        <wheel_separation>0.2</wheel_separation>
        <wheel_diameter>0.064</wheel_diameter>
        <!-- limits -->
        <max_wheel_torque>20</max_wheel_torque>
        <max_wheel_acceleration>1.0</max_wheel_acceleration>
        <!-- output -->
        <publish_odom>true</publish_odom>
        <publish_odom_tf>true</publish_odom_tf>
        <publish_wheel_tf>true</publish_wheel_tf>
        <odometry_frame>odom</odometry_frame>
        <robot_base_frame>base_footprint</robot_base_frame>
    </plugin>
</gazebo>
```

这段代码通过与 ROS2 的集成实现机器人运动控制和里程计反馈。首先，插件通过指定 ROS 命名空间和话题映射，确保 ROS2 中的控制命令（cmd_vel）和里程计信息（odom）能够与 Gazebo

中的相应控制系统对接。插件的更新频率设置为每秒 30 次，以保证控制信号的实时更新。对于机器人运动的控制，配置了左右轮的关节名称，并通过设置轮距（0.2m）和轮径（0.064m）来定义机器人的运动学特性。此外，插件还限制了轮子的最大转矩（20N·m）和最大加速度（1.0m/s²），以防止机器人运动过快或过于剧烈。为了确保位姿和运动信息的发布，插件配置了输出里程计（odom）、坐标变换（odom 到 base_footprint），以及每个轮子的坐标变换信息。通过这些配置，libgazebo_ros_diff_drive 插件能够精确控制差速驱动机器人的运动，并将仿真中的运动数据反馈到 ROS2 系统中。

配置完成后，启动 launch 文件，并通过如下命令即可通过键盘控制机器人运动。

```
$ ros2 run teleop_twist_keyboard teleop_twist_keyboard
```

6.6 使用 ros2_control 控制机器人运动

上一节，我们使用 libgazebo_ros_diff_drive 插件控制机器人运动，该插件是 Gazebo 仿真环境中用于模拟两轮差速机器人运动的插件，它提供了一个简单易用的接口，用于仿真机器人在虚拟环境中的运动行为。然而，这种插件主要服务于仿真场景，其控制逻辑是嵌入在插件中的，缺乏与实际硬件控制的解耦，难以直接应用到真实机器人上。

ros2_control 则是一个通用的硬件控制框架，它不仅适用于仿真，还可以无缝扩展到真实的机器人硬件中。通过 ros2_control，可以将硬件与控制逻辑分离，使得开发者能够在仿真与真实环境之间切换时，只需修改底层硬件接口，而无需调整高层控制器。这种架构极大地提升了代码的复用性和系统的可扩展性，适合管理更复杂的机器人硬件系统。此外，ros2_control 还支持实时控制需求，提供包括位置控制、速度控制、力控在内的多种控制器类型，并支持运行时动态加载，是机器人硬件抽象与控制管理的理想解决方案。

6.6.1 ros2_control 的安装

安装 ros2_control 可以通过二进制方式完成，具体步骤如下：

```
$ sudo apt-get install ros-$ROS_DISTRO-ros2-control
$ ros-$ROS_DISTRO-ros2-controllers
$ ros-$ROS_DISTRO-controller-manager
```

6.6.2 ros2_control 的框架

ros2_control 框架的源码存储在 GitHub 的 ros2_control 和 ros2_controllers 仓库中。图 6-16 展示了 ros2_control 框架的架构。

（1）Controller Manager（控制器管理器）

控制器管理器负责连接控制器和硬件抽象层，是用户与框架交互的入口。通过加载、激活、停用和卸载控制器以及管理所需的接口，它协调控制器与硬件之间的通信。控制循环由 update() 方法驱动，该方法读取硬件数据、更新控制器输出，并将结果写回硬件。

（2）Resource Manager（资源管理器）

资源管理器为物理硬件及其驱动程序提供抽象，使用 pluginlib 加载组件并管理其生命周期。它支持硬件组件的复用，例如机器人和夹爪，以及灵活的硬件接口配置。在控制循环中，资源管理器通过 read() 和 write() 方法与硬件通信。

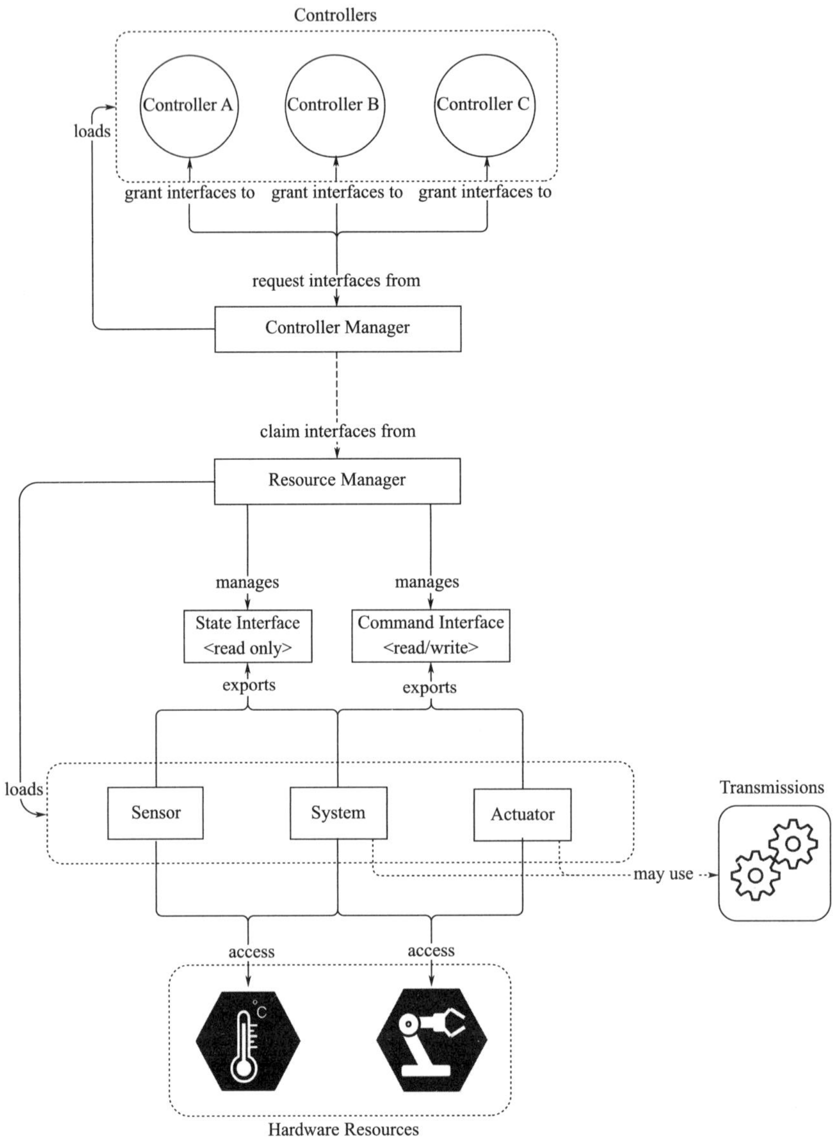

图 6-16 ros2_control 框架图

（3）Controllers（控制器）

控制器基于控制理论工作，通过比较参考值与测量值计算输入命令。控制器继承自ControllerInterface，并通过 pluginlib 导出为插件。其生命周期基于 LifecycleNode 类。在控制循环中，通过 update() 方法访问硬件状态并向硬件接口写入命令。

（4）User Interfaces（用户接口）

用户通过控制器管理器的服务与框架交互。可以直接使用命令行或节点进行服务调用，也可以通过集成到 ROS2 CLI 的 ros2 control 命令完成操作。这种 CLI 提供了自动补全和常用命令支持，简化了用户操作。

（5）Hardware Components（硬件组件）

硬件组件用于与物理硬件通信，并在框架中实现抽象，主要分为 3 类：System（系统）、Sensor（传感器）和 Actuator（执行器）。System（系统）适用于复杂的多自由度硬件，例如工业机器人，支持复杂的传动机制，具备读写功能；Sensor（传感器）用于环境感知，如编码器或力矩传感器，这类组件仅具备读取功能；Actuator（执行器）通常为简单的一自由度硬件，例如电机或阀门，通常具备读写功能。通过这些硬件组件，ros2_control 框架能够灵活适配多种硬件和控制需求，支持模块化和可扩展性设计。

6.6.3 ros2_control 的配置

基于 ros2_control 实现 Gazebo 仿真环境中的关节运动控制，需完成以下核心配置：控制器参数文件（yaml 格式）的定义、机器人描述文件（xacro 格式）的调整，以及启动文件（launch 文件）的控制器加载逻辑实现。这些步骤共同确保了控制器的初始化和与 Gazebo 的集成。以下为详细的配置过程及其解释。

（1）配置控制器的 yaml 文件

控制器的 yaml 文件用于定义 controller_manager 和控制器的相关属性，以便加载和管理控制器。代码文件见 robot_description/config/ros2_controller.yaml，具体内容如下：

```
controller_manager:
  ros__parameters:
    update_rate: 100  # Hz
    use_sim_time: true
    robot_joint_state_broadcaster:
      type: joint_state_broadcaster/JointStateBroadcaster
      use_sim_time: true
    robot_diff_drive_controller:
      type: diff_drive_controller/DiffDriveController

robot_diff_drive_controller:
  ros__parameters:
    left_wheel_names: ["left_wheel_joint"]
    right_wheel_names: ["right_wheel_joint"]

    wheel_separation: 0.17
    #wheels_per_side: 1  # actually 2, but both are controlled by 1 signal
    wheel_radius: 0.032

    wheel_separation_multiplier: 1.0
    left_wheel_radius_multiplier: 1.0
    right_wheel_radius_multiplier: 1.0

    publish_rate: 50.0
    odom_frame_id: odom
    base_frame_id: base_footprint
    pose_covariance_diagonal: [0.001, 0.001, 0.0, 0.0, 0.0, 0.01]
    twist_covariance_diagonal: [0.001, 0.0, 0.0, 0.0, 0.0, 0.01]
```

```
    open_loop: true
    enable_odom_tf: true

    cmd_vel_timeout: 0.5
    use_stamped_vel: false
```

这段配置代码为一个差速驱动机器人定义了 ROS2 控制器的参数设置，包括控制器管理器的核心配置和差速驱动控制器的具体实现。首先，controller_manager 是控制器的管理模块，负责加载和调度控制器，其中设置了 100Hz 的更新频率，并启用了仿真时间，以便与仿真环境同步。它加载了两个控制器：一个是 robot_joint_state_broadcaster，用于广播机器人关节的状态；另一个是 robot_diff_drive_controller，作为核心的差速驱动控制器，负责控制左右轮的运动，实现机器人的移动。

在差速驱动控制器中，定义了左右轮的关节名称并与 xacro 的轮子关节关联起来，设置了轮间距为 0.17m，轮半径为 0.032m。此外，通过调整轮间距和轮半径的倍率参数（均设置为 1.0），可以进一步微调运动特性。控制器状态的发布频率被设置为 50Hz，同时指定了里程计坐标系（odom_frame_id）和底盘坐标系（base_frame_id），分别为 odom 和 base_footprint，以确保运动控制与坐标系变换的正确性。

为了增强运动控制的可靠性，该配置还设置了噪声，同时启用了开环模式（open_loop:true），表示机器人运动不依赖传感器反馈。此外，启用了自动发布里程计到机器人底盘的 TF 变换 (enable_odom_tf:true)，并设置了速度指令的超时时间为 0.5s，确保在未接收到新的指令时机器人能够及时停止。

这段代码的核心功能是通过差速驱动控制器实现机器人在仿真环境中的运动控制，同时发布关节状态和里程计信息，为后续的路径规划与导航任务提供支持。配置中的参数灵活且易于调整，适用于不同的机器人硬件特性与操作场景。

（2）调整机器人描述文件（xacro 文件）

在 xacro 文件中，为机器人描述模型添加 ros2_control 和 Gazebo 插件相关的标签。具体内容如下：

```
<xacro:macro name="myrobot_ros2_control">
    <ros2_control name="myrobot_hardware_interface" type="system">
            <hardware>
                <plugin>gazebo_ros2_control/GazeboSystem</plugin>
            </hardware>
            <joint name="left_wheel_joint">
                <command_interface name="velocity">
                    <param name="min">-1</param>
                    <param name="max">1</param>
                </command_interface>
                <state_interface name="position" />
                <state_interface name="velocity" />
            </joint>
            <joint name="right_wheel_joint">
                <command_interface name="velocity">
```

```
                <param name="min">-1</param>
                <param name="max">1</param>
            </command_interface>
            <state_interface name="position" />
            <state_interface name="velocity" />
        </joint>
    </ros2_control>
    <gazebo>
        <plugin filename="libgazebo_ros2_control.so" name="gazebo_ros2_
control">
            <parameters>$(find robot_description)/config/ros2_controller.yaml
</parameters>
            <ros>
    <remapping>/robot_diff_drive_controller/cmd_vel_unstamped:=/cmd_vel
</remapping>
                <remapping>/robot_diff_drive_controller/odom:=/odom</remapping>
            </ros>
        </plugin>
    </gazebo>
</xacro:macro>
```

这段代码定义了一个名为 myrobot_ros2_control 的 xacro 宏，主要用于配置机器人在 Gazebo 仿真环境中与 ROS2 控制框架进行集成。首先，它通过<ros2_control>标签设置了一个名为 myrobot_hardware_interface 的硬件接口，并指定其类型为 system，表示这是一个包含多个硬件组件的复杂系统。在该硬件接口中，指定了 gazebo_ros2_control/GazeboSystem 插件，它是连接 Gazebo 仿真环境和 ROS2 控制框架的桥梁，负责在仿真中管理硬件接口和控制器。

接下来，代码为 URDF 中已定义的左右轮关节（left_wheel_joint、right_wheel_joint）补充 ros2_control 接口配置，包括速度控制命令接口（command_interface）和位置/速度状态反馈接口（state_interface）。在 command_interface 中，定义了速度控制命令类型（velocity），并通过 min 和 max 参数设置了关节速度的范围（-1 到 1）。在 state_interface 中，配置了两个状态接口（position 和 velocity），用于反馈关节的当前位置和速度，供其他控制器或算法使用。

此外，代码还配置了 Gazebo 插件<gazebo>，该插件通过 libgazebo_ros2_control.so 文件连接 Gazebo 和 ROS2 控制框架，加载了一个 ros2_controller.yaml 配置文件，其中定义了具体的控制器类型和参数（如差速驱动控制器 robot_diff_drive_controller）。通过<ros>标签中的重映射设置，仿真中使用的控制话题与实际的控制命令进行了关联。具体来说，/robot_diff_drive_controller/cmd_vel_unstamped 被重映射为/cmd_vel，这意味着 ROS2 中的速度命令会传递给差速驱动控制器；同时，/robot_diff_drive_controller/odom 被重映射为/odom，将机器人生成的里程计数据发布到/odom 话题。

通过这一配置，ROS2 控制框架能够接收并处理来自外部的控制命令，控制机器人的运动，同时反馈机器人状态，使得仿真中的机器人能够像实际机器人一样运行。

（3）launch 文件中添加启动项

```
# 加载并激活 joint_state_broadcaster 控制器
```

```
    load_joint_state_controller = launch.actions.ExecuteProcess(
        cmd=['ros2', 'control', 'load_controller', '--set-state', 'active',
            'robot_joint_state_broadcaster'],
        output='screen'
    )

    load_robot_diff_drive_controller = launch.actions.ExecuteProcess(
        cmd=['ros2', 'control', 'load_controller', '--set-state',
'active','robot_diff_drive_controller'],
        output='screen')

    return launch.LaunchDescription([
        action_declare_arg_mode_path,
        robot_state_publisher_node,
        launch_gazebo,
        spawn_entity_node,
        # 事件动作，当加载机器人结束后执行
        launch.actions.RegisterEventHandler(
            event_handler=launch.event_handlers.OnProcessExit(
                target_action=spawn_entity_node,
                on_exit=[load_joint_state_controller],)
            ),
        # 事件动作，load_fishbot_diff_drive_controller
        launch.actions.RegisterEventHandler(
        event_handler=launch.event_handlers.OnProcessExit(
            target_action=load_joint_state_controller,
            on_exit=[load_robot_diff_drive_controller],)
            ),
    ])
```

这段代码主要用于当机器人模型加载完成后，启动 robot_joint_state_broadcaster 和 robot_diff_drive_controller。

完成 ros2_control 配置后，只需启动相应的 launch 文件，然后通过命令 ros2 run teleop_twist_keyboard teleop_twist_keyboard 即可使用键盘控制机器人。

6.7 轮式机器人 Gazebo 运动仿真

轮式机器人是一种常见的机器人设计，其主要特点是通过装备轮子来实现机器人移动和导航。它们可以在各种场景和环境中执行不同的任务。轮式机器人主要应用于仓储物流、安防监控、教育科研和室内清洁。

在本节将介绍一种两轮圆盘形的轮式机器人，通过 URDF 对其进行建模，然后在 Gazebo 仿真平台中可以通过鼠标控制其行走，实现简单的遥控功能。

6.7.1 URDF 模型

机器人 URDF 模型主要分为 3 部分：创建车体、创建激光雷达模型和 IMU 模型、装配主动轮和支撑轮。URDF 模型中设置了小车的外形、颜色、碰撞检测、旋转惯量、摩擦力和刚性系数。仿真模型在 Rviz 中如图 6-17 所示。接下来将对小车的各部分 URDF 模型进行分析说明。

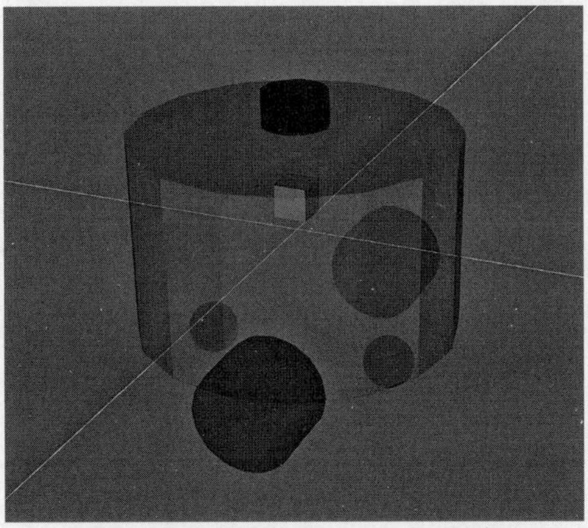

图 6-17　轮式机器人 URDF 模型

（1）车体

小车车体的 URDF 模型如下所示：

```
<!-- base link -->
<link name="base_link">
<visual>
   <origin xyz="0 0 0.0" rpy="0 0 0"/>
   <geometry>
<cylinder length="0.12" radius="0.10"/>
   </geometry>
   <material name="blue">
      <color rgba="0.1 0.1 1.0 0.5" />
   </material>
  </visual>
  <collision>
   <origin xyz="0 0 0.0" rpy="0 0 0"/>
   <geometry>
<cylinder length="0.12" radius="0.10"/>
   </geometry>
   <material name="blue">
   <color rgba="0.1 0.1 1.0 0.5" />
   </material>
  </collision>
  <inertial>
   <mass value="0.5"/>
```

```
        <inertia ixx="0.0122666" ixy="0" ixz="0" iyy="0.0122666" iyz="0" izz="0.02"/>
      </inertial>
    </link>
```

其外形为一个半径为 0.1m，高为 0.12m 的蓝色透明圆柱体，质量为 0.5kg，其作用是连接小车其他部分组件，使小车成为一个整体。

（2）激光雷达和 IMU

激光雷达的 URDF 模型如下所示：

```
    <link name="laser_link">
      <visual>
        <origin xyz="0 0 0" rpy="0 0 0"/>
        <geometry>
          <cylinder length="0.02" radius="0.02"/>
        </geometry>
        <material name="black">
          <color rgba="0.0 0.0 0.0 0.5" />
        </material>
      </visual>
      <collision>
        <origin xyz="0 0 0" rpy="0 0 0"/>
        <geometry>
          <cylinder length="0.02" radius="0.02"/>
        </geometry>
        <material name="black">
          <color rgba="0.0 0.0 0.0 0.5" />
        </material>
      </collision>
      <inertial>
      <mass value="0.1"/>
        <inertia ixx="0.000190416666667" ixy="0" ixz="0" iyy="0.0001904" iyz="0" izz="0.00036"/>
      </inertial>
    </link>

    <!-- laser joint -->
    <joint name="laser_joint" type="fixed">
        <parent link="base_link" />
        <child link="laser_link" />
        <origin xyz="0 0 0.075" />
    </joint>
```

其外形是一个半径为 0.02m，高为 0.02m，质量为 0.1kg 的黑色圆柱体，位于小车车体的上方。其用于采集周围环境信息，对后面导航建图有帮助。

IMU 的 URDF 模型如下所示：

```
<!-- imu link -->
  <link name="imu_link">
     <visual>
      <origin xyz="0 0 0.0" rpy="0 0 0"/>
      <geometry>
         <box size="0.02 0.02 0.02"/>
      </geometry>
    </visual>
    <collision>
      <origin xyz="0 0 0.0" rpy="0 0 0"/>
      <geometry>
         <box size="0.02 0.02 0.02"/>
      </geometry>
    </collision>
    <inertial>
      <mass value="0.1"/>
        <inertia ixx="0.000190416666667" ixy="0" ixz="0" iyy="0.0001904" iyz=
"0" izz="0.00036"/>
      </inertial>
  </link>

  <!-- imu joint -->
  <joint name="imu_joint" type="fixed">
      <parent link="base_link" />
      <child link="imu_link" />
      <origin xyz="0 0 0.02" />
  </joint>
```

IMU 模块的外形是一个长、宽、高为 0.02m，质量为 0.1kg 的立方体，放置于小车的内部，用于测量小车的惯性数据。

（3）主动轮和支撑轮

主动轮的 URDF 模型如下所示：

```
  <!-- left wheel link -->
  <link name="left_wheel_link">
      <visual>
        <origin xyz="0 0 0" rpy="1.57079 0 0"/>
        <geometry>
          <cylinder length="0.04" radius="0.032"/>
        </geometry>
          <material name="black">
            <color rgba="0.0 0.0 0.0 0.5" />
          </material>
```

```
        </visual>
        <collision>
          <origin xyz="0 0 0" rpy="1.57079 0 0"/>
          <geometry>
            <cylinder length="0.04" radius="0.032"/>
          </geometry>
            <material name="black">
              <color rgba="0.0 0.0 0.0 0.5" />
            </material>
        </collision>
        <inertial>
          <mass value="0.2"/>
            <inertia ixx="0.000190416666667" ixy="0" ixz="0" iyy="0.0001904" iyz=
"0" izz="0.00036"/>
          </inertial>
    </link>

    <!-- right wheel link -->
    <link name="right_wheel_link">
        <visual>
          <origin xyz="0 0 0" rpy="1.57079 0 0"/>
          <geometry>
            <cylinder length="0.04" radius="0.032"/>
          </geometry>
            <material name="black">
              <color rgba="0.0 0.0 0.0 0.5" />
            </material>
        </visual>
        <collision>
          <origin xyz="0 0 0" rpy="1.57079 0 0"/>
          <geometry>
            <cylinder length="0.04" radius="0.032"/>
          </geometry>
            <material name="black">
              <color rgba="0.0 0.0 0.0 0.5" />
            </material>
        </collision>
        <inertial>
        <mass value="0.2"/>
        <inertia ixx="0.000190416666667" ixy="0" ixz="0" iyy="0.0001904" iyz="0"
izz="0.00036"/>
      </inertial>
    </link>
```

```
<!-- left wheel joint -->
<joint name="left_wheel_joint" type="continuous">
    <parent link="base_link" />
    <child link="left_wheel_link" />
    <origin xyz="-0.02 0.10 -0.06" />
    <axis xyz="0 1 0" />
</joint>

<!-- right wheel joint -->
<joint name="right_wheel_joint" type="continuous">
    <parent link="base_link" />
    <child link="right_wheel_link" />
    <origin xyz="-0.02 -0.10 -0.06" />
    <axis xyz="0 1 0" />
</joint>
```

主动轮位于小车两侧，外形是半径为 0.032m，高为 0.04m，质量为 0.2kg 的黑色圆柱体。作用是带动小车移动。

支撑轮的 URDF 模型如下所示：

```
<!-- front caster link -->
<link name="front_caster_link">
    <visual>
      <origin xyz="0 0 0" rpy="1.57079 0 0"/>
      <geometry>
          <sphere radius="0.016"/>
      </geometry>
        <material name="black">
          <color rgba="0.0 0.0 0.0 0.5" />
        </material>
    </visual>
    <collision>
      <origin xyz="0 0 0" rpy="1.57079 0 0"/>
      <geometry>
          <sphere radius="0.016"/>
      </geometry>
        <material name="black">
          <color rgba="0.0 0.0 0.0 0.5" />
        </material>
    </collision>
    <inertial>
    <mass value="0.02"/>
    <inertia ixx="0.000190416666667" ixy="0" ixz="0" iyy="0.0001904" iyz="0"
```

```
izz="0.00036"/>
        </inertial>
      </link>

      <!-- back caster link -->
      <link name="back_caster_link">
          <visual>
            <origin xyz="0 0 0" rpy="1.57079 0 0"/>
            <geometry>
                <sphere radius="0.016"/>
            </geometry>
              <material name="black">
                <color rgba="0.0 0.0 0.0 0.5" />
              </material>
          </visual>
          <collision>
            <origin xyz="0 0 0" rpy="1.57079 0 0"/>
            <geometry>
                <sphere radius="0.016"/>
            </geometry>
              <material name="black">
                <color rgba="0.0 0.0 0.0 0.5" />
              </material>
          </collision>
          <inertial>
          <mass value="0.02"/>
          <inertia ixx="0.000190416666667" ixy="0" ixz="0" iyy="0.0001904" iyz="0"
izz="0.00036"/>
        </inertial>
      </link>

      <!-- front caster joint -->
      <joint name="front_caster_joint" type="fixed">
          <parent link="base_link" />
          <child link="front_caster_link" />
          <origin xyz="0.06 0.0 -0.076" />
          <axis xyz="0 1 0" />
      </joint>

      <!-- back caster joint -->
      <joint name="back_caster_joint" type="fixed">
          <parent link="base_link" />
          <child link="back_caster_link" />
```

```
        <origin xyz="-0.06 0.0 -0.076" />
        <axis xyz="0 1 0" />
    </joint>
```

支撑轮位于小车前后，外形是半径为0.016m，质量为0.02kg的黑色球体。作用是在小车移动时，防止小车前后倾倒。

6.7.2 launch 文件

launch文件用于快速同时启动多个节点。我们只需要将所需要的节点全部封装到launch文件中，然后通过一行命令就可以快速启动这些节点，这简化了机器人系统的启动流程。

下面将简单分析一下此次仿真使用的launch文件中的代码。

（1）启动Gazebo仿真服务器

启动Gazebo仿真服务器的代码如下所示，使用ExecuteProcess来启动Gazebo仿真服务器，并指定使用libgazebo_ros_factory.so插件来加载ROS2的实体。

```
    # Start Gazebo server
    start_gazebo_cmd = ExecuteProcess(
        cmd=['gazebo', '--verbose', '-s', 'libgazebo_ros_factory.so'],
        output='screen')
```

（2）在Gazebo中生成机器人模型

在Gazebo中生成机器人模型的代码如下所示，使用spawn_entity.py脚本来在Gazebo仿真环境中生成机器人模型。

```
    # Launch the robot
    spawn_entity_cmd = Node(
        package='gazebo_ros',
        executable='spawn_entity.py',
        arguments=['-entity', robot_name_in_model,  '-file', urdf_model_path ],
output='screen')
```

（3）启动机器人状态发布器

启动机器人状态发布器的代码如下所示，它将根据URDF文件发布机器人的状态信息。

```
    # Start Robot State publisher
    start_robot_state_publisher_cmd = Node(
        package='robot_state_publisher',
        executable='robot_state_publisher',
        arguments=[urdf_model_path]
    )
```

（4）启动Rviz可视化工具

启动Rviz可视化工具来可视化机器人的仿真环境代码如下所示，这里注释掉了arguments部分，你可以根据需要指定一个默认的Rviz配置文件。

```
    # Launch RViz
    start_rviz_cmd = Node(
        package='rviz2',
        executable='rviz2',
```

```
        name='rviz2',
        output='screen',
        # arguments=['-d', default_rviz_config_path]
        )
```

（5）将所有节点和服务添加到启动描述中

最后，将所有节点和服务添加到 LaunchDescription 对象中，并返回该对象。代码如下所示。

```
    ld.add_action(start_gazebo_cmd)
    ld.add_action(spawn_entity_cmd)
    ld.add_action(start_robot_state_publisher_cmd)
    ld.add_action(start_rviz_cmd)

    return ld
```

完整的代码如下所示，封装在名为 gazebo.launch.py 的 python 文件中。

```
import os
from launch import LaunchDescription
from launch.actions import ExecuteProcess
from launch_ros.actions import Node
from launch_ros.substitutions import FindPackageShare

def generate_launch_description():
    robot_name_in_model = 'fishbot'
    package_name = 'fishbot_description'
    urdf_name = "fishbot_gazebo.urdf"

    ld = LaunchDescription()
    pkg_share = FindPackageShare(package=package_name).find(package_name)
    urdf_model_path = os.path.join(pkg_share, f'urdf/{urdf_name}')

    # Start Gazebo server
    start_gazebo_cmd = ExecuteProcess(
        cmd=['gazebo', '--verbose', '-s', 'libgazebo_ros_factory.so'],
        output='screen')

    # Launch the robot
    spawn_entity_cmd = Node(
        package='gazebo_ros',
        executable='spawn_entity.py',
        arguments=['-entity', robot_name_in_model, '-file', urdf_model_path ],
output='screen')

    # Start Robot State publisher
    start_robot_state_publisher_cmd = Node(
```

```
        package='robot_state_publisher',
        executable='robot_state_publisher',
        arguments=[urdf_model_path]
    )

    # Launch RViz
    start_rviz_cmd = Node(
        package='rviz2',
        executable='rviz2',
        name='rviz2',
        output='screen',
        # arguments=['-d', default_rviz_config_path]
        )

    ld.add_action(start_gazebo_cmd)
    ld.add_action(spawn_entity_cmd)
    ld.add_action(start_robot_state_publisher_cmd)
    ld.add_action(start_rviz_cmd)

    return ld
```

6.7.3 运行仿真

（1）运行 launch 文件

启动建图前，需要先启动 Gazebo 仿真环境，因为我们的建图程序依赖于 Gazebo 提供雷达和里程计等数据。

在/fishbot_description 文件目录下打开终端，输入下方命令进行编译和设置环境变量：

```
$ colcon build
$ source install/setup.bash
```

然后输入下方命令运行 launch 文件：

```
$ ros2 launch fishbot_description gazebo.launch.py
```

之后你可以看到如图 6-18 和图 6-19 所示的 Gazebo 界面和 Rviz 界面。

（2）控制小车运动

想要通过键盘控制小车运动，我们还需要安装一个键盘控制工具，通过下方命令进行安装。

```
$ sudo apt install ros-foxy-teleop-twist-keyboard
```

这个功能包下有一个节点，这个节点会监听键盘的按键事件，然后发布 cmd_vel 话题，该话题被 Gazebo 的两轮差速插件所订阅。所以我们就可以通过这个节点来控制机器人。在终端输入下方命令启动键盘控制工具。

```
$ ros2 run teleop_twist_keyboard teleop_twist_keyboard
```

然后可以用键盘上的“U”“I”“O”“J”“K”“L”“M”“，”“.”来控制小车在 Gazebo 中移动，如图 6-20 所示。

图 6-18　轮式机器人启动后 Gazebo 界面

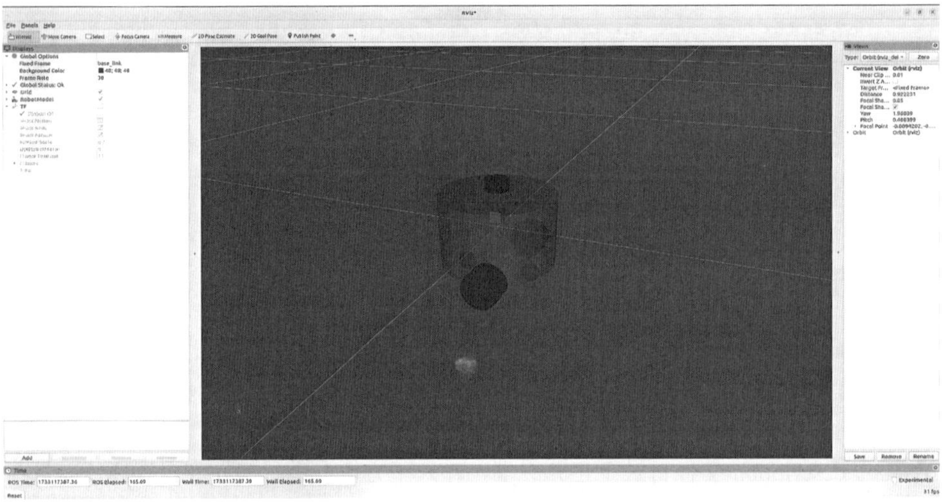

图 6-19　轮式机器人启动后 Rviz 界面

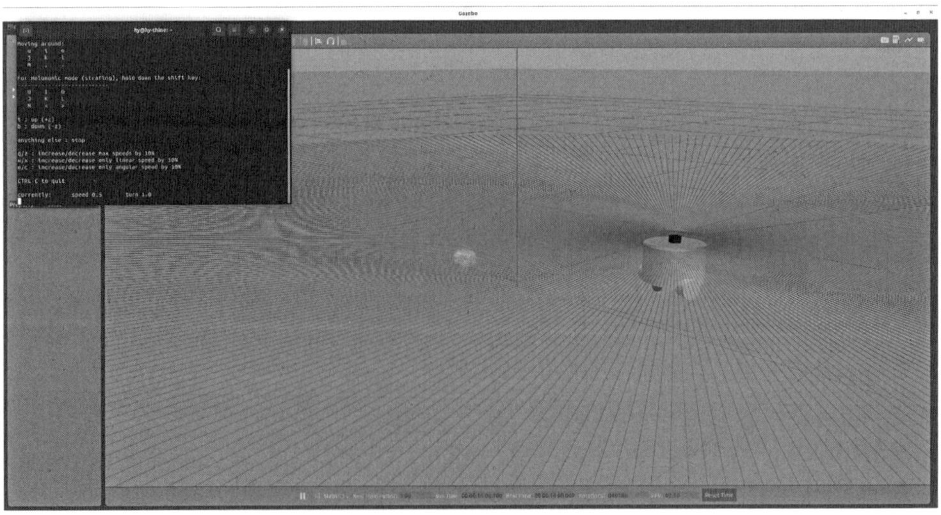

图 6-20　键盘控制机器人在 Gazebo 中移动

（3）使用 rqt 工具显示速度数据

想要通过键盘控制小车运动，我们还需要安装一个键盘控制工具，通过下方命令进行安装。在命令行中输入下方指令直接运行 rqt，会出现如图 6-21 所示的界面。

```
$ rqt
```

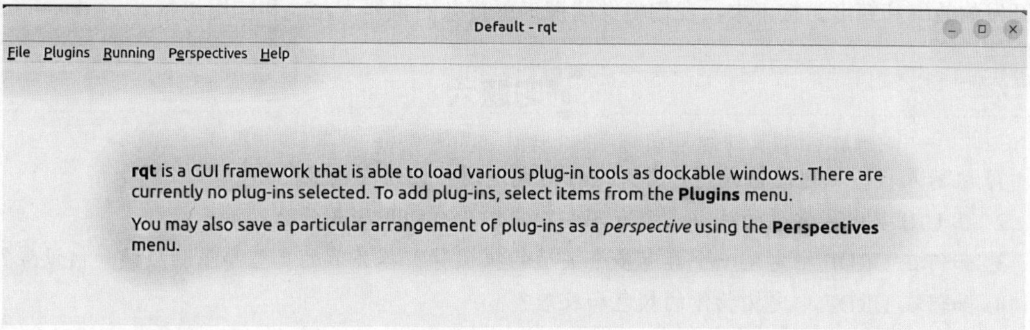

图 6-21 rqt 界面

在界面上方选择 Plugins->Visualization->Plot，再在上方 Topic 输入/cmd_vel/linear/x，再输入/cmd_vel/angular/z，然后用键盘控制机器人移动，就可以看到小车的运动速度和转弯角速度的曲线图，如图 6-22 所示。

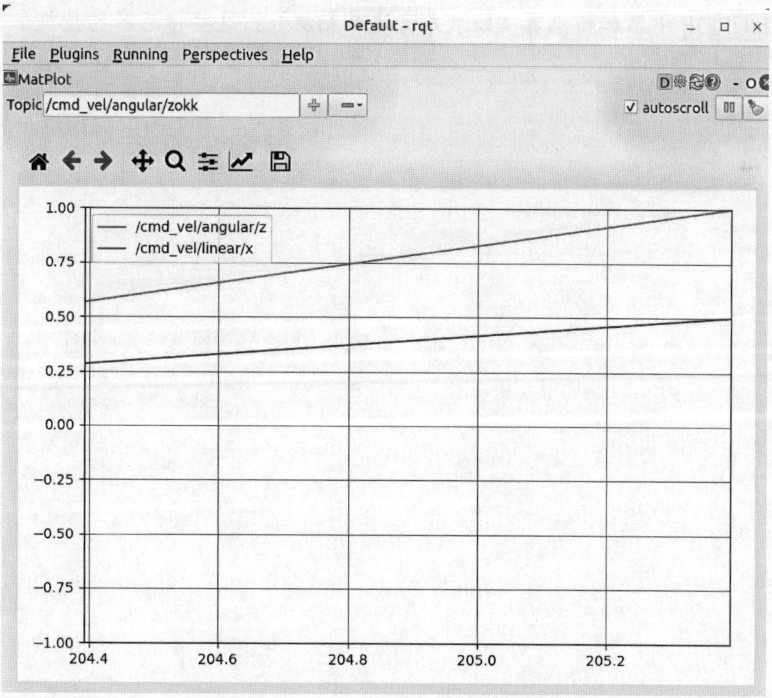

图 6-22 在 rqt 上用图表显示小车速度

6.8 本章小结

仿真是机器人 ROS2 开发的关键环节。在本章中，我们深入学习了如何用 URDF 创建机器人模型，并通过 Xacro 对模型进行优化——利用宏定义、参数化配置实现代码复用，让模型更具灵活性与可扩展性。随后，我们将优化后的模型放置到 Gazebo 仿真环境中，结合传感器插件（相机、激光雷达）、差速驱动插件及 ros2_control 框架，从而实现丰富的 ROS2 仿真功能。通过这些实践，我们不仅掌握了 ROS2 的基础知识，还了解了如何搭建真实或仿真的机器人系统。这些技能为后续的学习和应用打下了坚实的基础，使我们能够在实际项目中更有效地应用所学知识，提升机器人开发的效率和精度。接下来，我们将继续探索更复杂的机器人功能和应用场景。

习题六

1. 机器人模型描述的格式是什么？这种格式是用什么语言构成的？
2. 在 URDF 中，常见的关节类型有哪些？它们各自的用途是什么？
3. 如何在 URDF 中定义一个具有多个关节的机械臂？各关节的类型和限制应该如何设置？
4. 如何在 URDF 中定义物体的颜色和纹理？
5. URDF 模型中的材料和纹理如何在 Gazebo 中呈现视觉效果？
6. 讨论 urdf 文件和 xacro 文件之间的区别，以及何时选择使用 xacro。
7. 在 URDF 中，如何为机器人添加碰撞模型和可视模型？这对 Gazebo 仿真有什么影响？
8. 如何在 Gazebo 中实现动力学仿真？urdf 文件需要哪些设置？
9. 描述如何将 ROS2 和 Gazebo 集成，实现控制和监测机器人的基本功能。
10. 如何在 URDF 中添加传感器（如激光雷达或相机）？这些传感器的数据如何与 Gazebo 进行交互？

第7章 SLAM建图与Nav2导航开发技术

SLAM 技术是一种在未知环境中，使机器人或智能设备能够同时进行自我定位和构建环境地图的技术。SLAM 技术通过激光雷达、深度相机、IMU 惯导等多种传感器，实现机器人在未知环境中的定位和建图。

Nav2 是 ROS2 导航的综合控制服务，类似人类的小脑控制人类的行走及身体平衡，它为移动和地面机器人提供与自动驾驶车辆相同类型的技术，并经过了优化和改造。该项目旨在找到一种安全的方法，使移动机器人能够在多种类型的环境和机器人运动学类别中完成复杂的任务。

在本章中我们将会学习：SLAM 制图的介绍以及制图过程；Cartographer 的介绍安装与参数配置；Nav2 的概述以及相关行为树的介绍；Nav2 中的四个动作服务器相关知识；Nav2 的主要导航插件的相关介绍；使用 SLAM 进行仿真建图等。

7.1 SLAM 基础

7.1.1 图像常见格式

在日常生活中，我们会用到各种各样的地图，比如交通轨道图、城市地图、世界地图。我们根据地图所表达信息的不同可以将地图分为三类：尺度地图（metric map）、拓扑地图（topological map）、语义地图（semantic map）。

尺度地图用于表示尺寸距离，可以理解为将真实世界按比例缩小，尺度地图中每个点都可以使用一个经纬值进行表示。因为尺度地图是将真实世界按比例缩小，所以要有比例尺来表示缩小比例。

拓扑地图用于表示点与点之间的连接信息，它着重表示地理实体之间的空间关系，而不强调地理实体的实际距离和形状等精确几何信息，比如地铁轨道交通图。

语义地图可以理解为在上面两个地图上增加了语义，比如尺度地图中某处是红绿灯、斑马线，拓扑地图中某个点是某火车站。

在机器人领域，尺度地图常用于地图构建（mapping）、定位（localization）和同步定位与地图构建（simultaneous localization and mapping，SLAM），拓扑地图常用于路径规划（path planning），而语义地图常用于人机交互（human robot interaction）。

地图也是图，所以地图一般以图片的形式存储下来，常见的格式比如.png 就可以存储 ROS2 中的二维地图。但是对于一些三维的点云图，二维的方式就不怎么好存储，因此需要一些特殊格式。

7.1.2 占据栅格地图

栅格地图（grid map）是一种基于网格的地图表示方法，其中地图区域被划分为均匀的网格单元，并为每个网格单元分配特定的属性信息。每个网格单元可以表示不同的地理特征、地物类型、高度、障碍物等信息。如图 7-1 所示，栅格地图将地图数据分割为一块块的栅格来表达地图信息。

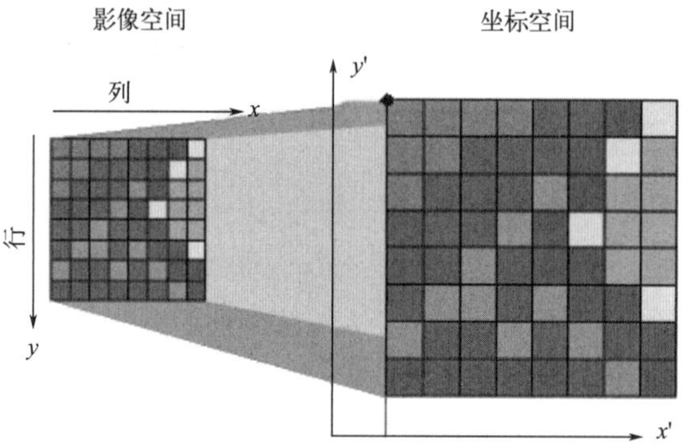

图 7-1 栅格地图

那什么是占据（occupancy）呢？

机器人通过激光雷达等传感器来感知深度信息，但我们知道，传感器都是有噪声的（在前面的机器人仿真建模过程中，我们为了更加真实还给激光雷达添加了高斯噪声），所以机器人前方的某个位置到底有没有物体（障碍物）是不确定的。

我们可以采用概率来解决这一问题，认为确实有物体的栅格的占据率为 100%，确定没有物体的栅格占据率为 0%，不确定的栅格就用确认占据概率/确认非占据概率值表示占据率。

由此我们知道占据栅格地图是一种地图的描述方式，占据栅格地图是把空间划分为有限的多个栅格，栅格边长就是划分精度，每个栅格由栅格占用概率以及坐标进行描述。

我们在做机器人的路径规划的时候，需要确定一个格子是否有障碍物，所以我们一般会设定两个阈值：

占据阈值（occupied_thresh），比如 0.65，则表示栅格占据率大于 0.65 的认为有障碍物。

空闲阈值（free_thresh），比如 0.25，则表示栅格占据率小于 0.25 的认为没有障碍物。

7.1.3 SLAM 原理和组成

SLAM 是同步定位与地图构建（simultaneous localization and mapping）的缩写。SLAM 的作用是让机器人通过自身传感器数据处理进行位置估计，同时通过不断移动完成对整个未知环境的地图构建。

SLAM 的核心思想是利用机器人上的传感器（如激光雷达、摄像头、惯性测量单元等）获取环境信息，然后通过算法将这些信息融合，以实现定位和地图构建。传感器获取的环境数据包括障碍物的位置、距离等信息，通过这些数据，算法可以计算出机器人的当前位置，并在此基础上构建出环境地图。这个过程需要实时处理传感器数据，以便及时更新机器人的位置和地图。

SLAM 的实现依赖于多种技术和算法。例如，Cartographer 是 Google 推出的一套基于图优化的 SLAM 算法，其主要目标是实现低计算资源消耗，达到实时 SLAM 的目的。通过使用编码器测速等技术，可以更准确地测量轮子的速度，从而更精确地计算机器人的移动距离和方向。

SLAM 算法通常包括以下几个主要组成部分：

① 传感器数据获取：通过激光雷达、摄像头、惯性测量单元等传感器获取环境数据，如点云数据、图像数据、加速度和角速度数据等。

② 数据预处理：对获取的传感器数据进行预处理，如滤波、去噪等，以提高数据的质量和精度。

③ 特征提取：从预处理后的数据中提取出有用的特征信息，如特征点、边缘等。这些特征信息将用于后续的定位和地图构建。

④ 数据关联：将当前帧的特征与之前的地图或其他帧之间的特征进行匹配，以确定设备的运动轨迹。

⑤ 状态估计：利用滤波器（如卡尔曼滤波器、粒子滤波器、扩展信息滤波器等）或优化算法（如位姿图优化等）对设备的位姿和地图进行估计和更新。

⑥ 地图构建：根据设备的位姿和提取的特征信息，构建出环境的地图。地图的表示方式可以有多种，如栅格地图、拓扑地图、点云地图等。

⑦ 闭环检测：通过识别设备曾经访问过的地点，对地图进行优化和修正，以避免累积误差的产生。

7.1.4 SLAM 关键技术与分类

SLAM 的关键技术有以下三点：

① 传感器感知：通过各类传感器实现对环境的感知，比如通过激光雷达获取环境的深度信息。同时可以通过传感器融合来提高位置估计的精度，比如融合轮式里程计、IMU、雷达、深度相机数据等。

② 视觉、激光里程计：基本原理是通过前后数据之间的对比得出机器人位置的变化。

③ 回环检测：判断机器人是否到达之前到过的位置，可以解决位置估计误差问题，建图时可以纠正地图误差。

经典视觉 SLAM 的结构图如图 7-2 所示。

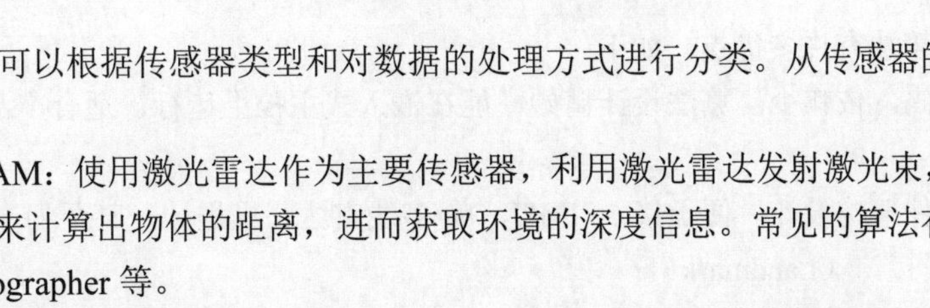

图 7-2 经典视觉 SLAM 的结构图

SLAM 算法可以根据传感器类型和对数据的处理方式进行分类。从传感器的类型上看，大致可以分成三类：

① 激光 SLAM：使用激光雷达作为主要传感器，利用激光雷达发射激光束，测量激光束反射回来所需的时间来计算出物体的距离，进而获取环境的深度信息。常见的算法有 Hector_SLAM、Gmapping、Cartographer 等。

② 视觉 SLAM：使用相机作为主要传感器，主要利用相机采集图像信息，通过对图像进行特征提取、匹配和分析等处理，计算出相机（或搭载相机的设备）在环境中的位置和方向，从而实现定位与地图构建。常见的算法有 ORB-SLAM、LSD-SLAM、PTAM 等。视觉 SLAM 还可以进一

步分为单目、双目和 RGB-D SLAM。

③ 多传感器融合 SLAM：结合多种传感器（如激光雷达、摄像头、惯性测量单元等）的数据，通过特定的算法将这些传感器采集到的数据进行融合处理，从而提高定位和建图的准确性和鲁棒性。常见的算法有 Rovio、OKVIS、VINS-Mono 等。

从算法对数据的处理方式上看，目前常用的 SLAM 开源算法可以分为两类：

① 基于滤波：比如扩展卡尔曼滤波（extended kalman filter，EKF）、粒子滤波（particle filter，PF）等。ROS 中的 Gmapping、Hector_SLAM 算法都是基于滤波实现的。Gmapping 算法的核心在于其使用 RBPF（粒子滤波）方法，将 SLAM 问题分解为两个独立的问题：机器人姿态的估计和地图的构建。Hector_SLAM 算法是一种基于激光扫描仪的定位和建图算法，主要用于机器人导航和地图构建。其核心原理包括特征提取、地图构建、定位计算、运动模型更新和重定位等步骤。

② 基于图优化：先通过传感器进行构图，然后对图进行优化。

目前比较主流的是图优化的方法，Cartographer 就是基于图优化实现的。图优化相比于滤波，不用实时地进行计算，效率更高，消耗的资源更少，所以在实际场景中使用得更多。后面将对 Cartographer 算法进行详细介绍。

7.2 Cartographer

7.2.1 Cartographer 介绍

Cartographer 是 Google 推出的一套基于图优化的 SLAM 算法。该算法并没有给人惊艳的感觉，但该算法的主要目标是实现低计算资源消耗，达到实时 SLAM 的目的。它可以跨多个平台和传感器配置提供 2D 和 3D 实时同步定位和绘图（SLAM）的系统。这个项目提供了 Cartographer 的 ROS 集成。

该算法主要分为两个部分。第一个部分称为局部 SLAM（Local SLAM），该部分通过一帧帧的激光扫描建立并维护一系列的子图（Submap），而所谓的子图就是一系列的网格地图。当再有新的激光扫描结果时，会通过 Ceres 优化器扫描匹配的方法将其插入到子图中的最佳位置。但是子图会产生误差累积的问题，因此，算法的第二个部分称为全局 SLAM（Global SLAM），就是通过回环检测模块（Loop Closure）进行闭环检测，来消除累积误差：当一个子图构建完成，也就是不会再有新的激光扫描插入到该子图中接着算法会将该子图加入到闭环检测中。闭环检测的本质也是一个优化问题，该优化问题被表达成了一个像素级精度匹配的形式，解决优化问题的方法是分支界定法（Branch-and-Bound Approach），能够在大范围位姿搜索空间里快速找到扫描与子图的最佳匹配位置。

Cartographer 算法有许多优点，如下：

① 工程化代码，依赖少，算法设计精妙，能在嵌入式主控上运行，适合产品级应用；

② 支持 ROS；

③ 优秀的软件架构设计，便于接入 IMU、单/多线雷达、里程计，甚至为二维码辅助等视觉识别方式也预留了接口（Landmark）；

④ 支持 2D 和 3D 激光雷达的输入，实现机器人定位，并构建栅格地图；

⑤ 2D-SLAM：基于 2D 栅格地图，可以直接用于导航；

⑥ 3D-SLAM：基于 hybridGrid，即混合概率地图。

图 7-3 是该算法的框架图。

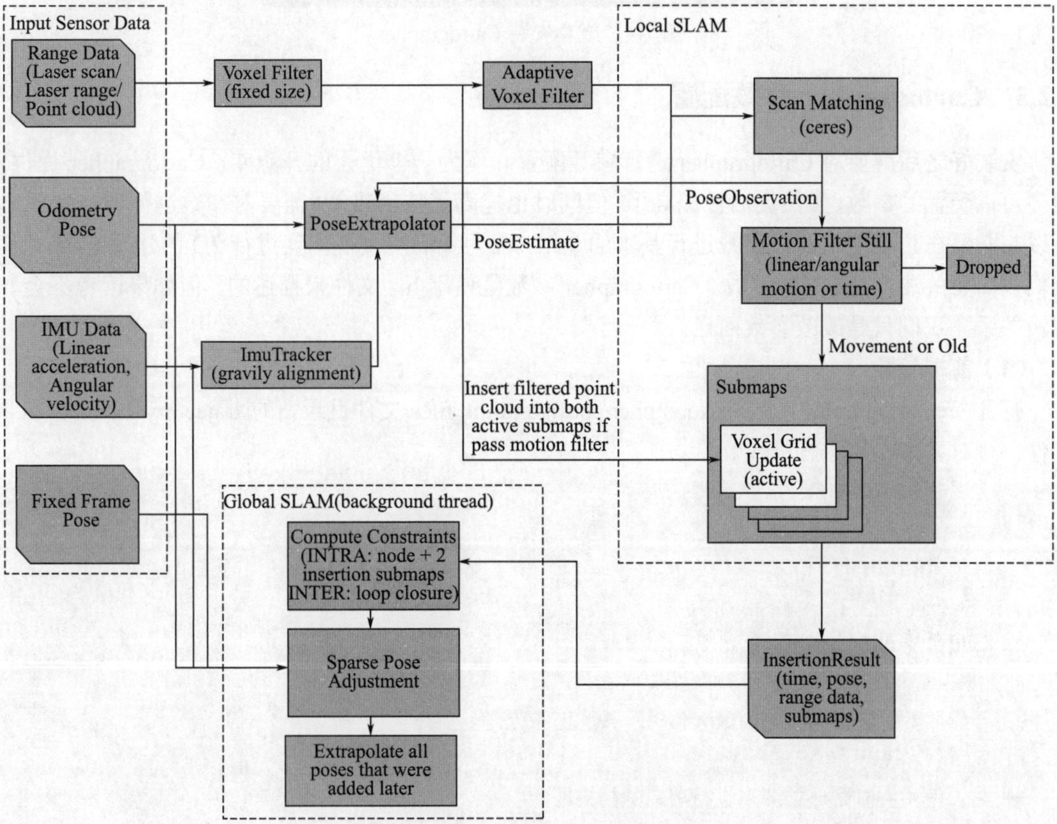

图 7-3 Cartographer 算法框架图

7.2.2 Cartographer 安装

首先安装 Cartographer 的 apt，在终端中输入下方命令即可。该命令是安装的 Humble 版本，如 ROS2 版本不是 Humble，可自行更改。

```
$ sudo apt install ros-humble-cartographer
```

需要注意，我们不是直接使用 Cartographer，而是通过 cartographer-ros 功能包进行相关操作，所以我们还需要安装 cartographer-ros。

```
$ sudo apt install ros-humble-cartographer-ros
```

然后安装 Cartographer 的源码。打开一个终端，将下方源码复制到工作空间的 src 目录下：

```
$ git clone https://github.com/ros2/cartographer.git -b humble
$ git clone https://github.com/ros2/cartographer_ros.git -b dashing
```

接着在工作空间下打开终端，运行下面这个命令进行依赖的安装。

```
$ rosdepc install -r --from-paths src --ignore-src --rosdistro $ROS_DISTRO -y
```

最后来测试一下是否安装成功，如果是源码编译，应先运行 source 命令设置工作空间后，再使用下面指令查看是否安装成功。

```
$ ros2 pkg list | grep cartographer
```

能看到图 7-4 所示结果则说明安装成功。

图 7-4　成功安装 Cartographer

7.2.3　Cartographer 参数配置

安装好之后就要对 Cartographer 进行参数配置。作为一个优秀的开源库，Cartographer 提供了很多可以配置的参数，虽然灵活性提高了，但同时也提高了使用难度（需要对参数进行调节配置），所以有必要在正式使用前对参数进行基本的介绍。因为我们主要使用其进行 2D 的建图定位，所以我们只需要关注 2D 相关的参数。Cartographer 参数是使用 lua 文件来描述的，但如果读者不会 lua 也没关系，我们只是改改参数而已。

（1）前端参数

打开 src/cartographer_core/cartographer/configuration_files/文件目录下的 trajectory_builder_2d.lua 文件，可对下方参数进行修改。

```
-- 是否使用 IMU 数据
use_imu_data = true,
-- 深度数据最小范围
min_range = 0.,
-- 深度数据最大范围
max_range = 30.,
-- 传感器数据超出有效范围最大值时，按此值来处理
missing_data_ray_length = 5.,
-- 是否使用实时回环检测来进行前端的扫描匹配
use_online_correlative_scan_matching = true
-- 运动过滤，检测运动变化，避免机器人静止时插入数据
motion_filter.max_angle_radians
```

（2）后端参数

打开 src/cartographer_core/cartographer/configuration_files/文件目录下的 pose_graph.lua 文件，该文件主要用于地图构建，可对下方参数进行修改。

```
--Fast csm 的最低分数，高于此分数才进行优化
constraint_builder.min_score = 0.65
--全局定位最小分数，低于此分数则认为目前全局定位不准确
constraint_builder.global_localization_min_score = 0.7
```

（3）Cartographer_ROS 参数配置

Cartographer_ROS 参数主要是用于和 ROS2 进行通信和数据收发的配置，比如配置从哪个话题读取里程计数据，从哪个话题来获取深度信息（雷达）。打开 src/cartographer_core/cartographer_ros/cartographer_ros/configuration_files/文件目录下名为 backpack_2d.lua 的文件，就可以对下方参数进行修改。

```
include "map_builder.lua"
include "trajectory_builder.lua"

options = {
```

```
    map_builder = MAP_BUILDER,
    trajectory_builder = TRAJECTORY_BUILDER,
    -- 用来发布子地图的 ROS 坐标系 ID，位姿的父坐标系，通常是 map
    map_frame = "map",
    -- SLAM 算法跟随的坐标系 ID
    tracking_frame = "base_link",
    -- 将发布 map 到 published_frame 之间的 tf
    published_frame = "base_link",
    -- 位于"published_frame "和"map_frame"之间，用来发布本地 SLAM 结果（非闭环），通常是
"odom"
    odom_frame = "odom",
    -- 是否提供里程计
    provide_odom_frame = true,
    -- 只发布二维位姿态（不包含俯仰角）
    publish_frame_projected_to_2d = false,
    -- 是否使用里程计数据
    use_odometry = false,
    -- 是否使用 GPS 定位
    use_nav_sat = false,
    -- 是否使用路标
    use_landmarks = false,
    -- 订阅的 laser scan topics 的个数
    num_laser_scans = 0,
    -- 订阅多回波技术 laser scan topics 的个数
    num_multi_echo_laser_scans = 1,
    -- 分割雷达数据的个数
    num_subdivisions_per_laser_scan = 10,
    -- 订阅的点云 topics 的个数
    num_point_clouds = 0,
    -- 使用 tf2 查找变换的超时秒数
    lookup_transform_timeout_sec = 0.2,
    -- 发布 submap 的周期间隔
    submap_publish_period_sec = 0.3,
    -- 发布姿态的周期间隔
    pose_publish_period_sec = 5e-3,
    -- 轨迹发布周期间隔
    trajectory_publish_period_sec = 30e-3,
    -- 测距仪的采样率
    rangefinder_sampling_ratio = 1.,
    --里程计数据采样率
    odometry_sampling_ratio = 1.,
    -- 固定的 frame 位姿采样率
    fixed_frame_pose_sampling_ratio = 1.,
```

```
    -- IMU 数据采样率
    imu_sampling_ratio = 1.,
    -- 路标采样率
    landmarks_sampling_ratio = 1.,
  }
```

7.3 Navigation 2 概述

7.3.1 Nav2 导航的介绍

Navigation 2（简称“Nav2”）项目是 ROS 导航（navigation）软件堆栈的精神继任者。该项目旨在寻找一种安全的方式让移动机器人从 A 点移动到 B 点。Nav2 也可以应用于其他涉及机器人导航的应用，例如跟踪动态点。为此，Nav2 将会完成动态路径规划、计算电机速度、避开障碍物和结构恢复行为。

Nav2 使用行为树（behavior trees，BT）调用模块化服务器来完成一个动作。动作可以是计算路径、控制工作（control efforts）、恢复或任何其他与导航相关的动作。这些都是通过 ROS 动作服务器与行为树（BT）进行通信的独立节点。图 7-5 是 Nav2 的结构。需注意：在每个控制器、规划器和恢复器服务器中可以有多个插件，并具有与之匹配的 BT 插件。这可以用来创建基于具体环境的导航行为。

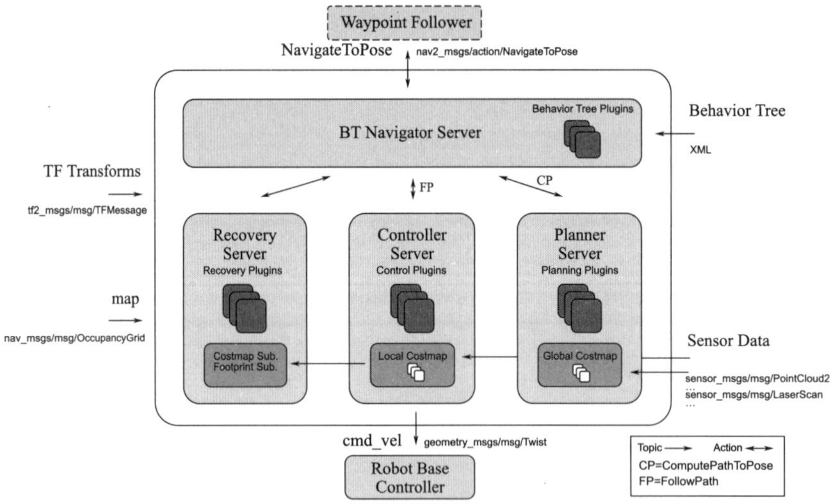

图 7-5　Nav2 的结构

图 7-5 中各组件功能如下：

Waypoint Follower（航点跟随）：用于按照一系列路点导航，可向 NavigateToPose 发送目标姿态指令，实现机器人沿指定路点移动。

NavigateToPose（导航到位姿）：核心模块，接收姿态目标，协调各部分完成导航任务。

BT Navigator Server（BT 导航服务器）：作为行为树服务器，依据行为树逻辑协调其他服务器。通过“CP”（ComputePathToPose）和“FP”（FollowPath）与规划服务器和控制服务器交互，依据规则选择和执行动作，如规划路径或跟踪路径。

Planner Server（规划服务器）：包含“Global Planner”（全局规划器），根据地图和目标姿态生成全局路径，为机器人规划从当前位置到目标位置的大致路线。

Controller Server（控制服务器）：含“Local Controller”（局部控制器），接收全局路径和传感器数据，实时调整机器人运动轨迹，避开动态障碍。

Recovery Server（恢复服务器）：含“Recovery Behaviors”（恢复行为），当机器人导航遇到问题，如陷入局部极小值或被堵塞，触发恢复行为，使其摆脱困境。

TF Transforms（TF 变换）：用于管理机器人各坐标系间转换关系，保证不同组件对机器人位置和姿态的统一理解。

Sensor Data（传感器数据）：各类传感器数据输入，为局部控制器和恢复服务器提供环境信息，用于避障和恢复决策。

map：地图数据，为全局规划器提供静态环境信息，用于生成全局路径。

Robot Base Controller（机器人底盘控制器）：接收“cmd_vel”（速度指令），控制机器人实际运动，是导航指令到机器人动作的执行环节。

Nav2 的预期输入是符合 REP-105 的 TF 坐标变换、使用静态成本地图图层的地图源、BT XML 文件和任何相关的传感器数据源。这样 Nav2 就可以为完整性约束机器人或非完整性约束机器人的电机提供有效的速度指令以进行跟随。目前 Nav2 支持所有的主要机器人类型，比如完整性约束机器人、差分驱动机器人、腿式机器人和阿克曼（类汽车）机器人等基本类型。Nav2 同时使用用于 SE2 碰撞检测的圆形和任意形状机器人为这些基本类型的机器人提供独特的支持。

Nav2 功能丰富，具有下列工具：

- 加载、提供和存储地图的工具（地图服务器 Map Server）；
- 在地图上定位机器人的工具（AMCL）；
- 避开障碍物从 A 点移动到 B 点的路径规划工具（Nav2 Planner）；
- 跟随路径过程中控制机器人的工具（Nav2 Controller）；
- 将传感器数据转换为机器人世界中的成本地图表达的工具（Nav2 Costmap 2D）；
- 使用行为树构建复杂机器人行为的工具（Nav2 行为树和 BT Navigator）；
- 发生故障时计算恢复行为的工具（Nav2 Recoveries）；
- 跟随顺序航点的工具（Nav2 Waypoint Follower）；
- 管理服务器生命周期的工具和看门狗（Nav2 Lifecycle Manager）；
- 启用用户自定义算法和行为的插件（Nav2 Core）。

7.3.2 Nav2 导航相关概念

使用 Nav2 进行导航涉及多个关键概念，这些概念共同构成了 Nav2 框架的核心，并使得 TurtleBot4 能够在各种环境中自主导航。本小节将介绍 Nav2 导航相关的概念，通过合理配置和调试这些组件和参数，机器人可以在各种环境中实现高效、安全和可靠的自主导航。

（1）动作服务器

动作服务器（action server）是控制导航等长时间运行任务的常用方式。在 Nav2 软件堆栈中会更广泛地使用动作，并且在某些情况下会缺乏简单的话题接口。

动作服务器类似于规范的服务（service）服务器。客户端会请求完成某个任务，特别是当该任务可能需要很长时间时。例如，让机器人向右移动 10m 就是这类任务的示例。在这种情况下，动作服务器和客户端允许用户在另一个进程或线程中调用长时间运行的任务，并为其结果返回一个 future 变量。此时允许阻塞线程直到动作完成，但是，用户可能希望偶尔检查动作是否完成并继续在客户端线程中处理工作。由于是长时间运行的，动作服务器也会向其客户端提供反馈。这个反馈可以是任何事物，并且在ROS中使用具有请求和结果类型的.action文件定义。在推土机示例中，请求可能是一个角度，反馈可能是要移动的剩余角度，而结果则是以结束角度表示的成功或失败布尔值。在导航示例中，请求可能是一个位姿，反馈可能是已导航的时间和到达目标位姿的距离，而结果则是以成功或失败表示的布尔值。

通过向动作客户端注册回调函数，可以同步收集反馈和结果消息。也可以通过从共享的future对象异步请求信息来收集反馈和结果消息。两者都需要旋转（spinning）客户端节点来处理回调函数组。

（2）行为树

行为树（BT）在复杂的机器人任务中越来越常见。它们是一种由任务构成的树状结构，用于完成任务。它为定义多步骤或多状态应用程序提供了一个更具可扩展性和可理解性的框架。行为树为导航逻辑提供了一种形式化结构，既可以用于创建复杂系统，又可以使用先进的工具验证其正确性。将应用逻辑集中在行为树中，并使用独立的任务服务器（仅通过树进行数据通信），可以进行形式化分析。

（3）导航服务器

规划器（planner）和控制器（controller）是导航任务的核心。恢复器（recoveries）用于使机器人摆脱不良状况或者尝试处理各种形式的问题以使系统具有容错能力。在本节中，将分析有关它们的一般概念，及其在Nav2项目中的使用。

（4）规划器、控制器、恢复服务器

Nav2项目中的三个动作服务器是规划器、控制器和恢复器服务器。这些动作服务器用于托管一个地图算法插件以完成各种任务。它们还托管由该算法插件使用的环境表达，以计算其输出。

规划器和控制器服务器会在运行时使用名称（别名）和要使用的算法类型进行配置。这些类型是已注册的插件库名称，而这些名称则是任务的别名。例如使用名称FollowPath的DWB控制器，该控制器会跟随参考路径。在这个示例中，DWB的所有参数都会被放置在该命名空间中，例如FollowPath.<param>。

对于恢复器服务器，每个恢复器也会包含它们自己的名称，但是，每个插件也会公开它自己的具体动作服务器。这样做是因为可以创建的各种恢复动作无法共享单个简单的接口。恢复器服务器还包含一个订阅本地成本地图的成本地图订阅者节点，该节点会从控制器服务器接收实时更新以计算其任务。这样做是为了避免为本地成本地图创建多个实例，因为复制本地成本地图在计算上是昂贵的。

（5）平滑器

Nav2中的平滑器是一个重要的组件，它主要负责对规划器生成的路径进行平滑处理。具体来说，平滑器通过应用平滑算法，减少路径中的振荡或锯齿状特征，使其更加平稳和连续。这样做可以使机器人运行得更优雅，提高运动性能，并减少硬件的磨损。

通过平滑处理，规划器生成的原始路径点会被转换为平滑后的路径点，这些平滑后的路径点更适合机器人的运动学特性，从而使机器人能够更稳定地沿着路径移动。因此，平滑器在Nav2框架中起着至关重要的作用，它确保了机器人能够高效、稳定地完成导航任务。

（6）航点随点

路径点跟踪是导航系统的基本功能之一。它告诉我们的系统如何使用导航来到达多个目的地。如果需要前往指定位置并完成特定任务，例如拍照、拾起盒子或等待用户输入，这将非常有用。

（7）状态估计

Nav2 中，默认进行状态估计的组件是 AMCL（adaptive Monte Carlo localization，自适应蒙特卡洛定位）。Nav2 中对应的功能包是 nav2_amcl。根据 ROS 社区标准，在导航项目中，需要提供两个主要的坐标转换。map 到 odom 的坐标变换由定位系统（定位、建图、SLAM）提供，odom 到 base_link 的坐标转换由里程计系统提供。

（8）全局定位

全局定位系统（GPS、SLAM、动作捕捉）的任务是至少提供 map -> odom 转换。我们提供了 amcl，它是一种基于粒子滤波器的自适应蒙特卡洛定位技术，用于在静态地图中进行定位。我们还提供 SLAM 工具箱作为默认的 SLAM 算法，用于定位和生成静态地图。这些方法也可能产生其他输出，包括位置主题、地图或其他元数据，但它们必须提供该转换才能有效。可以使用机器人定位将多个定位方法融合在一起。

（9）里程计

里程计系统的作用是提供 odom -> base_link 的坐标转换。里程计可以来自许多数据源，包括激光雷达、车轮编码器、VIO 和 IMU。里程计的目标是提供基于机器人运动的平滑和连续的局部坐标系。全局定位系统会相对全局坐标的坐标变换进行更新，以解决里程计的漂移问题。

Robot Localization 通常用于这种融合。它将采用各种类型的 N 个传感器，并为 TF 和话题提供连续平滑的里程计。一个典型的移动机器人装置可能有来自车轮编码器或 IMU 的里程计以及融合在这个工作区内的视觉。

这样平滑输出就可用于精确运动的航行位置推算和在全局位置更新之间准确地更新机器人的位置。

（10）环境表达

环境表达是机器人感知环境的方式，它还充当各种算法和数据源的中心定位工具，并将它们的信息组合到一个空间中。这样，控制器、规划器和恢复器就可以使用该空间来安全、有效地计算它们的任务。

7.3.3 Nav2 导航安装与介绍

在安装 Nav2 导航之前，我们要确保系统中已经安装好了 ROS2，演示中安装的 ROS2 版本是 humble 版本，在示例代码中要将<ros2-distro>换成自己的安装版本。

首先使用操作系统的包管理器安装 Nav2 包：

```
$ sudo apt install ros-<ros2-distro>-navigation2
$ sudo apt install ros-<ros2-distro>-nav2-bringup
```

然后安装 Turtlebot 3 软件包：

```
$ sudo apt install ros-<ros2-distro>-turtlebot3-gazebo
```

在 GUI 中启动终端，设置关键环境变量：

```
$ source /opt/ros/<ros2-distro>/setup.bash
$ export TURTLEBOT3_MODEL=waffle
$ export GAZEBO_MODEL_PATH=$GAZEBO_MODEL_PATH:/opt/ros/<ros2-distro>/share/
turtlebot3_gazebo/models
```

并在同一终端中运行下面的代码：

```
$ ros2 launch nav2_bringup tb3_simulation_launch.py headless:=False
```

此启动文件将在世界范围内启动带有 AMCL 定位器的 Nav2 turtlebot3_world。它还将启动机器人状态发布器来提供转换、带有 Turtlebot3 URDF 的 Gazebo 实例和 Rviz。

如果一切正常启动，将显示 Rviz 和 Gazebo GUI，如图 7-6、图 7-7 所示。

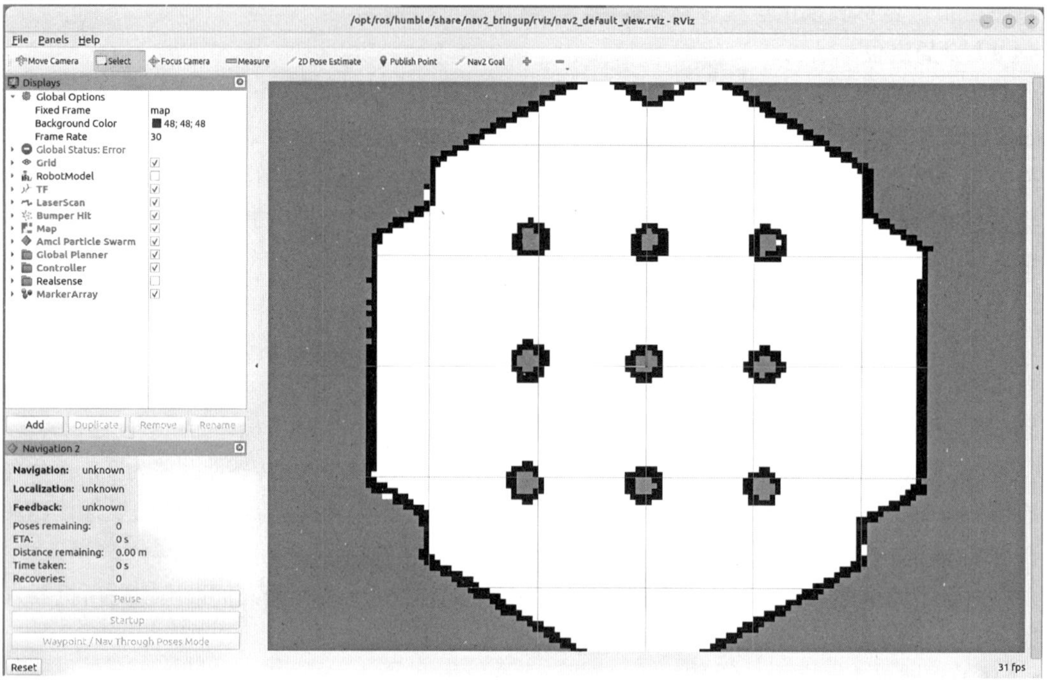

图 7-6 Rviz 界面

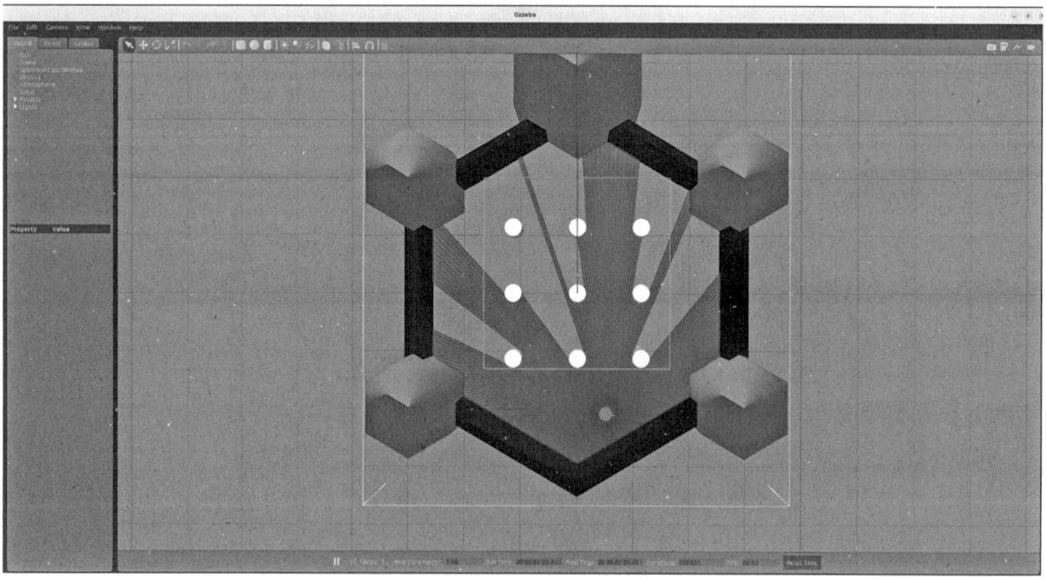

图 7-7 Gazebo GUI 界面

如果没有自动启动，应单击 Rviz 左下角的“启动”按钮，这将导致 Nav2 更改为活动状态，它应该改变外观以显示地图。

7.4 Nav2 行为树

在 ROS2 中，Navigation2 是一个用于移动机器人路径规划的软件库。其中，“navigation2 的行为树”可能指的是 Navigation2 中用于决策制定行动的一种数据结构，即行为树。它们是一种由任务构成的树状结构，用于完成任务。它为定义多步骤或多状态应用程序提供了一个更具可扩展性和可理解性的框架。这与有数十个状态和数百个转换的有限状态机（FSM）相反。

在 ROS2 中，Navigation2 使用行为树来描述复杂的导航行为，如何寻找路、如何避免障碍物、如何处理未知等。这样的设计使得机器人的行为可以通过配置一棵树来灵活调整，而不需要对代码进行重大修改。

7.4.1 行为树概述

Nav2 是一个令人难以置信的可重新配置的项目。它允许用户跨行为树、核心算法、状态检测器等设置许多不同的插件类型。本节重点介绍 Nav2 项目中默认提供的一些用于执行有趣任务的示例行为树 XML 文件。值得说明的是，这些行为树 XML 文件可以针对特定应用程序进行修改，或者作为指南帮助构建特定于应用程序的行为树。这些模范示例可以说明如何使用行为树显著地重新配置导航行为。

创建和配置 Navigation2 行为树通常涉及以下几个步骤：

① 定义节点：使用 XML 或 YAML 等格式定义行为树的节点，包括控制节点、动作节点和条件节点。

② 组织节点：通过连接将节点组织成树状结构，定义节点之间的执行顺序和逻辑关系。

③ 配置参数：为节点配置必要的参数，如目标位置、移动速度等。

④ 加载行为树：在导航系统中加载并初始化行为树，使其能够根据当前状态和目标位置生成并执行导航行为。

以下是一个简单的行为树 XML 示例，展示了如何使用选择器节点和动作节点来定义机器人的导航行为：

```
<root main_tree_to_execute="MainTree">
    <BehaviorTree id="MainTree">
        <Selector>
            <MoveToTarget />
            <StopMoving />
        </Selector>
    </BehaviorTree>
</root>
```

在这个示例中，Main_Tree 是行为树的根节点，包含一个选择器节点。选择器节点有两个子节点：MoveToTarget 和 StopMoving。当行为树执行时，它将首先尝试执行 MoveToTarget 节点，如果成功则停止执行；如果失败，则执行 StopMoving 节点。

7.4.2 导航到位姿行为树

本小节介绍导航到某个位姿（Navigate To Pose）的行为树。此行为树是在行为树 XMLs 的基础上实现的一个明显更加成熟版本的行为树，还会让机器人在自由空间中从起点导航到单点目标。并且该行为树同时包含在特定子环境中使用自定义恢复器和用于系统级故障的全局恢复器子树，此外，还为用户提供了在返回失败状态之前多次重试任务的机会。

BT 节点 ComputePathToPose 和 FollowPath 也同时指定了它们要使用的算法。按照惯例，这里以算法的风格来命名它们（例如，其名称不是 DWB，而是 FollowPath），这样行为树或应用程序开发人员就不必担心技术细节。他们只是想使用路径跟随控制器。

在此行为树中，在向调用者返回任务失败的消息之前，会尝试重试整个导航任务 6 次。这样可以使导航系统有充足的机会尝试从故障条件中恢复或等待瞬态问题过去，例如人群拥挤或传感器临时故障。

在重试执行中，会每秒重新规划路径并将该路径传递给控制器，类似于行为树 XMLs 中的行为树。然而，此时如果规划器失败，该行为树会在其子树中触发上下文感知恢复器，用于清除全局成本地图。可以在此处添加其他恢复器以进行其他特定于上下文的恢复，例如尝试其他算法。

同样，控制器也有类似的逻辑。如果控制器失败，也会尝试对影响控制器的本地成本地图进行成本地图清除。值得注意的是用于处理导航目标更新事件的响应机制的 GoalUpdated 节点，可以通过抢占在将新目标传递给导航系统时退出恢复器条件，这样可以确保导航系统会在发布新目标时立即做出响应，即使最后的目标处于尝试恢复过程也是如此。

如果这些恢复器失败，则此行为树会进入恢复子树。此子树保留用于系统级故障，以帮助解决像机器人卡住或处于坏点等这样的问题。子树也有 BT 节点 GoalUpdated，该 BT 节点在每次迭代时都被勾选以确保新目标的响应能力。接下来，恢复器子树将会对以下动作进行恢复：成本地图清除操作、旋转、等待和后退。当子树中的每个恢复器都完成其恢复动作后，将会重新尝试主导航子树。如果主导航子树继续失败，则会勾选恢复子树中的下一个恢复器。

虽然此行为树没有使用，但 PlannerSelector、ControllerSelector 和 GoalCheckerSelector 行为树节点也很有用。这些行为树节点允许用户通过 ROS 话题动态更改导航系统中使用的算法，而不是硬编码要使用的算法（GridBased 和 FollowPath）。相反地，建议在最有用和最独特的情况下使用具有指定算法的条件节点创建不同的子树上下文。但是，选择器节点是一种从外部应用程序而不是通过内部行为树控制流逻辑更改算法的有用方法。最好通过行为树方法来实现更改，但我们知道许多专业用户都有外部应用程序来动态更改其导航仪的设置。

以下是导航到某个位姿行为树的 XML 代码。

```
    <root main_tree_to_execute="MainTree">
    <BehaviorTree ID="MainTree">
    <RecoveryNode number_of_retries="6" name="NavigateRecovery">
    <PipelineSequence name="NavigateWithReplanning">
    <RateController hz="1.0">
    <RecoveryNode number_of_retries="1" name="ComputePathToPose">
    <ComputePathToPose goal="{goal}" path="{path}" planner_id="GridBased"/>
    <ReactiveFallback name="ComputePathToPoseRecoveryFallback">
    <GoalUpdated/>
    <ClearEntireCostmap name="ClearGlobalCostmap-Context"
service_name="global_costmap/clear_entirely_global_costmap"/>
    </ReactiveFallback>
```

```
</RecoveryNode>
</RateController>
<RecoveryNode number_of_retries="1" name="FollowPath">
<FollowPath path="{path}" controller_id="FollowPath"/>
<ReactiveFallback name="FollowPathRecoveryFallback">
<GoalUpdated/>
<ClearEntireCostmap name="ClearLocalCostmap-Context" service_name="local_costmap/clear_entirely_local_costmap"/>
</ReactiveFallback>
</RecoveryNode>
</PipelineSequence>
<ReactiveFallback name="RecoveryFallback">
<GoalUpdated/>
<RoundRobin name="RecoveryActions">
<Sequence name="ClearingActions">
<ClearEntireCostmap name="ClearLocalCostmap-Subtree"
service_name="local_costmap/clear_entirely_local_costmap"/>
<ClearEntireCostmap name="ClearGlobalCostmap-Subtree"
service_name="global_costmap/clear_entirely_global_costmap"/>
</Sequence>
<Spin spin_dist="1.57"/>
<Wait wait_duration="5"/>
<BackUp backup_dist="0.15" backup_speed="0.025"/>
</RoundRobin>
</ReactiveFallback>
</RecoveryNode>
</BehaviorTree>
</root>
```

7.4.3 跟随动态点行为树

这一小节将介绍跟随动态点（Follow Dynamic Point）行为树。

此行为树实现了机器人从起点开始然后尝试长时间跟随动态点的导航行为。这个“动态点”可以是一个人、另一个机器人、一根虚拟的胡萝卜和其他任何东西。唯一的要求就是想要跟随的位姿已发布到BT节点GoalUpdater中列出的话题上。

在此行为树中，会以1Hz的频率进行路径重新规划，就像在导航至某个位姿（Navigate To Pose）行为树中使用ComputePathToPose节点所做的那样。但是，这次在重新规划路径时，此行为树会根据更新的目标位姿话题中的最新信息来更新目标。在规划好了到这个动态点的路径后，会使用TruncatePath节点从靠近动态点的路径末端删除路径点。

这个行为树节点很有用，因为它可以让机器人始终与障碍物保持至少distance参数设定的距离，即使机器人停下来。此行为树能够消除尝试在成本地图上可能被占用的空间中进行路径规划所涉及的任何偏离路径行为。

在计算到动态点的新路径并进行截断后，此行为树会再次通过 FollowPath 节点将该新路径传递给控制器。但是应注意，FollowPath 节点位于 KeepRunningUntilFailure 装饰器节点下，用于确保控制器继续执行直到出现故障模式。这个行为树会无限期执行下去，直到导航请求被抢占或者取消为止。

以下是跟随动态点行为树的 XML 代码。

```
<root main_tree_to_execute="MainTree">
<BehaviorTree ID="MainTree">
<PipelineSequence name="NavigateWithReplanning">
<RateController hz="1.0">
<Sequence>
<GoalUpdater input_goal="{goal}" output_goal="{updated_goal}">
<ComputePathToPose goal="{updated_goal}" path="{path}" planner_id="GridBased"/>
</GoalUpdater>
<TruncatePath distance="1.0" input_path="{path}"
output_path="{truncated_path}"/>
</Sequence>
</RateController>
<KeepRunningUntilFailure>
<FollowPath path="{truncated_path}" controller_id="FollowPath"/>
</KeepRunningUntilFailure>
</PipelineSequence>
</BehaviorTree>
</root>
```

7.5 配置规划器、恢复器、控制器服务器和平滑器

Nav2 中的四个动作服务器是规划器、恢复器、控制器服务器和平滑器。

这些动作服务器用于托管算法插件的地图，以完成各种任务。它们还托管算法插件用于计算其输出的环境表示。

规划器、平滑器和控制器服务器将在运行时配置要使用的算法的名称（别名）和类型。这些类型是已注册的 pluginlib 名称，名称是任务的别名。例如，使用名称 FollowPath 的 DWB 控制器，该控制器会跟随参考路径。在这种情况下，DWB 的所有参数都将放置在该命名空间中，例如 FollowPath.<param>。

这三个服务器会暴露一个与它们的任务相对应的动作接口。当行为树对应的 BT 节点被触发时，它将调用动作服务器来处理其任务。服务器内部的动作服务器回调将通过其名称（例如 FollowPath）调用所选算法，该名称映射到特定算法。这允许用户将行为树中使用的算法抽象为算法类。

规划器和控制器是导航任务的核心。恢复器用于使机器人摆脱不良状态或尝试处理各种形式的问题，以使系统具有容错能力。平滑器可用于进一步提高规划路径的质量。在本节中，将分析有关它们的一般概念，及其在 Nav2 项目中的用途。

7.5.1 配置规划器

规划器的任务是计算一条路径来完成某个目标函数。根据术语和所选算法，路径也可以称为路线。两个典型的例子是计算到达目标的计划（例如，从当前位置到目标）或完全覆盖（例如，计划覆盖所有自由空间）。规划器将能够访问全局环境表示和缓冲到其中的传感器数据。规划器可以编写有以下功能的工具：

① 计算最短路径；

② 计算完全覆盖路径；

③ 沿稀疏或预定义路线计算路径。

在 Nav2 中，规划器的一般任务是计算从当前姿态到目标姿态的有效且可能最优的路径。然而，许多类别的计划和路线（完全覆盖路径、沿稀疏或预定义路线的路径等）都是受支持的。

ROS2 中的规划器有规划器服务器（Planner Server）、NavFn 规划器、Smac 规划器和 Theta* 规划器（Theta Star Planner）。接下来将一一介绍如何配置它们。

（1）规划器服务器

规划器服务器（Planner Server）是用于处理导航堆栈规划器请求的服务器，并具有一个地图插件实现。该服务器会使用一个目标位置和一个规划器插件名称，并调用正确的插件来计算到达目标位置的路径。

其主要参数有 planner_plugins 参数、expected_planner_frequency 参数、bond_timeout 参数。

planner_plugins 参数的数据类型是 vector<string>，默认值是['GridBased']，作用是用于设置参数和处理请求的映射插件名称列表。此列表中定义的每个插件命名空间都需要有一个 plugin 参数来定义要在命名空间中加载的插件类型。例如：

```
planner_server:
  ros__parameters:
    planner_plugins: ["GridBased"]
GridBased:
  plugin: "nav2_navfn_planner/NavfnPlanner"
```

expected_planner_frequency 参数的数据类型是 double，默认值是 20.0，是用于设置规划器的预期频率。如果当前频率低于设置的预期频率，则会显示警告消息。

bond_timeout 参数的数据类型是 int，默认值是 4，是用于设置服务器绑定超时时间，如果某个服务器未响应的时间超过了设定的这个超时时间（单位为 s），则会将此管理器管理的所有生命周期节点转换到终结状态。设置为 0 以停用服务器绑定。若此管理器管理的节点全部为本地节点，建议此参数值设置为始终大于 0.3s。注意：如果某个服务器干净地退出，则该管理器会立即收到通知。

当 planner_plugins 参数未被覆盖时，会加载 nav2_navfn_planner/NavfnPlanner 默认插件。

示例如下所示：

```
planner_server:
  ros__parameters:
    expected_planner_frequency: 20.0
planner_plugins: ['GridBased']
GridBased:
  plugin: 'nav2_navfn_planner/NavfnPlanner'
```

（2）NavFn 规划器

NavFn 规划器插件可以实现波前 Dijkstra 或 A*扩展规划器。其主要参数有 tolerance 参数、use_astar 参数、allow_unknown 参数。

tolerance 参数的数据类型为 double，默认值是 0.5，是用于设置请求的目标位姿与路径终点之间的容许误差，单位为 m。

use_astar 参数的数据类型为 bool，默认值是 False，主要用于设置是否使用 A*算法。如果为 False，则会使用 Dijkstra 扩展算法。

allow_unknown 参数的数据类型是 bool，默认值是 True，主要用于设置是否允许在未知空间中进行路径规划。

NavFn 规划器的示例如下：

```
planner_server:
  ros_parameters:
    planner_plugins: ['GridBased']
GridBased:
  plugin: 'nav2_navfn_planner/NavfnPlanner'
use_astar: True
allow_unknown: True
tolerance: 1.0
```

（3）Smac 规划器

Smac 规划器插件实现了一个 2D A*和混合-A*（Hybrid-A*）路径规划器。2021 年 6 月，该规划器进行了一项重大更新，改善了路径质量且运行时间缩短为原来的 1/3～1/2。Hybrid-A*规划器的一个示例如图 7-8 所示，在 73ms 内规划了一个 60m 的路径。对于大多数环境，通常的规划时间会低于 100ms，偶尔会达到 200ms。

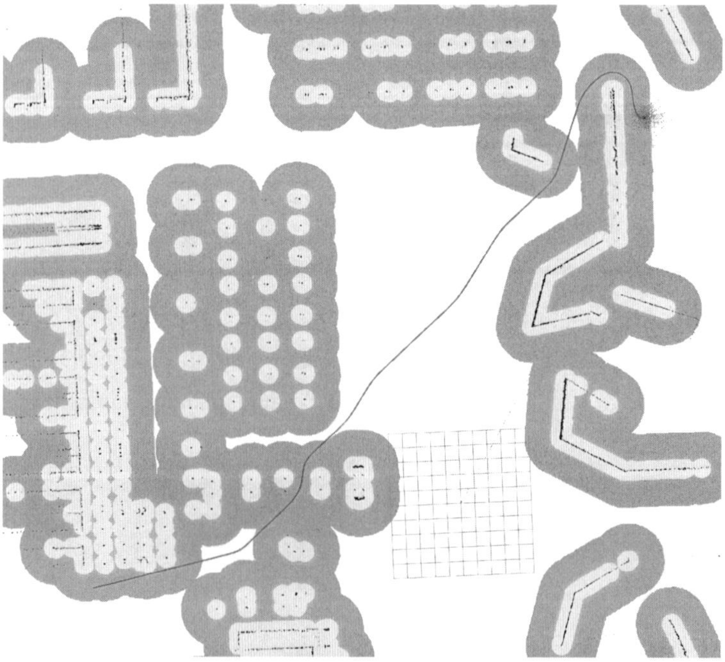

图 7-8　Hybrid-A*规划器的示例

其参数有 tolerance 参数、downsample_costmap 参数、downsampling_factor 参数、allow_unknown 参数、max_iterations 参数、max_on_approach_iterations 参数、max_planning_time 参数、analytic_expansion_ratio 参数、motion_model_for_search 参数、cost_travel_multiplier 参数、angle_quantization_bins 参数、minimum_turning_radius 参数、reverse_penalty 参数、change_penalty 参数、non_straight_penalty 参数、cost_penalty 参数、lattice_filepath 参数、lookup_table_size 参数、cache_obstacle_heuristic 参数、smoother.max_iterations 参数、smoother.w_smooth 参数、smoother.w_data 参数、smoother.tolerance 参数。

由于参数众多，这里不再介绍每个参数的数据类型和默认值。Smac 规划器的示例代码如下：

```
planner_server:
  ros__parameters:
    # 使用的规划器插件，这里命名为 GridBased
    planner_plugins: ["GridBased"]
    # 是否使用仿真时间
    use_sim_time: True
    GridBased:
      # 使用的路径规划插件
      plugin: "nav2_smac_planner/SmacPlanner"
      # 终点允许的偏差（m）
      tolerance: 0.5
      # 是否对代价地图下采样
      downsample_costmap: false
      # 下采样比例（1 表示不缩放）
      downsampling_factor: 1
      # 是否允许路径经过未知区域
      allow_unknown: false
      # 最大搜索迭代次数
      max_iterations: 1000000
      # 靠近终点时的额外迭代次数
      max_on_approach_iterations: 1000
      # 最大规划时间（s）
      max_planning_time: 3.5
      # 搜索使用的运动学模型（DUBIN：仅前进汽车模型）
      motion_model_for_search: "DUBIN"
      # 路径代价放大倍数（影响对高代价区的避让）
      cost_travel_multiplier: 2.0
      # 角度离散化数量（64 表示每 5.6° 一个方向）
      angle_quantization_bins: 64
      # 启发式解析扩展比例（加快终点收敛）
      analytic_expansion_ratio: 3.5
      # 最小转弯半径（m）
      minimum_turning_radius: 0.40
      # 倒车的惩罚系数
      reverse_penalty: 2.1
```

```
# 改变运动模式（直行→转弯 或 前进→倒车）的惩罚
change_penalty: 0.15
# 非直线运动的惩罚（鼓励直线路径）
non_straight_penalty: 1.50
# 地图代价权重（越大越避开障碍物）
cost_penalty: 1.7
# 自定义轨迹文件路径（为空表示不使用）
lattice_filepath: ""
# 启发式查找表大小
lookup_table_size: 20
# 是否缓存障碍物启发式结果，加快重复规划
cache_obstacle_heuristic: True
# ---------------- 路径平滑器参数 ----------------
smoother:
  # 平滑器最大迭代次数
  max_iterations: 1000
  # 平滑项权重（鼓励曲率小）
  w_smooth: 0.3
  # 保真项权重（保持路径形状）
  w_data: 0.2
  # 收敛容差
  tolerance: 1e-10
```

（4）Theta*规划器

Theta*规划器实现了 Theta 路径规划器，旨在使用 A*路径规划算法规划任意角度的路径。对于图 7-9 所示的示例，该规划器用时约 46ms（平均值）计算了 87.5m 的路径。

Theta*规划器的参数有 how_many_corners 参数、w_euc_cost 参数、w_traversal_cost 参数、w_heuristic_cost 参数。

how_many_corners 参数的数据类型为 int，默认值为 8，作用是要在 4 个连接（上、下、左、右）和 8 个连接（所有相邻单元格）图形扩展之间进行选择，即可接收的值为 4 和 8。

w_euc_cost 参数的数据类型为 double，默认值为 1.0，用于设置施加在路径长度上的权重。

w_traversal_cost 参数的数据类型为 double，默认值为 2.0，此参数会调整高成本节点受到惩罚的严厉程度。在 Theta*规划器的程序中，成本函数的成本感知组件形成了一条抛物线，所以此参数的值增大时会使该曲线更陡峭，从而会导致不同成本节点之间更大的差异（当曲线变陡峭，成本增量也会随之增大）。

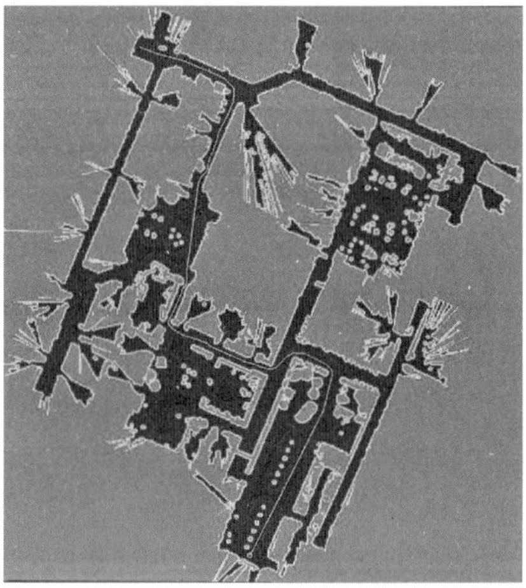

图 7-9 Theta*规划器的示例

w_heuristic_cost 参数的数据类型为 double，默认值为 1.0，用于提供一个可接受的启发式方法，以便推荐值仅在请求时更改其值。通常将此参数值设置为与 w_euc_cost 参数值相同或 1.0（以较小者为准），但可以增大 w_heuristic_cost 参数的值以加快进程。

Theta*规划器的示例代码如下：

```
planner_server:
  ros__parameters:
    planner_plugin_types: ["nav2_theta_star_planner/ThetaStarPlanner"]
  use_sim_time: True
  planner_plugin_ids: ["GridBased"]
GridBased:
  how_many_corners: 8
  w_euc_cost: 1.0
  w_traversal_cost: 2.0
  w_heuristic_cost: 1.0
```

7.5.2 配置恢复器

恢复器是容错系统的主要组成部分。恢复的目标是处理系统的未知或故障条件，并自主处理它们。例如，当感知系统发生故障时，可能会导致环境表示中充满虚假障碍物。这时便会触发清除代价地图的恢复，以允许机器人移动。

另一个例子是，如果机器人由于动态障碍物或控制不良而卡住，如果允许，后退或原地旋转可以让机器人从不良位置移动到可以成功导航的自由空间。

最后，在完全失败的情况下，可以实现一种恢复来呼叫操作员寻求帮助。这可以通过电子邮件、短信、Slack、Matrix 等来完成。

重要的是要注意，恢复器可以容纳任何行为来共享对昂贵资源（如代价地图或 TF 缓冲区）的访问，而不仅仅是恢复行为。每个都可以有自己的 API。恢复器可以容纳多种不同的行为，这些行为可以共享对计算成本较高的资源的访问。例如，代价地图和 TF 缓冲区是两种计算成本较高的资源，它们需要大量的计算能力来维护。通过在恢复器容纳多种不同的行为，这些行为可以共享对这些资源的访问，从而避免了重复计算和内存浪费。这意味着，你可以在恢复器中定义多种不同的行为，这些行为可以根据需要使用代价地图或 TF 缓冲区等资源。由于这些资源是在行为服务器中共享的，因此每个行为都可以快速访问它们，而无需重新计算或复制数据。

ROS2 中的恢复器有恢复器服务器（Recovery Server）、旋转恢复器（Spin Recovery）、后退恢复器（Backup Recovery）。

（1）恢复器服务器

恢复器服务器是用于处理恢复请求的服务器，并托管了实现各种 C++恢复器的插件向量。也可以为每个自定义恢复器实现独立的恢复器服务器，但该服务器允许多个恢复器共享诸如成本地图和 TF 缓冲区等资源，以降低新行为的增量成本。

要注意的是，等待（wait）恢复器没有参数，等待的持续时间会在动作请求中给出。

恢复器服务器具有以下参数：costmap_topic 参数、footprint_topic 参数、cycle_frequency 参数、transform_tolerance 参数、global_frame 参数、robot_base_frame 参数、recovery_plugins 参数。

costmap_topic 参数的数据类型为 string，默认值为“local_costmap/costmap_raw”，其作用是设置用于发布碰撞检测原始成本地图的话题。

footprint_topic 参数的数据类型为 string，默认值为“local_costmap/ published_footprint”，其作用是设置用于发布成本地图坐标系中的足迹的话题。

cycle_frequency 参数的数据类型为 double，默认值为 10.0，其作用是设置运行恢复器插件的频率。

transform_tolerance 参数的数据类型为 double，默认值为 0.1，其作用是设置 TF 坐标变换的容差。

global_frame 参数的数据类型为 string，默认值为“odom”，其作用是设置参考坐标系。

robot_base_frame 参数的数据类型为 string，默认值为“base_link”，其作用是设置机器人的底座坐标系。

recovery_plugins 参数的数据类型为 vector<string>，默认值为{“spin”，“back_up”，“wait”}，它们是要使用的插件名称列表，与动作服务器名称相匹配。要注意的是，此列表中定义的每个插件命名空间下都要有一个 plugin 参数来定义要在该命名空间中加载的插件类型。例如：

```
recoveries_server:
  ros__parameters:
    recovery_plugins: ["spin", "backup", "wait"]
  spin:
    plugin: "nav2_recoveries/Spin"
  backup:
    plugin: "nav2_recoveries/BackUp"
  wait:
    plugin: "nav2_recoveries/Wait"
```

（2）旋转恢复器

旋转恢复器中的旋转距离会在动作请求中给出。旋转恢复器具有以下 4 个参数：simulate_ahead_time 参数、max_rotational_vel 参数、min_rotational_vel 参数、rotational_acc_lim 参数。

simulate_ahead_time 参数的数据类型为 double，默认值为 2.0，其作用是设置等待碰撞的时间长度（单位为 s）。

max_rotational_vel 参数的数据类型为 double，默认值为 1.0，其作用是设置最大旋转速度（单位为 rad/s）。

min_rotational_vel 参数的数据类型为 double，默认值为 0.4，其作用是设置最小旋转速度（单位为 rad/s）。

rotational_acc_lim 参数的数据类型为 double，默认值为 3.2，其作用是设置最大旋转加速度（单位为 rad/s^2）。

（3）后退恢复器

后退恢复器的后退距离会在动作请求给出。后退恢复器只有 1 个参数：simulate_ahead_time 参数。

simulate_ahead_time 参数的数据类型为 double，默认值为 2.0，其作用是设置等待碰撞的时间长度（单位为 s）。

7.5.3 配置控制器服务器

控制器，也称为 ROS2 中的本地规划器，是我们遵循全局计算路径或完成局部任务的方式。控制器能够访问局部环境表示，以尝试计算底座可行的控制力。许多控制器将机器人向前投影到空间中，并在每次更新迭代时计算一条局部可行的路径。

在 Nav2 中，控制器的一般任务是计算有效的控制力来遵循全局计划。然而，存在许多类别的控制器和局部规划器。这个项目的目标是所有控制器算法都可以作为这个服务器中的插件，用于常见的研究和工业任务。

控制器服务器（controller server）实现了用于处理堆栈的控制器请求的服务器，并承载了插件实现的映射表。它将接收控制器、进度检查器和目标检查器的路径和插件名称，并调用相应的插件。

控制器服务器的参数有：controller_frequency 参数、progress_checker_plugins 参数、goal_checker_plugins 参数、min_x_velocity_threshold 参数、min_y_velocity_threshold 参数、min_theta_velocity_threshold 参数、failure_tolerance 参数、speed_limit_topic 参数、odom_topic 参数。

controller_frequency 参数的数据类型为 double，默认值为 20.0，其作用是设置控制器运行的频率（Hz）。

progress_checker_plugins 参数的数据类型为 string[]，默认值为["progress_checker"]，是检查机器人进度的进度检查插件的映射名称。以前用于 Humble 和旧版本的"progress_checker_plugin"，使用单个字符串插件。要注意的是，定义的插件命名空间需要有一个 plugin 参数来定义要在命名空间中加载的插件类型。

goal_checker_plugins 参数的数据类型为 string，默认值为'goal_checker'，是检查目标是否已达到的目标检查插件的映射名称。值得注意的是，定义的插件命名空间需要'有一个 plugin 参数来定义要在命名空间中加载的插件类型。

min_x_velocity_threshold 参数的数据类型为 double，默认值为 0.0001，作用是控制器服务器在将接收到的里程计消息发送给控制器插件之前会过滤速度部分。低于此阈值（以 m/s 为单位）的里程计值将被设置为 0.0。

min_y_velocity_threshold 参数的数据类型为 double，默认值为 0.0001，作用是控制器服务器在将接收到的里程计消息发送给控制器插件之前会过滤速度部分。低于此阈值（以 m/s 为单位）的里程计值将被设置为 0.0。

min_theta_velocity_threshold 参数的数据类型为 double，默认值为 0.0001，作用是控制器服务器在将接收到的里程计消息发送给控制器插件之前会过滤速度部分。低于此阈值（以 rad/s 为单位）的里程计值将被设置为 0.0。

failure_tolerance 参数的数据类型为 double，默认值为 0.0，其作用是设置被调用的控制器插件在失败（即插件的 computeVelocityCommands 函数抛出异常）之前的最大持续时间（以秒为单位）。若超出该时限，nav2_msgs::action::FollowPath 动作将失败。将其设置为特殊值-1.0 可以使其无限制，设置为 0 则禁用，设置为正值可设定适当的超时时间。

speed_limit_topic 参数的数据类型为 string，默认值为"speed_limit"，是要订阅的限速主题名称。其可以通过速度过滤器发布。如果提供外部服务器来发布这些速度限制信息，也可以在没有速度过滤器的情况下使用此功能。

odom_topic 参数的数据类型为 string，默认值为"speed_limit"，是用于获取瞬时速度测量值的主题。

控制器服务器的示例代码如下：

```
controller_server:
  ros__parameters:
    use_sim_time: True
  controller_frequency: 20.0
  min_x_velocity_threshold: 0.001
  min_y_velocity_threshold: 0.5
  min_theta_velocity_threshold: 0.001
  failure_tolerance: 0.3
```

```
    odom_topic: "odom"
    progress_checker_plugins: ["progress_checker"] # progress_checker_plugin: 
"progress_check er" For Humble and older
    goal_checker_plugin: "goal_checker"
    controller_plugins: ["FollowPath"]
    progress_checker:
      plugin: "nav2_controller::SimpleProgressChecker"
    required_movement_radius: 0.5
    movement_time_allowance: 10.0
    goal_checker:
      plugin: "nav2_controller::SimpleGoalChecker"
    xy_goal_tolerance: 0.25
    yaw_goal_tolerance: 0.25
    stateful: True
    FollowPath:
      plugin: "dwb_core::DWBLocalPlanner"
```

7.5.4 配置平滑器

由于规划器搜索的路径的最优性标准通常比现实情况略低，因此通常需要进行额外的路径优化。为此引入了平滑器，其主要功能包括：减少路径的粗糙度、平滑突然的旋转，同时也负责增加路径与障碍物和高成本区域的距离。这是因为平滑器可以访问全局环境表示。

采用单独的平滑器而非规划器包含的平滑器是有益的，尤其是在需要将不同的规划器与不同的平滑器结合使用，或需要对平滑进行特定控制时（例如仅平滑路径的特定部分）。

在 Nav2 中，平滑器的一般任务是接收一条路径并返回其改进版本。然而，对于不同的输入路径，改进的标准和获取它们的方法存在不同，这为在此服务器中注册多种平滑器创造了空间。

平滑器包括简单平滑器和约束平滑器。

（1）简单平滑器

简单平滑器是一个平滑器服务器插件，它接收输入路径并使用简单且快速的平滑技术进行平滑处理。它对初始路径点和平滑路径点进行加权，以创建一个平衡的结果，使路径保留其高级特征，同时减少振荡或锯齿特性。

建议仅与不可行的（例如 2D）规划器配对使用，因为该算法会破坏任何运动可行的条件。建议用户改用可行路径的约束平滑器插件（constrained smoother plugin）。

简单平滑器的参数有：tolerance 参数、do_refinement 参数、refinement_num 参数、max_its 参数、w_data 参数、w_smooth 参数。

tolerance 参数的数据类型为 double，默认值为 1.0e-10，是在路径上参数值的变化量，用于终止平滑过程。

do_refinement 参数的数据类型为 bool，默认值为 True，作用是确定是否递归平滑路径以进一步改善质量。

refinement_num 参数的数据类型为 int，默认值为 2，作用是确定递归尝试平滑的次数，必须大于等于 1。

max_its 参数的数据类型为 int，默认值为 1000，表示在终止之前尝试平滑的最大迭代次数。

w_data 参数的数据类型为 double，默认值为 0.2，是应用于路径数据的权重（限定范围）。

w_smooth 参数的数据类型为 double，默认值为 0.3，是应用于平滑路径的权重（平滑路径）。

简单平滑器的示例如下所示：

```
smoother_server:
  ros__parameters:
    costmap_topic: global_costmap/costmap_raw
  footprint_topic: global_costmap/published_footprint
  robot_base_frame: base_link
  transform_timeout: 0.1
  smoother_plugins: ["simple_smoother"]
  simple_smoother:
    plugin: "nav2_smoother::SimpleSmoother"
  tolerance: 1.0e-10
  do_refinement: True
  refinement_num: 2
  max_its: 1000
  w_data: 0.2
  w_smooth: 0.3
```

（2）约束平滑器

约束平滑器用于改善输入路径，增加其平滑度并远离障碍物。约束平滑器使用了一种相当复杂的优化算法，因此建议在定期截断的路径上使用。可以使用“TruncatePathLocal BT Node”来实现适当的路径长度，并可以使用“DistanceController BT Node”来实现周期性。

约束平滑器的参数有：reversing_enabled 参数、path_downsampling_factor 参数、path_upsampling_factor 参数、keep_start_orientation 参数、keep_goal_orientation 参数、minimum_turning_radius 参数、w_curve 参数、w_dist 参数、w_smooth 参数、w_cost 参数、w_cost_cusp_multiplier 参数、cusp_zone_length 参数、cost_check_points 参数、optimizer.max_iterations 参数、optimizer.debug_optimizer 参数、optimizer.linear_solver_type 参数、optimizer.gradient_tol 参数、optimizer.fn_tol 参数、optimizer.param_tol 参数。

示例代码如下所示：

```
Smoothere_server:
  Ros__parameters:
# 是否使用仿真时间（通常在 Gazebo 仿真时开启）
use_sim_time: True
# 使用的平滑器插件列表
smoother_plugins: ["SmoothPath"]
# 定义平滑器插件的具体实现
SmoothPath:
  # 使用约束平滑器插件
  plugin: "nav2_constrained_smoother/ConstrainedSmoother"
  # 是否允许路径中包含倒车
  reversing_enabled: true
  # 路径下采样因子（减少路径点数量，加快优化）
  path_downsampling_factor: 3
```

```
# 路径上采样因子（增加路径点数量，提高平滑度）
path_upsampling_factor: 1
# 保持起点姿态不变
keep_start_orientation: true
# 保持目标点姿态不变
keep_goal_orientation: true
# 机器人最小转弯半径（m），用于曲率约束
minimum_turning_radius: 0.40
# 曲率权重（限制转弯半径，数值越大越惩罚急转弯）
w_curve: 30.0
# 路径点距离误差权重（与原始路径的贴合程度，0 表示忽略）
w_dist: 0.0
# 平滑权重（约束路径的平滑程度，数值越大越光滑）
w_smooth: 2000000.0
# 代价地图权重（考虑障碍物代价）
w_cost: 0.015
# 倒车路径处代价权重的倍增因子（更严格避免倒车区域靠近障碍物）
w_cost_cusp_multiplier: 3.0
# 倒车切换点（cusp 点）前后的影响区域长度（m）
cusp_zone_length: 2.5
# （可选）路径代价检查点相对位置（如 -0.185, 0.0, 1.0 表示车体某些关键点）
# cost_check_points: [-0.185, 0.0, 1.0]
# 优化器参数
optimizer:
  # 最大迭代次数
  max_iterations: 70
  # 是否启用优化器调试信息
  debug_optimizer: false
  # 梯度收敛阈值
  gradient_tol: 5e3
  # 函数值收敛阈值
  fn_tol: 1.0e-15
  # 参数收敛阈值
  param_tol: 1.0e-20
```

7.6 导航插件

Nav2 中有许多插件接口可以供用户用来创建自己的自定义应用程序或算法，即 Costmap Layers 插件、行为树插件、控制器插件、规划器插件和恢复器插件等。本节将介绍这些插件的具体编写方法。

7.6.1 Costmap Layers 插件

本小节将主要介绍如何创建 Costmap Layers 插件，要求在本地机器上已经安装或构建好了 ROS2、Gazebo 和 TurtleBot3 软件包。应确保 Navigation2 项目也是在本地构建的。

首先编写一个新的 Costmap2D 插件。为了演示目的，本示例会创建一个成本地图插件，该插件会将重复的成本梯度放入成本地图中，在创建自己的 Costmap 2D 图层插件时可以参考。该代码插件类 nav2_gradient_costmap_plugin::GradientLayer 是继承自基本类 nav2_costmap_2d::Layer 的。

```
namespace nav2_gradient_costmap_plugin
{
class GradientLayer : public nav2_costmap_2d::Layer
}
```

该基本类提供了一组虚拟方法 API，用于在插件中处理成本地图图层。这些方法在运行时由 LayeredCostmap 调用。这些方法的列表、它们的简介以及在插件代码中使用这些方法的必要性如表 7-1 所示。

表 7-1 LayeredCostmap 插件的虚拟方法及介绍

虚拟方法	方法介绍	是否要求复写
onInitialize()	插件初始化结束时调用该方法。通常有 ROS 参数的声明。任何需要的初始化都应该使用该方法	否
UpdateBounds()	调用该方法以询问插件需要更新成本地图图层的哪个区域。该方法有表示机器人位置和方向的 3 个输入参数及表示窗口边界指针的 4 个输出参数。这些边界用于提高性能——更新窗口内有可用新信息的区域，避免在每次迭代时更新整个成本地图	是
UpdateCosts()	每次需要重新计算成本地图时调用该方法。该方法仅更新边界窗口内的成本图层。该方法有用于计算窗口边界的 4 个输入参数和引用结果成本地图 master_grid 的 1 个输出参数。Layer 类为插件提供一个内部成本地图 costmap_ 用于更新。应使用以下更新方法，用窗口边界内的值更新 master_grid：updateWithAddition()，updateWithOverwrite()，updateWithMax()或 updateWithTrueOverwrite()	是
matchSize()	每次更改地图尺寸时都会调用该方法	否
onFootprintChange()	每次更改足迹时都会调用该方法	否
reset()	在成本地图重置期间，可以有任何要执行的代码	是

在本示例中，这些方法具有以下功能。

GradientLayer::onInitialize()方法包含具有默认值的 ROS 参数申明：

```
declareParameter("enabled", rclcpp::ParameterValue(true));
node_->get_parameter(name_ + "." + "enabled", enabled_);
```

并设置边界重新计算指标 need_recalculation_ 的值：

```
need_recalculation_ = false;
```

若 need_recalculation_为 true，则 GradientLayer::updateBounds()方法会重新计算窗口边界并更新它们，而不管 need_recalculation_值。在 GradientLayer::updateCosts()方法中，梯度直接写入结果成本地图 master_grid 而不与之前的图层合并。这等同于使用内部的 costmap_然后调用 updateWithTrueOverwrite()方法。

下面是主成本地图的梯度算法：

```
int gradient_index;
for (int j = min_j; j < max_j; j++) {
    // 每次到达重新计算的窗口末尾时重置 gradient_index
    // 通过 OY 坐标轴
    gradient_index = 0;
```

```
    for (int i = min_i; i < max_i; i++) {
        int index = master_grid.getIndex(i, j);
        // 设置梯度损失
        unsigned char cost = (LETHAL_OBSTACLE - gradient_index * GRADIENT_
FACTOR) % 255;
        if (gradient_index <= GRADIENT_SIZE) {
            gradient_index++;
        } else {
            gradient_index = 0;
        }
        master_array[index] = cost;
    }
}
```

其中，GRADIENT_SIZE 是以地图单元格个数表示的每个梯度周期的大小，GRADIENT_FACTOR 表示每一步成本地图值的递减量，如图 7-10 所示。

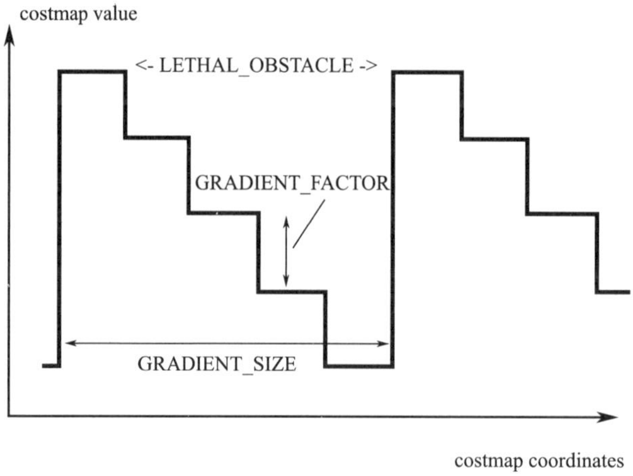

图 7-10　梯度算法

这些参数在插件的头文件中定义。GradientLayer::onFootprintChanged()方法只是重置 need_recalculation_值，GradientLayer::reset()方法是虚拟的，在本示例插件中没有使用它。该方法保留在这里，是因为需要覆盖父类 Layer 中的纯虚拟函数 reset()。

接下来导出并制作 GradientLayer 插件。

与其相似，编写的插件会在运行时加载，然后由插件处理模块调用（对于 costmap2d 插件而言是由 LayeredCostmap 调用的）。插件库在运行时会打开一个给定的插件，并从导出的类中提供可调用的方法。类导出机制会告知插件库在这些调用期间应该使用哪个基本类。这样允许在不知道应用程序源代码或无需重新编译该应用程序的情况下通过插件扩展应用程序。

在本示例中，nav2_gradient_costmap_plugin::GradientLayer 插件类应该动态加载为 nav2_costmap_2d::Layer 基本类。为此，应按如下方法注册该插件：插件类应该使用被加载类的基本类型进行注册。为此，应将一个特殊的宏 PLUGINLIB_EXPORT_CLASS 添加到组成插件库的任何源代码文件中：

```
#include "pluginlib/class_list_macros.hpp"
PLUGINLIB_EXPORT_CLASS(nav2_gradient_costmap_plugin::GradientLayer, nav2_
costmap_2d::Layer)
```

这两行代码通常会被放置在所编写插件类的 cpp 文件（本示例中为 gradient_layer.cpp）的末尾。将这两行放在文件末尾是一种很好的做法，但从技术上来说也可以放在 cpp 文件的顶部。插件信息应该存储到插件描述文件中。这是通过在插件软件包中使用单独的 xml 文件（在本示例中为 gradient_plugins.xml）来完成的。

该 xml 文件包含以下信息：

- path：插件所在库的路径和名称。
- name：在 plugin_types 参数中引用的插件类型（可以是你想要的任何类型）。
- type：具有命名空间的插件类，该命名空间取自源代码。
- basic_class_type：派生插件类的基本父类。
- description：文本形式的插件描述。

```
<library path="nav2_gradient_costmap_plugin_core">
  <class name="nav2_gradient_costmap_plugin/GradientLayer"
         type="nav2_gradient_costmap_plugin::GradientLayer"
         base_class_type="nav2_costmap_2d::Layer">
    <description>
      This is an example plugin which puts repeating costs gradients to costmap
    </description>
  </class>
</library>
```

插件的导出是通过将 pluginlib_export_plugin_description_file()这个 cmake-function 包含到 CMakeLists.txt 中来执行的。这个函数会将插件描述文件安装到 share 目录中，并为插件描述 XML 设置 ament 索引以作为所选类型的插件可被发现：

```
pluginlib_export_plugin_description_file(nav2_costmap_2d gradient_layer.xml)
```

插件描述文件还应该添加到 package.xml 文件中。costmap_2d 是接口定义的软件包，对于本示例为 Layer，且需要 xml 文件的路径：

```
<export>
<costmap_2d plugin="${prefix}/gradient_layer.xml" />
```

做完这一切后，将插件软件包放入某个 ROS2 工作空间的 src 目录中，必要时构建该插件软件包（colcon build --packages-select nav2_gradient_costmap_plugin --symlink-install），并对该工作空间 install 目录下的 setup.bash 文件运行 source 命令。

接下来运行 GradientLayer 插件。

运行带有已启用 Nav2 的 Turtlebot3 机器人仿真。有关如何启用 Nav2 的详细说明请参阅第 7.3.3 小节。下面是运行该仿真的快捷命令：

```
$ ros2 launch nav2_bringup tb3_simulation_launch.py
```

然后进入到 Rviz 中并单击顶部的“2D Pose Estimate”按钮，按照 7.3.3 小节中所介绍的那样在地图上点击机器人的初始位置。机器人将会在地图上定位，且结果应该如图 7-11 所示。这样可以看到梯度成本地图，还可以注意到这两个事项：由 GradientLayer::updateCosts()方法在其边界内动态更新成本地图，以及由梯度弯曲的全局路径。

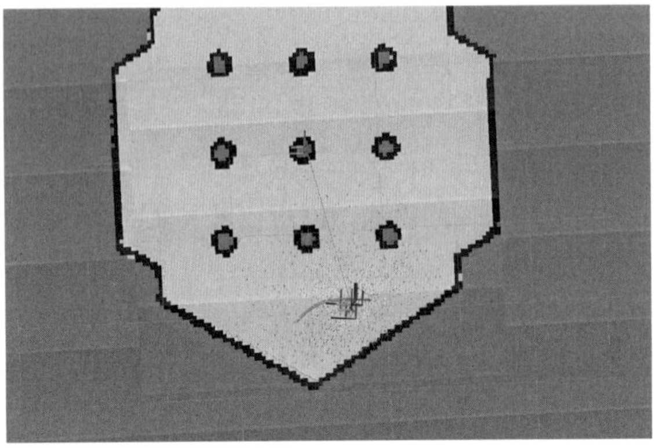

图 7-11　Rviz 中机器人定位移动

7.6.2　行为树插件

本小节将会说明如何创建自己的行为树（BT）插件。在由 BT 导航仪（Navigator）处理的行为树 XML 中，BT 插件会用作导航逻辑节点。要求在本地机器上已经安装或构建好了以下软件包：ROS2（二进制安装或从源代码构建）、Nav2（包括依赖包）、Gazebo、Turtlebot3。

本示例将会创建一个简单的 BT 插件节点以在另一个服务器中执行动作。本示例将会分析 nav2_behavior_tree 软件包中的最简单的行为树动作节点，即 wait 节点。除了这个动作 BT 节点示例之外，还可以创建自定义装饰器、条件和控制节点。每个节点类型在行为树中都具有独特的作用，以执行诸如规划、控制 BT 流、检查条件状态或修改其他 BT 节点的输出等动作。

本示例代码可以在 nav2_behavior_tree 软件包的 wait_action 节点中找到。这个动作节点可以作为编写其他动作节点插件的参考。

本示例插件继承自基本类 nav2_behavior_tree::BtActionNode。该基本类是在 BehaviorTree.cpp 的 BT::ActionNodeBase 上的一个封装器，可以对利用 ROS2 动作客户端的 BT 动作节点进行简化。

BTActionNode 既是一个 BT 动作，又会使用 ROS2 动作网络接口调用远程服务器来完成一些工作。在使用其他类型的 BT 节点（例如装饰器、控制、条件）时，需使用相应的 BT 节点，分别对应于 BT::DecoratorNode、BT::ControlNode、 BT::ConditionNode。对于不使用 ROS2 动作接口的 BT 动作节点，需使用 BT::ActionNodeBase 基类本身。除了构造函数中提供的信息之外，BTActionNode 类还提供了 5 个虚拟方法以供使用，如表 7-2 所示。

表 7-2　BTActionNode 的虚拟方法及介绍

虚拟方法	方法介绍	是否要求复写
Constructor	构造函数用于指示与插件匹配的对应 XML 标签名称、使用插件调用的动作服务器名称，以及所需的任何 BehaviorTree.cpp 具体配置	是
Provided Ports()	一个定义 BT 节点可能具有的输入和输出端口的函数。这些端口类似于在 BT XML 中通过硬编码值或其他节点的其他输出端口值定义的参数	是
on_tick()	当这个 BT 节点在执行时被行为树勾选时会调用此方法。此方法应该用于获取动态更新，例如新的黑板值、输入端口或参数。此方法也可以重置动作的状态	否
on_wait_for_result()	当行为树节点等待其调用的 ROS2 动作服务器结果时会调用此方法。此方法可用于检查更新以抢占当前任务、检查超时或在等待动作完成时要计算的任何内容	否
on_success()	当 ROS2 动作服务器返回成功结果时会调用此方法。此方法会返回 BT 节点将向行为树报告的值	

续表

虚拟方法	方法介绍	是否要求复写
on_aborted()	当 ROS2 动作服务器返回中止结果时会调用此方法。此方法会返回 BT 节点将向行为树报告的值	
on_cancelled()	当 ROS2 动作服务器返回取消结果时会调用此方法。此方法会返回 BT 节点将向行为树报告的值	

下面来了解有关编写 BT 动作插件所需方法的更多信息。

本示例中仅会使用 on_tick()方法。在构造函数中，需要获取任何应用于行为树节点的非可变参数。在本示例中，需要从行为树 XML 的输入端口获取睡眠持续时间的值。

```
WaitAction::WaitAction(
  const std::string & xml_tag_name,
  const std::string & action_name,
  const BT::NodeConfiguration & conf)
: BtActionNode<nav2_msgs::action::Wait>(xml_tag_name, action_name, conf)
{
  int duration;
  getInput("wait_duration", duration);
  if (duration <= 0) {
    RCLCPP_WARN(
    node_->get_logger(), "Wait duration is negative or zero "
    "(%i). Setting to positive.", duration);
    duration *= -1;
  }
  goal_.time.sec = duration;
}
```

这里提供了输入 xml_tag_name，它会告知 BT 节点插件 XML 中对应于此节点的字符串。稍后在将这个 BT 节点注册为插件时会看到这一点。这里还接收了动作服务器的字符串名称，会调用该动作服务器以执行某些行为。

最后是一组配置，对于大多数节点插件而言，可以安全地忽略这些配置。然后调用了 BTActionNode 构造函数。可以看出，该构造函数是由 ROS2 动作类型模板化的，所以会给它 nav2_msgs::action::Wait 动作消息类型并发送其他输入。当从行为树中调用此节点时，该行为树会直接调用 BTActionNode 的 tick()方法。

然后会一起调用 on_tick()和动作客户端目标。在构造函数的主体中获得了参数 wait_duration 的输入端口 getInput，它可以为行为树中 wait 节点的每个实例进行独立配置。它在 duration 参数中进行设置并插入到 goal_中。类变量 goal_是 ROS2 动作客户端会发送给动作服务器的目标。所以在本示例中，会将持续时间设置为想要等待的时间，以便动作服务器知道请求的细节。

方法 providedPorts()可以用来定义输入或输出端口。端口可以视作行为树节点能从行为树本身访问的参数。

对于本示例，只有一个输入端口，即可以在 BT XML 中为每个 wait 恢复器实例设置的 wait_duration。这里设置了其类型 int，默认值 1，名称 wait_duration，以及该端口的描述信息“wait time”。

```
static BT::PortsList providedPorts() {
      return providedBasicPorts(
        { BT::InputPort<int>("wait_duration", 1, "Wait time") }
    );
}
```

当行为树勾选了特定节点时会调用 on_tick()方法。对于 wait BT 节点，仅仅是想要通知黑板上的一个计数器，相应恢复器的一个动作插件被勾选了。这对于保留某次具体导航运行期间执行的恢复器数量指标很有用。如果是一个可变的输入，还可以记录或更新 goal_等待持续时间。

```
void WaitAction::on_tick()
{
  increment_recovery_count();
}
```

本示例中不会使用其余方法，而且也不强制要求覆盖它们。只有一些 BT 节点插件要求覆盖 on_wait_for_result()方法以检查抢占或检查超时。如果没有被覆盖，则 success、aborted 和 cancelled 方法将会分别返回默认值 SUCCESS、FAILURE、SUCCESS。

接下来就要导出 BT 插件，以便它在加载自定义 BT XML 时对行为树可见。插件在运行时加载，但是如果插件不可见，则 BT 导航仪（Navigator）服务器就会无法加载或使用该插件。在 BehaviorTree.cpp 中，插件的导出和加载是由 BT_REGISTER_NODES 宏来处理的。

```
BT_REGISTER_NODES(factory)
{
  BT::NodeBuilder builder =
  [ ](const std::string & name, const BT::NodeConfiguration & config)
  {
    return std::make_unique<nav2_behavior_tree::WaitAction>(name, "wait",
config);
  };
  factory.registerBuilder<nav2_behavior_tree::WaitAction>("Wait", builder);
}
```

在这个宏中，必须创建一个 NodeBuilder 以便自定义动作节点可以具有非默认构造函数签名（用于动作和 xml 名称）。这个 lambda 将会返回一个指向已创建的行为树节点的唯一指针。使用相关信息填充构造函数，为其提供在函数参数中给定的 name 和 config。然后定义这个 BT 节点将会调用的 ROS2 动作服务器名称，在本例中为“Wait”动作。最后会将 builder 交给一个 factory 进行注册。给 factory 的 Wait 是行为树 xml 文件中对应这个 BT 节点插件的名称。

下面是一个示例，其中 BT XML 节点 Wait 指定了 5s 的非可变输入端口 wait_duration。

```
<Wait wait_duration="5"/>
```

为了让 BT Navigator 节点发现刚才注册的插件，需要在 yaml 配置文件中的 bt_navigator 节点下列出该插件库名称。配置应该如下所示。注意 plugin_lib_names 下列出的是 nav2_wait_action_bt_node。

```
bt_navigator:
ros__parameters:
use_sim_time: True
```

```
global_frame: map
robot_base_frame: base_link
odom_topic: /odom
default_bt_xml_filename: "navigate_w_replanning_and_recovery.xml"
- nav2_back_up_action_bt_node # 其他插件
- nav2_wait_action_bt_node    # 新增插件
```

现在可以将行为树与自定义 BT 节点一起使用了。例如，如下所示的 navigate_w_replanning_and_recovery.xml 文件。

可以在 NavigateToPose 中的特定导航请求中选择此 BT xml 文件，或选择此 BT xml 文件作为 BT Navigator 的 yaml 配置文件中的默认行为树。

```
# 行为树根节点，指定要执行的主树
<root main_tree_to_execute="MainTree">
# 定义一个行为树，ID 为 MainTree
<BehaviorTree ID="MainTree">
# RecoveryNode：恢复节点，最多重试 6 次，名称为 NavigateRecovery
<RecoveryNode number_of_retries="6" name="NavigateRecovery">
# PipelineSequence：流水线顺序执行子节点，名称为 NavigateWithReplanning
<PipelineSequence name="NavigateWithReplanning">
# RateController：控制执行频率，每秒执行 1 次
<RateController hz="1.0">
# RecoveryNode：子恢复节点，最多重试 1 次，名称为 ComputePathToPose
<RecoveryNode number_of_retries="1" name="ComputePathToPose">
# ComputePathToPose：规划路径动作，输入目标为 {goal}，输出路径为 {path}，使用
GridBased 规划器
<ComputePathToPose goal="{goal}" path="{path}" planner_id="GridBased"/>
# ClearEntireCostmap：清理全局代价地图，服务名为 global_costmap/clear_entirely_
global_costmap
<ClearEntireCostmap name="ClearGlobalCostmap-Context" service_name="global_
costmap/clear_entirely_global_costmap"/>
</RecoveryNode>
</RateController>
# RecoveryNode：子恢复节点，最多重试 1 次，名称为 FollowPath
<RecoveryNode number_of_retries="1" name="FollowPath">
# FollowPath：跟随路径动作，输入路径为 {path}，使用 FollowPath 控制器
<FollowPath path="{path}" controller_id="FollowPath"/>
# ClearEntireCostmap：清理局部代价地图，服务名为 local_costmap/clear_entirely_
local_costmap
<ClearEntireCostmap name="ClearLocalCostmap-Context" service_name="local_
costmap/clear_entirely_local_costmap"/>
</RecoveryNode>
</PipelineSequence>
# ReactiveFallback：反应式备用分支，名称为 RecoveryFallback
<ReactiveFallback name="RecoveryFallback">
```

```
    # GoalUpdated：检查目标是否更新，如果目标更新则重新规划
    <GoalUpdated/>
    # SequenceStar：恢复行为序列，逐个执行直到成功
    <SequenceStar name="RecoveryActions">
    # ClearEntireCostmap：清理局部代价地图，服务名为 local_costmap/clear_entirely_
local_costmap
    <ClearEntireCostmap name="ClearLocalCostmap-Subtree" service_name="local_
costmap/clear_entirely_local_costmap"/>
    # ClearEntireCostmap：清理全局代价地图，服务名为 global_costmap/clear_entirely_
global_costmap
    <ClearEntireCostmap name="ClearGlobalCostmap-Subtree" service_name="global_
costmap/clear_entirely_global_costmap"/>
    # Spin：原地旋转，旋转角度为 1.57 弧度（约 90°）
    <Spin spin_dist="1.57
```

7.6.3 控制器插件

本小节将介绍如何编写控制器（Controller）插件。控制器插件是基于 Nav2 软件堆栈中受管制纯追踪（Regulated Pure Pursuit）控制器的一个现存简化版之上的。要求在本地机器上已经安装或构建好了以下软件包：ROS2（二进制安装或从源代码构建）、Nav2（包括依赖包）、Gazebo、Turtlebot3。

具体步骤如下：首先创建一个新的控制器插件。本教程中将会实现纯追踪控制器。本示例注释代码可以在 navigation_tutorials 资源库的 nav2_pure_pursuit_controller 软件包中找到。这个软件包可以作为编写自定义控制器插件的参考。本示例插件类 nav2_pure_pursuit_controller::PurePursuitController 继承自基本类 nav2_core::Controller。该基本类提供了一系列虚拟方法来实现控制器插件。控制器服务器会在运行时调用这些方法来计算速度指令。这些方法的列表、描述和必要性列于表 7-3。

表 7-3　控制器插件的虚拟方法及介绍

虚拟方法	方法介绍	是否要求复写
configure()	在控制器服务器进入 on_configure 状态时会调用此方法。理想情况下，此方法应该执行 ROS 参数声明和控制器成员变量的初始化。此方法需要 4 个输入参数：指向父节点的弱指针、控制器名称、tf 缓冲区指针和指向成本地图的共享指针	是
activate()	在控制器服务器进入 on_activate 状态时会调用此方法。理想情况下，此方法应该实现控制器进入活动状态前的必要操作	是
deactivate()	在控制器服务器进入 on_deactivate 状态时会调用此方法。理想情况下，此方法应该实现控制器进入非活动状态前的必要操作	是
cleanup()	在控制器服务器进入 on_cleanup 状态时会调用此方法。理想情况下，此方法应该清理为控制器创建的各种资源	是
setPlan()	在更新全局路径时会调用此方法。理想情况下，此方法应该执行全局路径变换和保存的操作	是
computeVelocityCommands()	在控制器服务器要求新的速度指令以使机器人遵循全局路径时会调用此方法。此方法返回一个 geometry_msgs::msg::TwistStamped 变量，该变量表示机器人行驶的速度指令。此方法会传递 2 个参数：对机器人当前位姿的引用及当前速度	是

此次控制器插件的编写将会使用 PurePursuitController::computeVelocityCommands、PurePursuitController::configure 和 PurePursuitController::setPlan 方法。在控制器中，configure()方法必须执行 ROS 参数声明和成员变量的初始化，代码如下所示：

```
void PurePursuitController::configure(
const rclcpp_lifecycle::LifecycleNode::WeakPtr & parent,
std::string name, const std::shared_ptr<tf2_ros::Buffer> & tf,
const std::shared_ptr<nav2_costmap_2d::Costmap2DROS> & costmap_ros)
{
  node_ = parent;
  auto node = node_.lock();
  costmap_ros_ = costmap_ros;
  tf_ = tf;
  plugin_name_ = name;
  logger_ = node->get_logger();
  clock_ = node->get_clock();
  declare_parameter_if_not_declared(
  node, plugin_name_ + ".desired_linear_vel", rclcpp::ParameterValue(0.2));
  declare_parameter_if_not_declared(
  node, plugin_name_ + ".lookahead_dist",
  rclcpp::ParameterValue(0.4));
  declare_parameter_if_not_declared(
  node, plugin_name_ + ".max_angular_vel", rclcpp::ParameterValue(1.0));
  declare_parameter_if_not_declared(
 node, plugin_name_ + ".transform_tolerance", rclcpp::ParameterValue(0.1));
node->get_parameter(plugin_name_ + ".desired_linear_vel", desired_linear_vel_);
  node->get_parameter(plugin_name_ + ".lookahead_dist", lookahead_dist_);
  node->get_parameter(plugin_name_ + ".max_angular_vel", max_angular_vel_);
  double transform_tolerance;
  node->get_parameter(plugin_name_ + ".transform_tolerance", transform_
tolerance);
 transform_tolerance_ = rclcpp::Duration::from_seconds(transform_tolerance);
}
```

这里，plugin_name_+".desired_linear_vel"正获取特定于控制器的 ROS 参数 desired_linear_vel。Nav2 允许加载多个插件，而且为了保持组织有序，每个插件都会映射到某个 ID/名称。现在若要检索该特定插件的参数，可使用<mapped_name_of_plugin>.<name_of_parameter>，就像上面的代码段一样。例如，本示例控制器映射到名称 FollowPath 并检索特定于“FollowPath”的 desired_linear_vel 参数，这样就使用了 FollowPath.desired_linear_vel。换句话说，FollowPath 用作了插件特定参数的命名空间。

在讨论参数文件（或 params 文件）时会看到更多关于这方面的信息。传入的参数被存储在成员变量中，以便以后需要时可以使用它们。在 setPlan()方法中会接收机器人要遵循的更新后全局路径。

在本示例中会将接收到的全局路径变换为机器人的坐标系，然后存储这个变换后的全局路径以备后用。

```
void PurePursuitController::setPlan(const nav_msgs::msg::Path & path)
{
  // 将全局路径转换为机器人的框架
  global_plan_ = transformGlobalPlan(path);
}
```

在 computeVelocityCommands()方法中会计算期望的速度。使用该方法来计算给定当前速度和位姿情况下的期望速度指令。在纯追踪情况下，该算法会计算速度指令，以便机器人尽可能完全遵循全局路径。该算法假设线速度恒定，并根据全局路径的曲率计算角速度。

```
// 定义 PurePursuitController 的计算速度命令函数
geometry_msgs::msg::TwistStamped PurePursuitController::computeVelocityCom-
mands(
  const geometry_msgs::msg::PoseStamped & pose,
  const geometry_msgs::msg::Twist & velocity)
{
  // 找到路径中第一个距离大于注视距离 (lookahead distance) 的目标点
  auto goal_pose = std::find_if(
    global_plan_.poses.begin(), global_plan_.poses.end(),
    [&](const auto & global_plan_pose) {
      return hypot(
        global_plan_pose.pose.position.x,
        global_plan_pose.pose.position.y) >= lookahead_dist_;
    })->pose;

  // 定义线速度和角速度变量
  double linear_vel, angular_vel;
  // 如果目标点在机器人前方 (x>0) , 使用纯追踪算法计算速度
  if (goal_pose.position.x > 0)
  {
    // 计算曲率 curvature = 2*y / (x² + y²)
    auto curvature = 2.0 * goal_pose.position.y /
      (goal_pose.position.x * goal_pose.position.x +
       goal_pose.position.y * goal_pose.position.y);

    // 线速度设为期望线速度
    linear_vel = desired_linear_vel_;

    // 角速度 = 线速度 * 曲率
    angular_vel = desired_linear_vel_ * curvature;
  }
  else
```

```
  {
    // 如果目标点不在前方，机器人停止前进
    linear_vel = 0.0;
    // 并以最大角速度旋转，直到目标在前方
    angular_vel = max_angular_vel_;
  }
  // 创建 TwistStamped 消息
  geometry_msgs::msg::TwistStamped cmd_vel;
  // 设置消息的坐标系
  cmd_vel.header.frame_id = pose.header.frame_id;
  // 设置消息的时间戳
  cmd_vel.header.stamp = clock_->now();
  // 设置线速度（x 方向前进速度）
  cmd_vel.twist.linear.x = linear_vel;
  // 设置角速度（z 方向旋转速度），并限制在 [-max_angular_vel, max_angular_vel] 范围内
  cmd_vel.twist.angular.z = max(
    -1.0 * abs(max_angular_vel_),
    min(angular_vel, abs(max_angular_vel_)));
  // 返回速度控制指令
  return cmd_vel;
}
```

其余方法没有使用，但必须覆盖它们。根据规则，这里确实会覆盖所有这些方法，但这些方法均为空的。

接下来导出控制器插件，以便控制器服务器可以看见该插件。插件在运行时加载，但如果插件不可见，则控制器服务器将无法加载该插件。在 ROS2 中，插件的导出和加载由 pluginlib 处理。对于本示例，nav2_pure_pursuit_controller::PurePursuitController 类被动态加载为 nav2_core::Controller 基本类。要导出控制器，需要提供以下两行代码：

```
#include "pluginlib/class_list_macros.hpp"
PLUGINLIB_EXPORT_CLASS(nav2_pure_pursuit_controller::PurePursuitController,
  nav2_core::Controller)
```

注意，需要 pluginlib 来导出该插件类。pluginlib 会提供宏 PLUGINLIB_EXPORT_CLASS 来完成所有的导出工作。将这两行代码放在文件末尾是一种很好的做法，但从技术上来说也可以将这两行代码写在文件顶部。

下一步是在软件包的根目录中创建该插件的描述文件，例如本教程软件包中的 pure_pursuit_controller_plugin.xml 文件。此 xml 文件包含以下信息：

- library path：插件库名称及位置。
- class name：类的名称。
- class type：类的类型。
- base class：基类的名称。
- description：插件的描述。

```
<library path="nav2_pure_pursuit_controller">
<class type="nav2_pure_pursuit_controller::PurePursuitController" base_class_
```

```
type="nav2_core::Controller">
    <description>
    This is pure pursuit controller
    </description>
    </class>
    </library>
```

下一步是通过在 CMakeLists.txt 文件中使用 cmake 函数 pluginlib_export_plugin_description_file() 来导出该插件。这个函数会将插件描述文件安装到 share 目录，并设置 ament 索引以使其可被发现。

```
    pluginlib_export_plugin_description_file(nav2_core pure_pursuit_controller_
plugin.xml)
```

插件描述文件还应该添加到 package.xml 文件中：

```
    <export>
     <build_type>ament_cmake</build_type>
     <nav2_core plugin="${prefix}/pure_pursuit_controller_plugin.xml" />
```

编译该插件软件包，这样应该就完成了该插件的注册。下一步就可以使用该插件了。

要启用该插件，需要按如下所示修改 nav2_params.yaml 文件：

```
    controller_server:
      ros__parameters:
        # 启用的控制器插件列表，这里只有 FollowPath
        controller_plugins: ["FollowPath"]
        # FollowPath 控制器配置
        FollowPath:
          # 使用的控制器插件类型：纯追踪控制器 (PurePursuitController)
          plugin: "nav2_pure_pursuit_controller::PurePursuitController"
          # 是否输出调试轨迹信息，True 表示打印详细的轨迹信息
          debug_trajectory_details: True
          # 期望线速度 (m/s)，即机器人在路径跟随时的前进速度
          desired_linear_vel: 0.2
          # 前视距离 (m)，机器人在路径上寻找目标点的距离
          lookahead_dist: 0.4
          # 最大角速度 (rad/s)，机器人转弯时的最大旋转速度
          max_angular_vel: 1.0
          # 坐标变换的最大容忍时间 (s)，TF 超过该延迟会报错
          transform_tolerance: 1.0
```

在上面的代码段中，可以看到将 nav2_pure_pursuit_controller::PurePursuitController 控制器映射到其 id——FollowPath 上。为了传递特定于插件的参数，这里使用了<plugin_id>.<plugin_specific_parameter>。

之后运行纯追踪控制器（Pure Pursuit Controller）插件。运行带有已启用 Nav2 的 Turtlebot3 机器人仿真。下面是运行该仿真的快捷命令：

```
    $ ros2 launch nav2_bringup tb3_simulation_launch.py  params_file:=/path/to/
your_params_file.yaml
```

然后进入 Rviz 中并单击顶部的“2D Pose Estimate”按钮，并按照第 7.3.3 小节中所介绍

的那样在地图上点击机器人的初始位置。机器人将会在地图上定位，然后点击“Navigation2 goal”按钮，并在机器人目标位置上单击。这样，控制器就会控制机器人遵循全局路径进行导航。

7.6.4 规划器插件

本小节将介绍如何编写规划器（Planner）插件。要求在本地机器上已经安装或构建好了以下软件包：ROS2（二进制安装或从源代码构建）、Nav2（包括依赖包）、Gazebo、Turtlebot3。具体步骤如下。

首先了解关于编写规划器插件的一些方法，如表 7-4 所示。

表 7-4 规划器插件的虚拟方法及介绍

虚拟方法	方法介绍	是否要求复写
configure()	在控制器服务器进入 on_configure 状态时会调用此方法。理想情况下，此方法应该执行 ROS 参数声明和控制器成员变量的初始化。此方法需要 4 个输入参数：指向父节点的弱指针、控制器名称、tf 缓冲区指针和指向成本地图的共享指针	是
activate()	在控制器服务器进入 on_activate 状态时会调用此方法。理想情况下，此方法应该实现控制器进入活动状态前的必要操作	是
deactivate()	在控制器服务器进入 on_deactivate 状态时会调用此方法。理想情况下，此方法应该实现控制器进入非活动状态前的必要操作	是
cleanup()	在控制器服务器进入 on_cleanup 状态时会调用此方法。理想情况下，此方法应该清理为控制器创建的各种资源	是
createPlan()	在规划器服务器要求指定开始位姿和目标位姿的全局规划时会调用此方法。此方法会返回携带全局规划路径的 nav_msgs::msg::Path。此方法需要 2 个输入参数：开始位姿和目标位姿	是

在本小节中，将会使用方法 StraightLine::configure()和 StraightLine::createPlan()来创建直线规划器。

在规划器中，configure()方法执行 ROS 参数声明和控制器成员变量的初始化：

```
node_ = parent;
tf_ = tf;
name_ = name;
costmap_ = costmap_ros->getCostmap();
global_frame_ = costmap_ros->getGlobalFrameID();
// 参数初始化
nav2_util::declare_parameter_if_not_declared(node_, name_ + ".interpolation_resolution", rclcpp::ParameterValue(0.1));
node_->get_parameter(name_ + ".interpolation_resolution", interpolation_resolution_);
```

这里 name_ + ".interpolation_resolution"正在获取特定于规划器的 ROS 参数 interpolation_resolution。Navigation2 允许加载多个插件并保持组织有序，每个插件会映射到某个 ID/名称。

现在若要检索特定插件的参数，可以使用<mapped_name_of_plugin>. <name_of_parameter>，就像上面这个代码段一样。例如，示例规划器映射到名称“GridBased”并且要检索特定于“GridBased”的 interpolation_resolution 参数，这样就使用了 Gridbased.interpolation_resolution。换

句话说，GridBased 用作了插件特定参数的命名空间。在讨论参数文件（或 params 文件）时，会看到更多关于这方面的信息。在 createPlan()方法中，需要创建从给定开始位姿到目标位姿的一条路径。使用开始位姿和目标位姿调用 StraightLine::createPlan()来解决全局路径规划问题。成功后会将路径转换为 nav_msgs::msg::Path 并返回给规划器服务器。

下面的注释说明了这个方法的实现：

```
// 定义全局路径变量
nav_msgs::msg::Path global_path;
// 检查起点坐标是否在全局坐标系中，如果不是则报错并返回空路径
if (start.header.frame_id != global_frame_) {
  RCLCPP_ERROR(
    node_->get_logger(),
    "Planner will only accept start position from %s frame",
    global_frame_.c_str());
  return global_path;
}
// 检查目标坐标是否在全局坐标系中，如果不是则提示并返回空路径
if (goal.header.frame_id != global_frame_) {
  RCLCPP_INFO(
    node_->get_logger(),
    "Planner will only accept goal position from %s frame",
    global_frame_.c_str());
  return global_path;
}
// 清空路径点，初始化路径头信息
global_path.poses.clear();
global_path.header.stamp = node_->now();
global_path.header.frame_id = global_frame_;
// 计算需要插值的路径点数量 = 起点和终点的欧氏距离 / 插值分辨率
int total_number_of_loop = std::hypot(
  goal.pose.position.x - start.pose.position.x,
  goal.pose.position.y - start.pose.position.y) /
  interpolation_resolution_;
// 计算每次插值在 X 方向的增量
double x_increment = (goal.pose.position.x - start.pose.position.x) /
  total_number_of_loop;
// 计算每次插值在 Y 方向的增量
double y_increment = (goal.pose.position.y - start.pose.position.y) /
  total_number_of_loop;
// 循环生成插值路径点
for (int i = 0; i < total_number_of_loop; ++i) {
  geometry_msgs::msg::PoseStamped pose;
  // 设置路径点位置
```

```
    pose.pose.position.x = start.pose.position.x + x_increment * i;
    pose.pose.position.y = start.pose.position.y + y_increment * i;
    pose.pose.position.z = 0.0;
    // 设置路径点朝向为单位四元数（无旋转）
    pose.pose.orientation.x = 0.0;
    pose.pose.orientation.y = 0.0;
    pose.pose.orientation.z = 0.0;
    pose.pose.orientation.w = 1.0;
    // 设置路径点时间戳和坐标系
    pose.header.stamp = node_->now();
    pose.header.frame_id = global_frame_;
    // 将路径点加入路径
    global_path.poses.push_back(pose);
  }
  // 将目标点加入路径末尾
  global_path.poses.push_back(goal);
  // 返回生成的路径
  return global_path;
```

其余方法没有使用，但必须覆盖它们。根据规则，这里确实会覆盖所有这些方法，但这些方法均为空的。

接下来需要导出该规划器插件，以便规划器服务器可以看见该插件。插件在运行时加载，但如果插件不可见，则规划器服务器将无法加载插件。在 ROS2 中，插件的导出和加载由 pluginlib 处理。对于本示例，nav2_straightline_planner::StraightLine 类被动态加载为 nav2_core::GlobalPlanner 基本类。要导出规划器，需要提供以下两行代码：

```
#include "pluginlib/class_list_macros.hpp"
PLUGINLIB_EXPORT_CLASS(nav2_straightline_planner::StraightLine, nav2_core::GlobalPlanner)
```

注意，需要 pluginlib 来导出插件类。pluginlib 会提供宏 PLUGINLIB_EXPORT_CLASS 来完成所有的导出工作。将这两行代码放在文件末尾是一种很好的做法，但从技术上来说也可以将这两行代码写在文件顶部。

下一步是在软件包的根目录中创建该插件的描述文件，如本教程软件包中的 global_planner_plugin.xml 文件。

此 xml 文件包含以下信息：

- library path：插件库名称及位置。
- class name：类的名称。
- class type：类的类型。
- base class：基类的名称。
- description：插件的描述。

```
<library path="nav2_straightline_planner_plugin">
<class name="nav2_straightline_planner/StraightLine" type="nav2_straightline_planner::StraightLine" base_class_type="nav2_core::GlobalPlanner">
```

```
<description>This is an example plugin which produces straight path.</description>
</class>
</library>
```

下一步是通过在 CMakeLists.txt 文件中使用 cmake 函数 pluginlib_export_plugin_description_file()来导出插件。这个函数会将插件描述文件安装到 share 目录中，并设置 ament 索引以使其可被发现。

```
pluginlib_export_plugin_description_file(nav2_core global_planner_plugin.xml)
```

插件描述文件还应该添加到 package.xml 文件中：

```
<export>
<build_type>ament_cmake</build_type>
<nav2_core plugin="${prefix}/global_planner_plugin.xml" />
</export>
```

编译该插件软件包，这样应该就完成了该插件的注册。下一步就可以使用该插件了。要启用该插件，需要按如下所示修改 nav2_params.yaml 文件。

将以下参数：

```
planner_server:
ros__parameters:
planner_plugin_types: ["nav2_navfn_planner/NavfnPlanner"] # For Eloquent and earlier
planner_plugin_ids: ["GridBased"] # For Eloquent and earlier
plugins: ["GridBased"] # For Foxy and later
use_sim_time: True
GridBased:
plugin: nav2_navfn_planner/NavfnPlanner # For Foxy and later
tolerance: 2.0
use_astar: false
allow_unknown: true
```

用下面的参数替换：

```
planner_server:
ros__parameters:
planner_plugin_types: ["nav2_straightline_planner/StraightLine"] # For
Eloquent and earlier
planner_plugin_ids: ["GridBased"] # For Eloquent and earlier
plugins: ["GridBased"] # For Foxy and later
use_sim_time: True
GridBased:
plugin: nav2_straightline_planner/StraightLine # For Foxy and later
interpolation_resolution: 0.1
```

对于 Galactic 或更高版本，plugin_names 和 plugin_types 已替换为插件名称的单个 plugins 字符串向量。这些类型现在是在 plugin:字段的 plugin_name 命名空间中定义的（如 plugin: MyPlugin::Plugin）。

代码块中的行内注释将帮助指导完成此操作。在上面的代码段中可以看到将 nav2_straightline_

planner/StraightLine 规划器映射到其 id——GridBased 上。为了传递特定于插件的参数，这里使用了<plugin_id>.<plugin_specific_parameter>。

最后运行带有已启用 Nav2 的 Turtlebot3 机器人仿真。有关如何启用 Nav2 的详细说明请参阅第 7.3.3 小节。下面是运行该仿真的快捷命令：

```
$ ros2 launch nav2_bringup tb3_simulation_launch.py  params_file:=/path/to/your_params_file.yaml
```

然后进入 Rviz 中并单击顶部的“2D Pose Estimate”按钮，并按照第 7.3.3 小节中所介绍的那样在地图上点击机器人的初始位置。机器人将会在地图上定位，然后点击“Navigation2 goal”按钮，并在想要规划器将其视作机器人目标位姿的位置上单击。这样，规划器就会规划该路径，且机器人就会开始朝着目标移动。

7.6.5 恢复器插件

本小节介绍如何编写新的恢复器（Recovery）插件。恢复器插件位于恢复器服务器中。与规划器和控制器服务器不同，每个恢复器都会托管自己独特的动作服务器。规划器和控制器在完成相同的任务时具有相同的 API。但是，恢复器可用于执行多种任务，因此每个恢复器都可以有自己独特的动作消息定义和动作服务器。这为恢复器服务器提供了巨大的灵活性，可以实现任何可以想象的不需要其他重用的恢复器动作。

要求在本地机器上已经安装或构建好了以下软件包：ROS2（二进制安装或从源代码构建）、Nav2（包括依赖包）、Gazebo、Turtlebot3。

具体步骤如下：

本示例中将会创建一个简单的呼叫帮助恢复器行为。它会使用 Twilio 通过 SMS 向远程操作中心发送消息。本示例插件实现了 nav2_core::Recovery 插件类。

但是，在 nav2_recoveries 中有一个很好的动作封装器，因此会为此应用程序使用 nav2_recoveries::Recovery 基本类。这个封装类派生自 nav2_core 类，因此它可以用作插件，还可以处理所需的绝大多数 ROS2 动作服务器样板。基本类 nav2_core 提供了 4 个纯虚拟方法来实现恢复器插件，如表 7-5 所示。恢复器服务器将会使用该插件来托管插件，但每个插件都会提供自己独特的动作服务器接口。

表 7-5 nav2_core 类的虚拟方法及介绍

虚拟方法	方法介绍	是否要求复写
configure()	在控制器服务器进入 on_configure 状态时会调用此方法。理想情况下，此方法应该执行 ROS 参数声明和控制器成员变量的初始化。此方法需要 4 个输入参数：指向父节点的弱指针、控制器名称、tf 缓冲区指针和指向成本地图的共享指针	是
activate()	在控制器服务器进入 on_activate 状态时会调用此方法。理想情况下，此方法应该实现控制器进入活动状态前的必要操作	是
deactivate()	在控制器服务器进入 on_deactivate 状态时会调用此方法。理想情况下，此方法应该实现控制器进入非活动状态前的必要操作	是
cleanup()	在控制器服务器进入 on_cleanup 状态时会调用此方法。理想情况下，此方法应该清理为控制器创建的各种资源	是

此外，nav2_recoveries 封装器有 4 个要实现的虚拟方法，如表 7-6 所示。

表 7-6 nav2_recoveries 类的虚拟方法及介绍

虚拟方法	方法介绍	是否要求复写
onRun()	当收到新的恢复动作请求时会立即调用此方法。此方法会为进程提供动作目标，并应该启动恢复器初始化/进程	是
onCycleUpdate()	此方法会以恢复器更新速率被调用，并应该完成任何必要的更新。旋转的一个示例是计算当前周期的指令速度，发布该速度并检查完成情况	是
onConfigure()	当恢复器服务器进入 on_configure 状态时会调用此方法。理想情况下，此方法应该实现恢复器进入配置状态（获取参数等）前的必要动作	否
onCleanup()	当恢复器服务器进入 on_cleanup 状态时会调用此方法。理想情况下，此方法应该清除为恢复器创建的各种资源	否

本示例中将会使用 onRun()、onCycleUpdate()和 onConfigure()方法来创建 SMS 恢复器。为简洁起见，将会跳过 onConfigure()方法，而仅包括参数声明。在恢复器中，onRun()方法必须设置任何初始状态并启动恢复行为。

```
Status SMSRecovery::onRun(const std::shared_ptr<const Action::Goal> command)
{
  std::string response;
  bool message_success = _twilio->send_message(
    _to_number,
    _from_number,
    command->message,
    response,
    "",
    false);
  if (!message_success) {
    RCLCPP_INFO(node_->get_logger(), "SMS send failed.");
    return Status::FAILED;
  }
  RCLCPP_INFO(node_->get_logger(), "SMS sent successfully!");
  return Status::SUCCEEDED;
}
```

这里会接收到一个要在其中进行处理的动作目标即 command。command 包含一个字段 message，该字段中包含想要传达给“母舰”的消息。这是想通过短信发送给操作中心战友的“求救”信息。

这里会使用服务 Twilio 来完成这项任务。先创建一个账户并获取创建服务所需的所有相关信息（例如 account_sid、auth_token 和电话号码）。可以将这些值设置为与 onConfigure()参数声明相对应的配置文件中的参数。这里使用_twilio 对象发送消息，该消息包含来自配置文件中的账户信息。

无论消息是否成功发送，都会发送消息并将日志显示在屏幕上。取决于返回给动作客户端的值，会返回 FAILED 或 SUCCEEDED。

方法 onCycleUpdate()非常简单，其结果就是短时运行的恢复器行为。如果恢复器运行时间更长，如旋转、导航到某个安全区域或者离开坏点并等待帮助等，则此函数应该要检查超时或计算控制值。

本示例只是简单地返回成功结果，因为已经在 onRun()中完成了任务。

接下来导出恢复器插件，以便对服务器可见。插件在运行时加载，但如果它们不可见，那么恢复器服务器将无法加载插件。在 ROS2 中，插件的导出和加载由 pluginlib 处理。

至于本示例，类 nav2_sms_recovery::SMSRecovery 动态加载为基本类 nav2_core::Recovery。要导出恢复器，需要提供两行代码：

```
#include "pluginlib/class_list_macros.hpp"
PLUGINLIB_EXPORT_CLASS(nav2_sms_recovery::SMSRecovery, nav2_core::Recovery)
```

注意，需要 pluginlib 来导出插件类。pluginlib 将会提供宏 PLUGINLIB_EXPORT_CLASS 来完成所有导出工作。

将这两行代码放在文件末尾是一种很好的做法，但从技术上来说也可以将这两行代码写在文件顶部。

下一步要在该软件包的根目录中创建插件的描述文件，例如，本示例软件包中的 recovery_plugin.xml 文件。该文件包含以下信息：

- library path：插件库名称及位置。
- class name：类的名称。
- class type：类的类型。
- base class：基类的名称。
- description：插件的描述。

```
<library path="nav2_sms_recovery_plugin">
<class name="nav2_sms_recovery/SMSRecovery" type="nav2_sms_recovery::
SMSRecovery" base_class_type="nav2_core::Recovery">
<description>This is an example plugin which produces an SMS text message
recovery.</description>
</class>
</library>
```

下一步要使用软件包根目录下 CMakeLists.txt 文件中的 cmake 函数 pluginlib_export_plugin_description_file()来导出插件。此函数会将插件描述文件安装到 share 目录并设置 ament 索引以使其可被发现。

```
pluginlib_export_plugin_description_file(nav2_core recovery_plugin.xml)
```

插件描述文件还应该添加到软件包根目录下的 package.xml 文件中。

```
<export>
<build_type>ament_cmake</build_type>
<nav2_core plugin="${prefix}/recovery_plugin.xml" />
</export>
```

编译软件包，这样就注册好了该插件。接下来就可以使用该插件了。

运行带有已启用 Nav2 的 Turtlebot3 机器人仿真。下面是运行该仿真的快捷命令：

```
$ ros2 launch nav2_bringup tb3_simulation_launch.py params_file:=/path/to/
your_params_file.yaml
```

并在一个新的终端中运行以下命令：

```
$ ros2 action send_goal "call_for_help" nav2_sms_recovery/action/SmsRecovery
"Help! Robot 42 is being mean :( Tell him to stop!"
```

7.7 ROS2 SLAM 建图及导航仿真

7.7.1 配置仿真环境

首先需要配置好仿真导航的虚拟机环境，虚拟机的系统是 Ubuntu 22.04，ROS2 使用的是 Humble 版本。

在虚拟机中打开一个终端，输入下方指令查看是否安装好 Turtlrbot3，如果已经安装，则会显示如图 7-12 所示的输出。

```
$ ros2 pkg list | grep turtlebot3
```

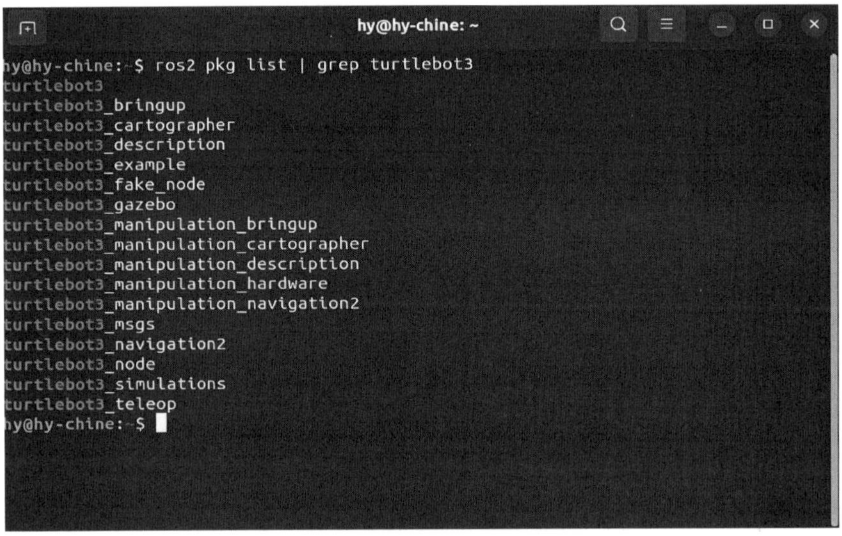

图 7-12　安装好的 Turtlrbot3 终端输出

如果没有安装，则使用下面两行命令进行安装，之后可以使用前面的命令检查是否安装成功。

```
$ sudo apt install ros-humble-turtlebot3 -y
$ sudo apt install ros-humble-gazebo-dev -y
```

此外，还需要在虚拟机中安装 Cartographer。使用以下命令检查是否成功安装了 Cartographer。如果已安装，终端中会输出如图 7-13 所示的包。

```
$ ros2 pkg list |grep cartographer
```

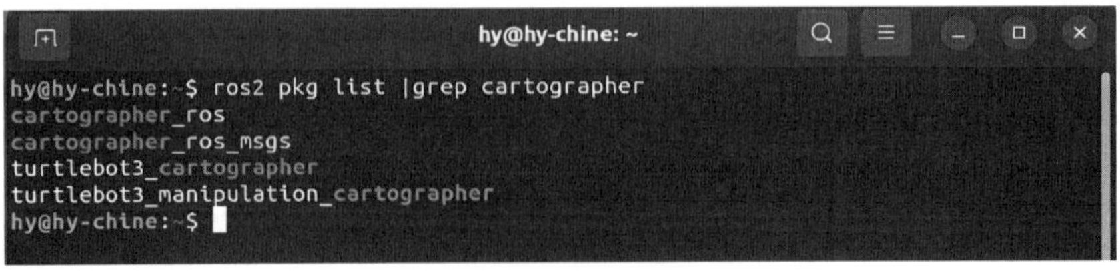

图 7-13　安装好的 Cartographer 终端输出

如果没有安装，则使用下方命令进行安装，之后可以使用前面的命令检查是否安装成功。

```
$ sudo apt install ros-foxy-cartographer -y
```

至此，准备工作就已经完成。

7.7.2 SLAM 建图

接下来就是进行 SLAM 建图，其流程是启动 Rviz 和 Gazebo、启动键盘控制节点、保存地图数据，下面将详细介绍这三个步骤。

（1）启动 Rviz 和 Gazebo

打开一个新的终端，输入下方代码进行启动前的设置并启动 Rviz。启动后的界面如图 7-14 所示。

```
$ source /opt/ros/humble/setup.bash
$ export TURTLEBOT3_MODEL=burger
$ ros2 launch turtlebot3_cartographer cartographer.launch.py use_sim_time:=True
```

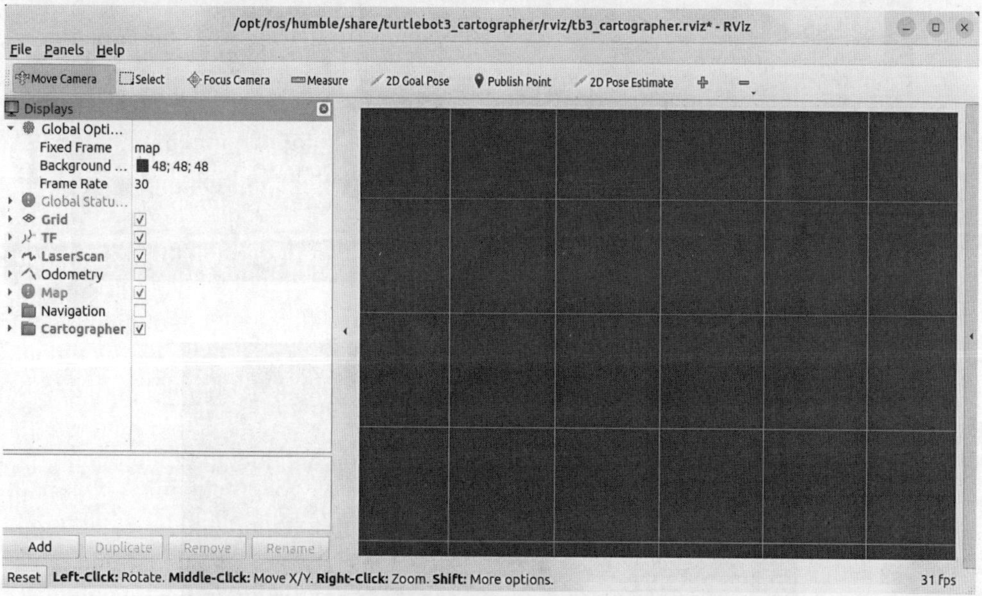

图 7-14 Rviz 启动界面

然后再打开一个新的终端，输入下面指令，可以对 Gazebo 进行设置和启动。启动后的界面如图 7-15 所示。

```
$ source /opt/ros/humble/setup.bash
$ export GAZEBO_MODEL_PATH=$GAZEBO_MODEL_PATH:`ros2 pkg prefix turtlebot3_gazebo`/share/turtlebot3_gazebo/models/
$ export TURTLEBOT3_MODEL=burger
$ ros2 launch turtlebot3_gazebo turtlebot3_world.launch.py
```

至此，就完成了 Rviz 和 Gazebo 的启动。

（2）启动键盘控制节点

启动一个新的终端，运行下方命令进行初始化设置和启动键盘节点。

```
$ source /opt/ros/humble/setup.bash
$ export TURTLEBOT3_MODEL=burger
$ ros2 run turtlebot3_teleop teleop_keyboard
```

成功运行后，终端中会显示如图 7-16 所示的内容。

接下来就需要通过键盘控制小车移动，扫描地图的数据，如图 7-17 所示。

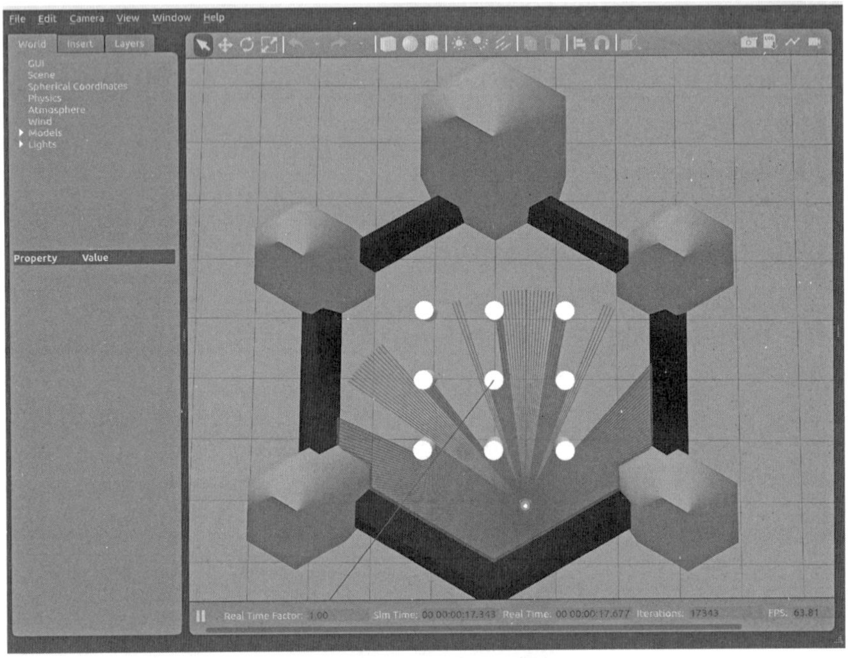

图 7-15 Gazebo 启动界面

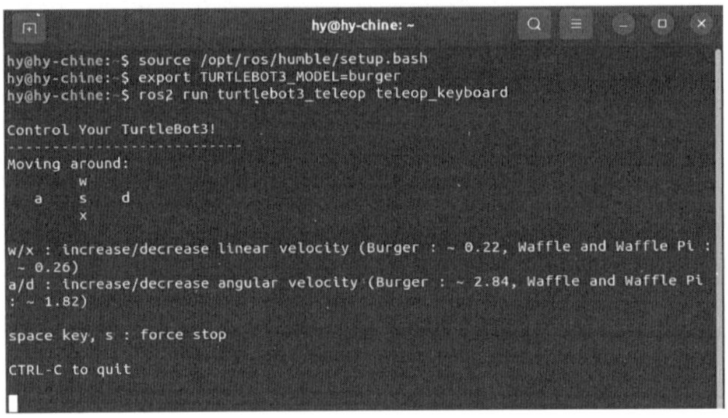

图 7-16 终端中启动键盘控制节点

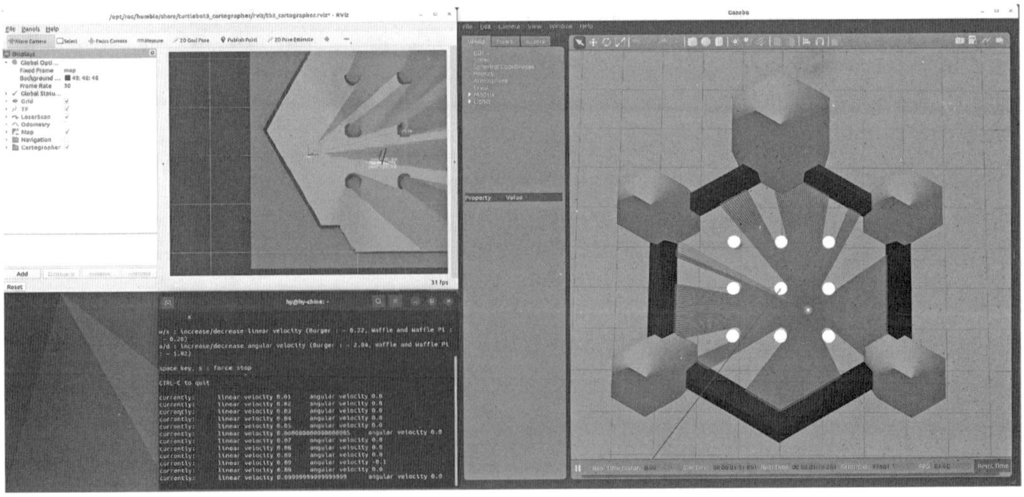

图 7-17 键盘控制小车移动扫描地图

（3）保存地图数据

启动一个新的终端，输入下方代码设置并启动 Cartographer。

```
$ source /opt/ros/humble/setup.bash
$ mkdir ~/cartographer
$ ros2 run nav2_map_server map_saver_cli -f ~/cartographer/map
```

再输入下方代码生成地图文件。

```
$ ~/cartographer/map.pgm
$ ~/cartographer/map.yaml
```

其中，map.pgm 是地图的图片；map.yaml 是记录的地图的详细数据，包括路径、图像模式、分辨率、地图原点位置等信息。map.yaml 的文件内容如图 7-18 所示。

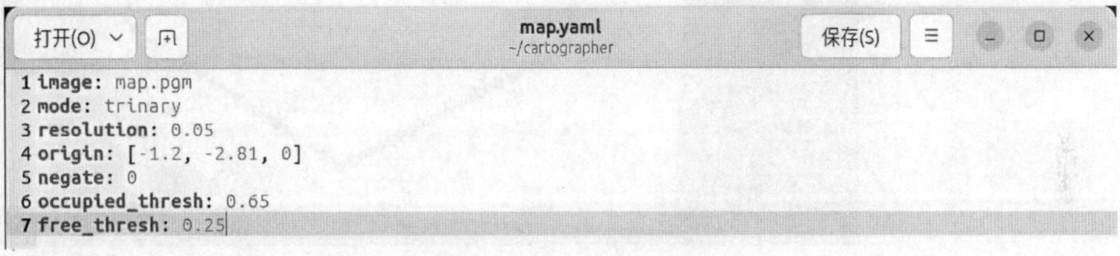

图 7-18 map.yaml 的文件内容

各参数的含义是：

- image：图像路径；
- mode：图像模式，默认为 trinary（三进制），还有另外两个可选项——scale（缩放的值）和 raw（原本的值）；
- resolution：分辨率，一个栅格对应的物理尺寸，单位为 m，0.05 则表示一个栅格为 0.05m；
- origin：地图原点位置，单位是 m；
- negate：是否反转图像；
- occupied_thresh：占据阈值；
- free_thresh：空闲阈值。

7.7.3 导航验证

地图创建好之后，就可以进行机器人的导航测试。

打开一个新的终端，输入下方指令，将创建好的地图在 Rviz 中启动，如图 7-19 所示。

```
$ source /opt/ros/humble/setup.bash
$ export TURTLEBOT3_MODEL=burger
$ // 注意生成的地图文件路径
$ cd ~/cartographer
$ ros2 launch turtlebot3_navigation2 navigation2.launch.py map:=map.yaml
```

接着打开新的终端，输入以下命令启动 Gazebo。

```
$ source /opt/ros/humble/setup.bash
$ export GAZEBO_MODEL_PATH=$GAZEBO_MODEL_PATH:`ros2 pkg prefix turtlebot3_gazebo`/share/turtlebot3_gazebo/models/
```

```
$ export TURTLEBOT3_MODEL=burger
$ ros2 launch turtlebot3_gazebo turtlebot3_world.launch.py
```

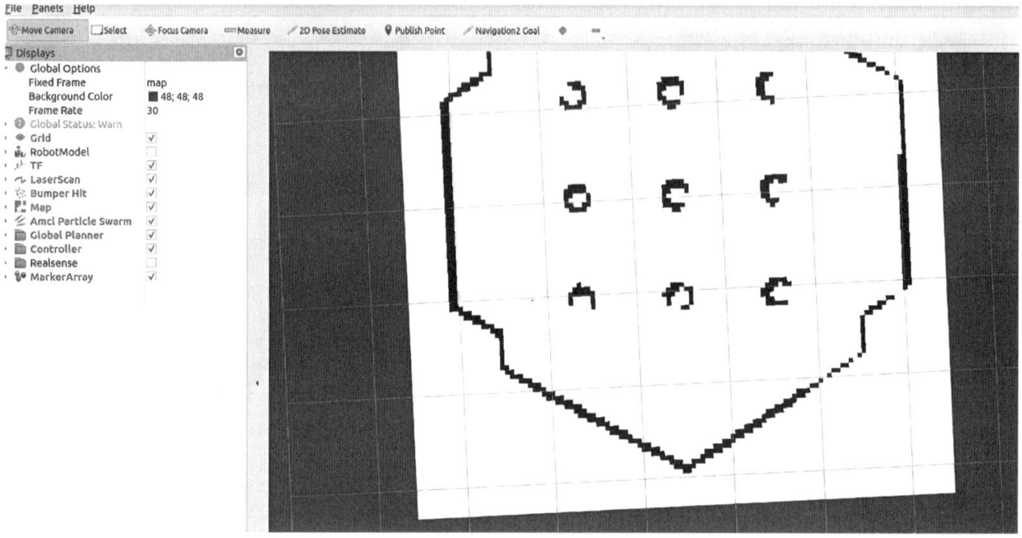

图 7-19　地图在 Rviz 中启动

紧接着对机器人进行初始化位置，如图 7-20 所示。点击“2D Pose Estimate”按钮，单击机器人所在的地图中的近似点，拖动箭头指出机器人的朝向，如果一次不行，就多试几次。

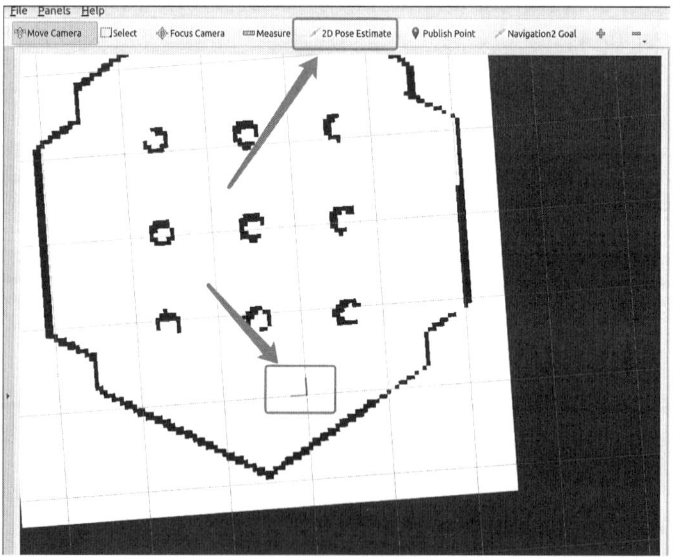

图 7-20　设置小车初始化位置

然后对小车设置终点，如图 7-21 所示。单击“Navigation2 Goal”按钮，然后单击地图中的特定点以设置目标位置，并将光标拖动到 TurtleBot 最后应该面对的方向。

设置完成后，小车就会自行规划一条从起始位置到终点的最近路线，并沿着这条线移动。如图 7-22 所示，紫红色的线就是规划的路径。

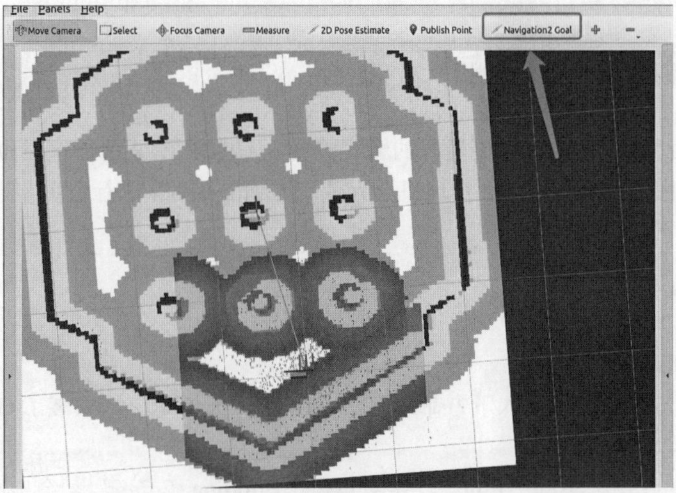

图 7-21 设置小车终点位置

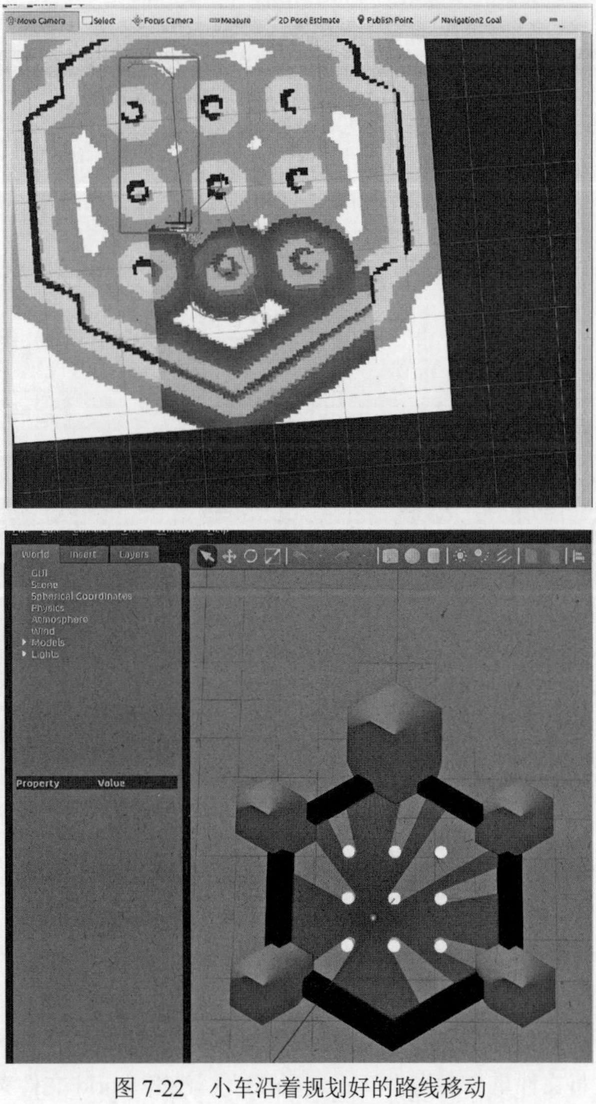

图 7-22 小车沿着规划好的路线移动

7.8 轮式机器人建图导航

在本小节将针对第 6 章中已经创建好的轮式机器人 URDF 模型进行建图和导航，我们要自己创建一个仿真的地图测试环境，然后实现机器人使用 Cartographer 进行建图和通过 Nav2 进行自主导航。

7.8.1 地图创建

（1）创建 world

打开一个终端，在终端中输入下方命令启动 Gazebo，前提是已经安装了 Gazebo 插件。

```
$ gazebo
```

然后点击 Gazebo 左上角的“Edit”，接着点击“Building Editor”，会出现如图 7-23 所示的界面。

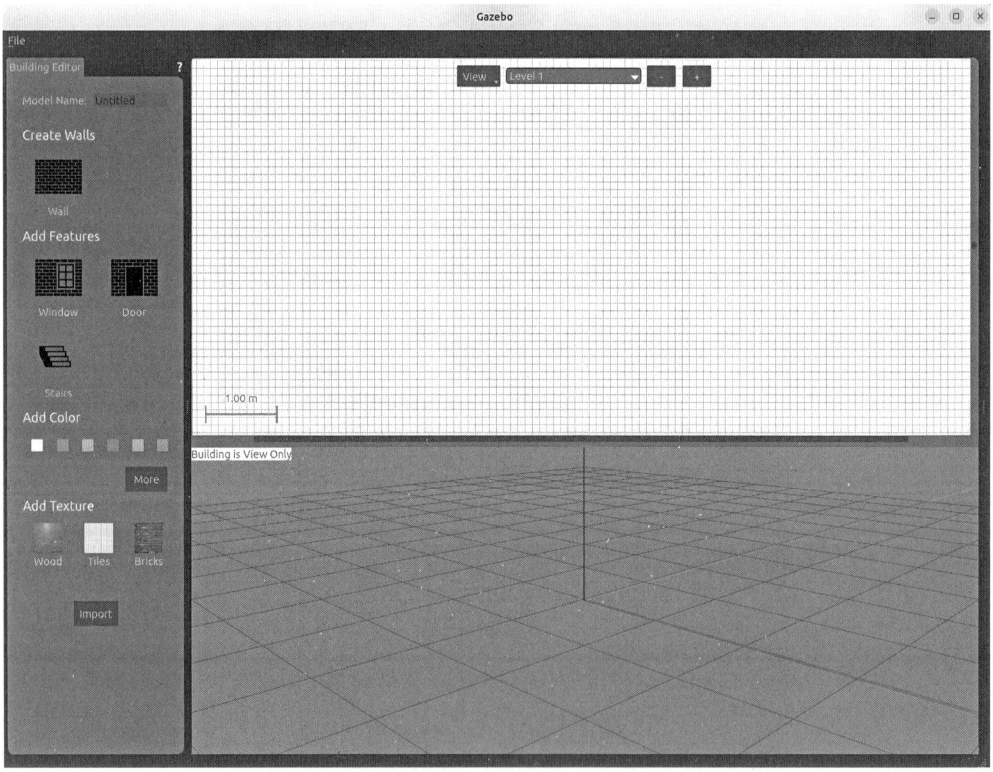

图 7-23　在 Gazebo 中创建 world 界面

然后可以在左边选择墙面自己设计一个 world，如图 7-24 所示。

建完后点击“File”，然后点击“Exit Building Editor”，保存退出。

接着在 Gazebo 界面中就可以看到墙了，我们再手动添加几个物体，就可以用于下面的导航使用了，如图 7-25 所示。

创建好之后，点击左上角的“File”，然后点击“SaveWorld”，将文件保存到 fishbot_descrption 的 world 文件夹中，并将文件重命名为“fishbot.world”。没有 world 文件夹的可以事先创建好。

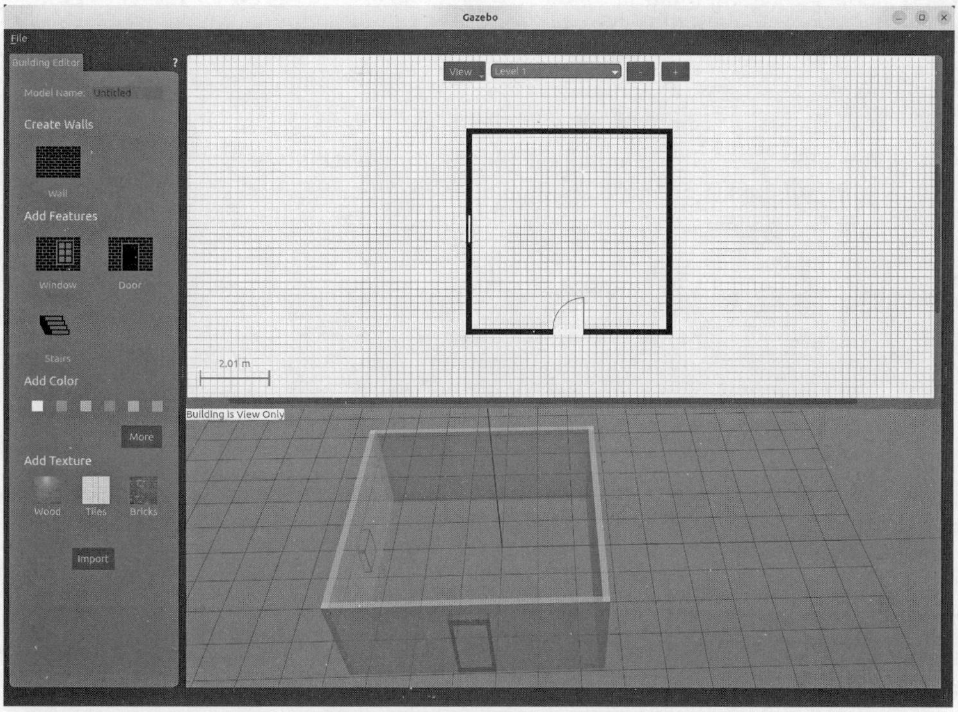

图 7-24　在 Gazebo 中创建 world

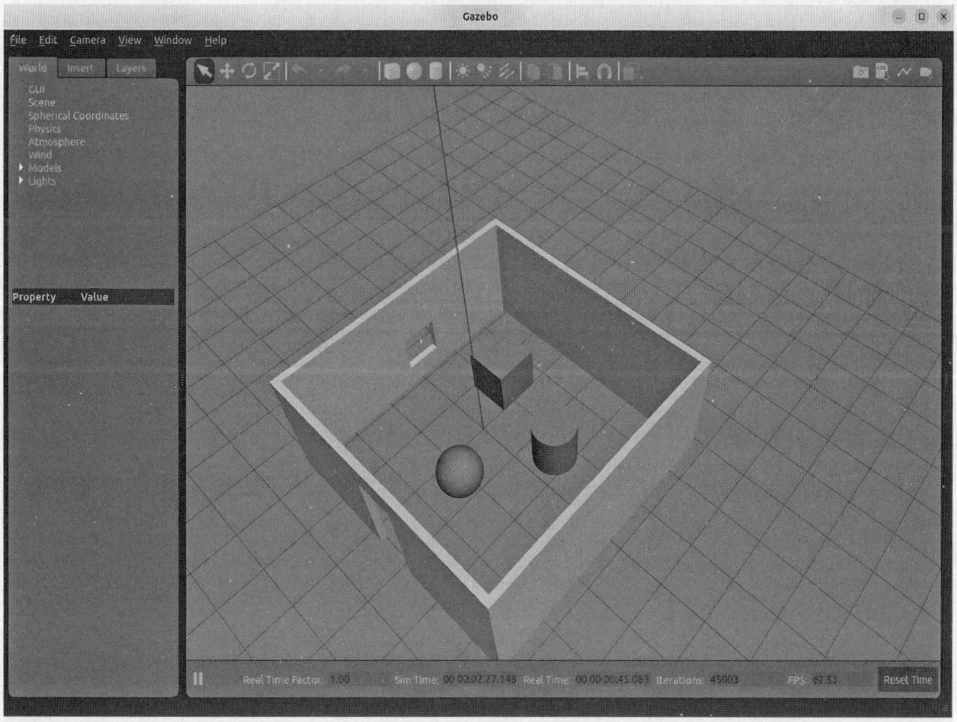

图 7-25　创建好的 world

（2）配置 world

首先修改 launch 文件，将下方的代码替换掉上一章 gazebo.launch.py 中的“# Start Gazebo server”即可。

```
    gazebo_world_path = os.path.join(pkg_share, 'world/fishbot.world')

    # Start Gazebo server
    start_gazebo_cmd =  ExecuteProcess(
        cmd=['gazebo', '--verbose','-s', 'libgazebo_ros_init.so', '-s', 'libgazebo_
ros_factory.so', gazebo_world_path],
        output='screen')
    # 然后修改上一节中的 setup.py 文件
    data_files=[
        ('share/ament_index/resource_index/packages',
            ['resource/' + package_name]),
        ('share/' + package_name, ['package.xml']),
        (os.path.join('share', package_name, 'launch'), glob('launch/*.launch.py')),
        (os.path.join('share', package_name, 'urdf'), glob('urdf/**')),
        (os.path.join('share', package_name, 'world'), glob('world/**')),  # 添加
这一行
    ],
```

（3）编译测试

在/fishbot_description 文件目录下打开终端，输入下方命令进行编译测试。

```
$ colcon build
$ source install/setup.bash
$ ros2 launch fishbot_description gazebo.launch.py
```

即可看到 Gazebo 上显示小车出现在刚创建好的 world 中，如图 7-26 所示。

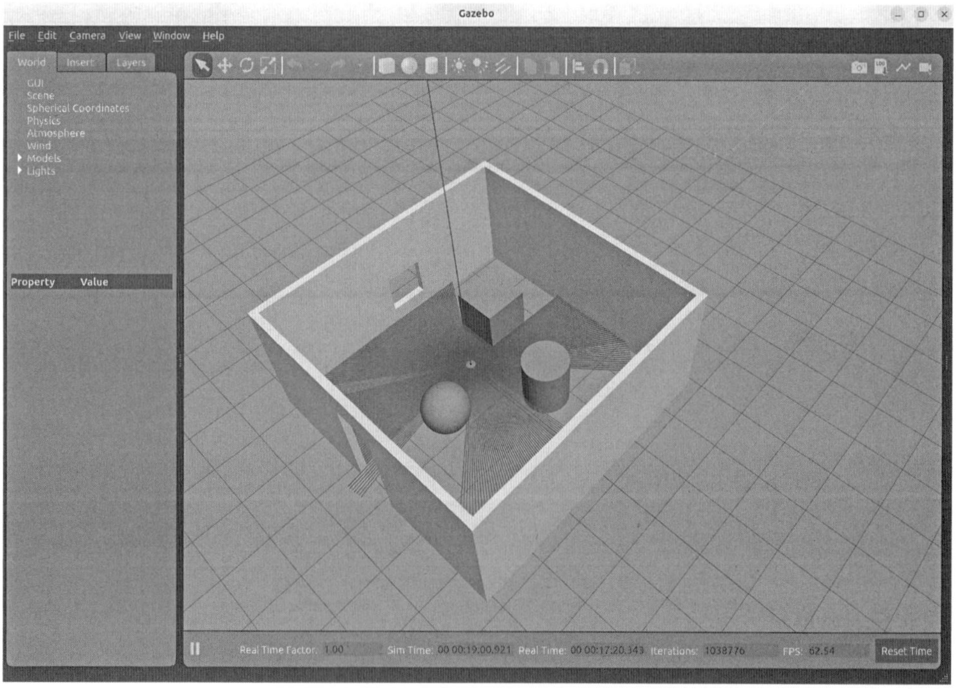

图 7-26　Gazebo 显示小车出现在 world 中

然后打开 Rviz2，点击左下方的“Add”，然后选择“By topic”，再点击“LaserScan”，就可以看到小车的雷达点云扫描图像，如图 7-27 所示。

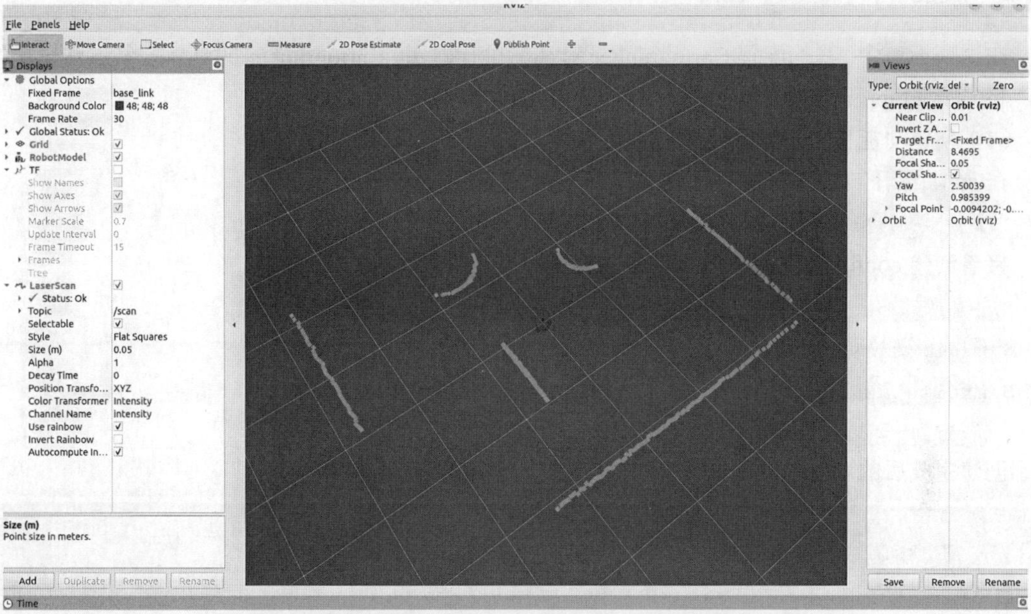

图 7-27 Rviz2 中小车雷达点云扫描图像

在左侧将“Fixed Frame”后面选择为“odom”，然后雷达的 Decay Time 修改成 1000，再在终端中打开键盘控制工具，控制小车在 Gazebo 中移动，Rviz2 中会显示出完整的地图环境，如图 7-28 所示。

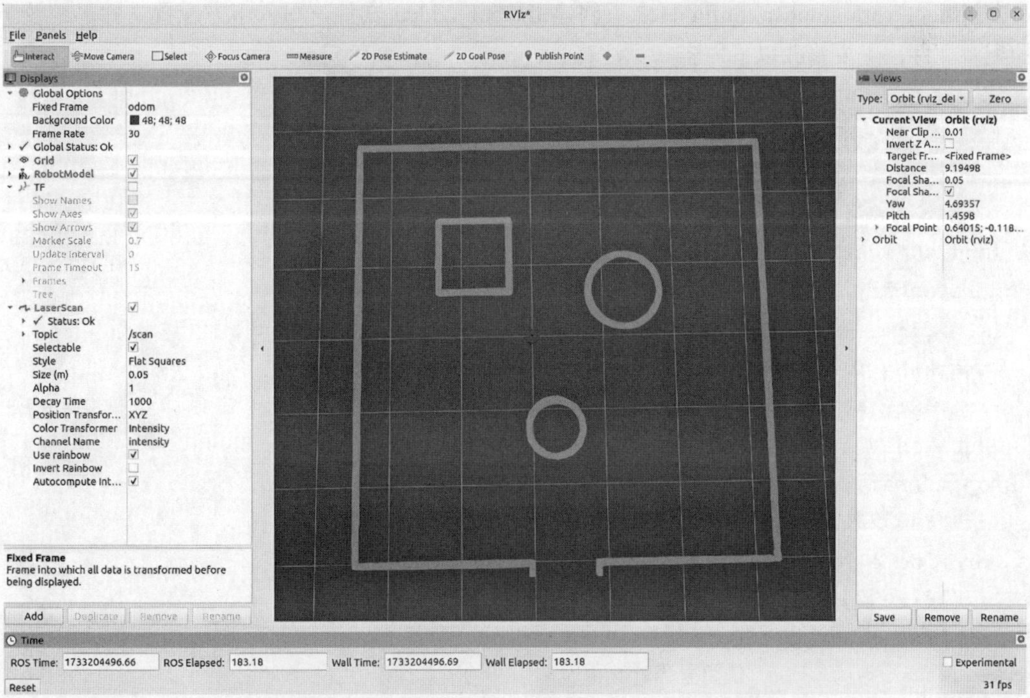

图 7-28 “Decay Time”修改成 1000 的点云图

这样，我们小车的地图测试环境就创建成功了。

7.8.2 建图

在这一小节中，我们配置 Cartographer 对小车进行建图。Cartographer 的具体安装方法见第 7.2 节，将 Cartographer 安装在/fishbot_description 工作空间下的 src 目录。

（1）创建功能包

在 src 目录下，使用创建功能包指令，创建功能包。

```
$ ros2 pkg create fishbot_cartographer
```

接着创建 config 文件夹、launch 文件夹和 rviz 文件夹。

```
$ cd fishbot_cartographer
$ mkdir config
$ mkdir launch
$ mkdir rviz
```

创建完成后的功能包结构如下。

```
.
├── CMakeLists.txt
├── config
├── launch
├── src
├── package.xml
└── rviz
```

（2）添加 Cartographer 配置文件

在/fishbot_cartographer/config 目录下创建 fishbot_2d.lua 文件，写入下方配置文件，相较于默认的配置文件，主要修改以下内容（见注释）。

```
include "map_builder.lua"
include "trajectory_builder.lua"

options = {
  map_builder = MAP_BUILDER,
  trajectory_builder = TRAJECTORY_BUILDER,
  map_frame = "map",
  tracking_frame = "base_link",
  -- base_link 改为 odom,发布 map 到 odom 之间的位姿态
  published_frame = "odom",
  odom_frame = "odom",
  -- true 改为 false, 不用提供里程计数据
  provide_odom_frame = false,
  -- false 改为 true, 仅发布 2D 位资
  publish_frame_projected_to_2d = true,
  -- false 改为 true, 使用里程计数据
  use_odometry = true,
```

```
  use_nav_sat = false,
  use_landmarks = false,
  -- 0 改为 1,使用一个雷达
  num_laser_scans = 1,
  -- 1 改为 0, 不使用多波雷达
  num_multi_echo_laser_scans = 0,
  -- 10 改为 1, 1/1=1 等于不分割
  num_subdivisions_per_laser_scan = 1,
  num_point_clouds = 0,
  lookup_transform_timeout_sec = 0.2,
  submap_publish_period_sec = 0.3,
  pose_publish_period_sec = 5e-3,
  trajectory_publish_period_sec = 30e-3,
  rangefinder_sampling_ratio = 1.,
  odometry_sampling_ratio = 1.,
  fixed_frame_pose_sampling_ratio = 1.,
  imu_sampling_ratio = 1.,
  landmarks_sampling_ratio = 1.,
}


-- false 改为 true, 启动 2D SLAM
MAP_BUILDER.use_trajectory_builder_2d = true

-- 0 改成 0.10,比机器人半径小的都忽略
TRAJECTORY_BUILDER_2D.min_range = 0.10
-- 30 改成 3.5,限制在雷达最大扫描范围内, 越小一般越精确
TRAJECTORY_BUILDER_2D.max_range = 3.5
-- 5 改成 3,传感器数据超出有效范围最大值
TRAJECTORY_BUILDER_2D.missing_data_ray_length = 3
-- true 改成 false,不使用 IMU 数据, 大家可以开启, 然后对比下效果
TRAJECTORY_BUILDER_2D.use_imu_data = false
-- false 改成 true,使用实时回环检测来进行前端的扫描匹配
TRAJECTORY_BUILDER_2D.use_online_correlative_scan_matching = true
-- 1.0 改成 0.1,提高对运动的敏感度
TRAJECTORY_BUILDER_2D.motion_filter.max_angle_radians = math.rad(0.1)

-- 0.55 改成 0.65,Fast csm 的最低分数, 高于此分数才进行优化
POSE_GRAPH.constraint_builder.min_score = 0.65
--0.6 改成 0.7,全局定位最小分数, 低于此分数则认为目前全局定位不准确
POSE_GRAPH.constraint_builder.global_localization_min_score = 0.7

-- 设置 0 可关闭全局 SLAM
```

```
-- POSE_GRAPH.optimize_every_n_nodes = 0

return options
```

（3）编写 launch 文件

要完成使用 Cartographer 进行建图，需要两个节点的参与，整个过程的计算流图如下：

① /cartographer_node 节点：该节点从/scan 和/odom 话题接收数据进行计算，输出/submap_list 数据，还需要接收一个参数配置文件（第二部分写的那个）参数。

② /occupancy_grid_node 节点：该节点接收/submap_list 子图列表，然后将其拼接成 map 并发布，还需要配置地图分辨率和更新周期两个参数。

然后在路径 src/fishbot_cartographer/launch/下新建 cartographer.launch.py 文件，接着我们将上面两个节点加入这个 launch 文件中。

```
import os
from launch import LaunchDescription
from launch.substitutions import LaunchConfiguration
from launch_ros.actions import Node
from launch_ros.substitutions import FindPackageShare


def generate_launch_description():
    # 定位到功能包的地址
    pkg_share =
FindPackageShare(package='fishbot_cartographer').find('fishbot_cartographer')

    #=====================运行节点需要的配置=================
    # 是否使用仿真时间，我们用 gazebo，这里设置成 true
    use_sim_time = LaunchConfiguration('use_sim_time', default='true')
    # 地图的分辨率
    resolution = LaunchConfiguration('resolution', default='0.05')
    # 地图的发布周期
    publish_period_sec = LaunchConfiguration('publish_period_sec', default=
'1.0')
    # 配置文件夹路径
    configuration_directory =
LaunchConfiguration('configuration_directory',default= os.path.join(pkg_share,
'config') )
    # 配置文件
    configuration_basename = LaunchConfiguration('configuration_basename',
default='fishbot_2d.lua')

    #==声明三个节点，cartographer/cartographer_occupancy_grid_node/rviz_node==
    cartographer_node = Node(
        package='cartographer_ros',
        executable='cartographer_node',
```

```
        name='cartographer_node',
        output='screen',
        parameters=[{'use_sim_time': use_sim_time}],
        arguments=['-configuration_directory', configuration_directory,
                '-configuration_basename', configuration_basename])

    occupancy_grid_node = Node(
        package='cartographer_ros',
        executable='cartographer_occupancy_grid_node',
        name='cartographer_occupancy_grid_node',
        output='screen',
        parameters=[{'use_sim_time': use_sim_time}],
        arguments=['-resolution', resolution, '-publish_period_sec', publish_
period_sec])

    rviz_node = Node(
        package='rviz2',
        executable='rviz2',
        name='rviz2',
        # arguments=['-d', rviz_config_dir],
        parameters=[{'use_sim_time': use_sim_time}],
        output='screen')

    #=====================定义启动文件=======================
    ld = LaunchDescription()
    ld.add_action(cartographer_node)
    ld.add_action(cartographer_occupancy_grid_node)
    ld.add_action(rviz_node)

    return ld
```

做完上面的操作，我们还需要添加安装指令。打开 CMakeLists.txt，添加下面一条指令，将三个目录安装到 install 目录。

```
install(
  DIRECTORY config launch rviz
  DESTINATION share/${PROJECT_NAME}
)
```

（4）创建地图

启动建图前，需要先启动前面的 Gazebo 仿真环境和地图，因为我们的建图程序依赖于 Gazebo 提供雷达和里程计等数据。

然后在/fishbot_description/src 文件下启动终端，对文件进行编译。

```
$ colcon build
```

然后运行 source 命令，启动建图。

```
$ source install/setup.bash
$ ros2 launch fishbot_cartographer cartographer.launch.py
```

弹出的Rviz2界面是一个空界面，我们还需要添加相关插件，通过左下角的“Add” -> “By Topic”添加图7-29所示的插件。

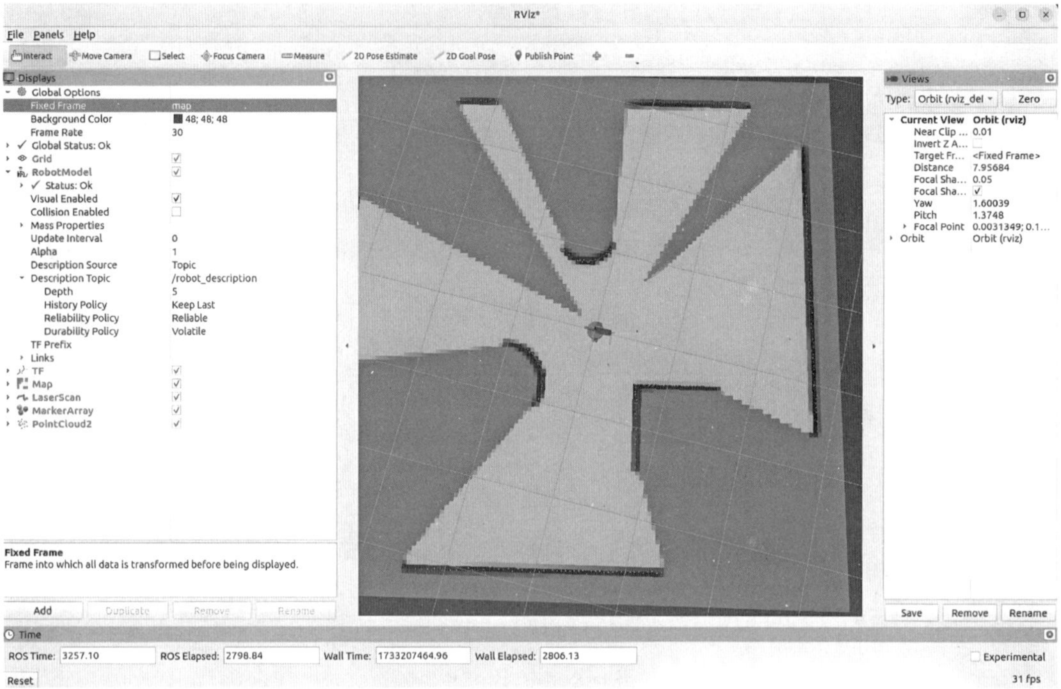

图 7-29　Rviz2 中添加的插件

打开键盘控制工具，控制机器人在Gazebo中移动，直到Rviz2中没有黑影部分，我们就可以保存地图为一个本地文件了。这里我们需要使用一个叫作nav2_map_server的工具。使用下方命令安装。

```
$ sudo apt install ros-humble-nav2-map-server
```

然后通过下方命令将地图保存到/fishbot_cartographer/map目录下。

```
$ cd fishbot_cartographer/ && mkdir map && cd map
$ ros2 run nav2_map_server map_saver_cli -t map -f fishbot_map
```

然后/fishbot_cartographer/map目录下就会多出“fishbot_map.pgm”和“fishbot_map.yaml”这两个文件。这两个文件就是当前地图保存下来的文件，其中.pgm后缀的是地图的数据文件，.yaml后缀的是地图的描述文件。

7.8.3　导航

创建好了地图之后，接下来就要对机器人配置Nav2让其进行自主导航。

（1）Nav2 下载安装

首先介绍apt安装，如果在前面已经安装了Nav2，则不需要再次安装。apt安装的做法是在终端中输入下方代码即可安装Nav2。

```
$ sudo apt install ros-humble-nav2-*
```

然后介绍源码安装，这也是比较推荐的一种方法，具体的做法是将源码复制到/fishbot_description/src 目录下。

```
$ git clone https://github.com/ros-planning/navigation2.git -b humble
```

接着在/fishbot_cartographer 目录下运行下面这个命令进行依赖的安装。

```
$ rosdepc install -r --from-paths src --ignore-src --rosdistro $ROS_DISTRO -y
```

接着运行下面的指令进行编译。

```
$ colcon build
```

然后测试是否安装成功，如果是源码编译应先运行 source 命令设置工作空间后再使用下面的指令查看是否安装成功。

```
$ source install/setup.bash
$ ros2 pkg list | grep navigation2
```

能看到图 7-30 所示的结果则说明成功安装。

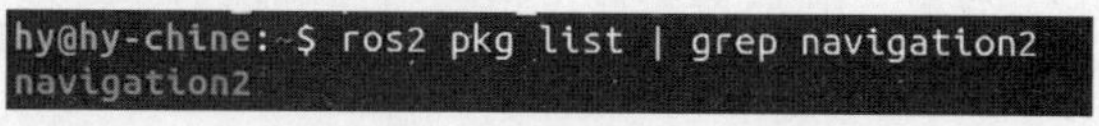

图 7-30　成功安装 Nav2

（2）创建相关文件

和前面在 Cartographer 中一样，我们需要创建一个文件夹放置 config 文件、launch 文件、rviz 文件和地图等。进入 src 目录下，使用下面的指令创建功能包：

```
$ ros2 pkg create fishbot_navigation2 --dependencies nav2_bringup
```

这里我们添加了一个依赖 nav2_bringup，后面写 launch 文件要用到，这里提前添加一下依赖。

然后在/fishbot_navigation2 文件夹下新建 launch、config、maps、param、rviz 等文件夹。

```
$ mkdir launch config maps param rviz
```

将上一节的地图文件复制到 map 文件夹下。复制完成后 fishbot_navigation2 的文件结构如下。

```
.
├── CMakeLists.txt
├── config
├── launch
├── maps
│   ├── fishbot_map.pgm
│   ├── fishbot_map.yaml
├── package.xml
├── param
└── rviz
```

（3）添加 Nav2 配置文件

接下来我们需要配置的文件是 Nav2 的参数文件，在 src/fishbot_navigation2/param/目录下创建名为 fishbot_nav2.yaml 的文件，然后将 src/navigation2/nav2_bringup/bringup/params/nav2_params.yaml 的内容复制粘贴到 fishbot_nav2.yaml 文件中。然后对代码中的一些参数进行修改。

在全局代价地图和局部代价地图的配置文件中，默认的机器人半径是 0.22m，而我们 fishbot 的半径是 0.12m，所以需要修改机器人的半径为 0.12m。

```
local_costmap:
```

```
    local_costmap:
      ros__parameters:
        robot_radius: 0.12

  global_costmap:
    global_costmap:
      ros__parameters:
        robot_radius: 0.12
```

然后找到参数配置中的 inflation_radius，这个参数用于将障碍物的边界向外膨胀一定的距离，以防止机器人与障碍物发生碰撞。在这里它默认的是 0.55m，我们将其设置成 0.30m 就可以。

```
  inflation_radius: 0.30
```

Nav2 可以配置的参数非常多，其他参数可以根据自己的情况进行修改，这里将不再改动。

（4）配置 launch 文件

在 src 目录下，使用创建功能包指令，创建功能包。

在/fishbot_navigation2/launch 目录下创建一个名为 navigation2.launch.py 的 launch 文件，然后写入下方代码。

```
import os
from ament_index_python.packages import get_package_share_directory
from launch import LaunchDescription
from launch.actions import IncludeLaunchDescription
from launch.launch_description_sources import PythonLaunchDescriptionSource
from launch.substitutions import LaunchConfiguration
from launch_ros.actions import Node


def generate_launch_description():
    #=======1.定位到包的地址=======
    fishbot_navigation2_dir = get_package_share_directory('fishbot_navigation2')
    nav2_bringup_dir = get_package_share_directory('nav2_bringup')


    #===2.声明参数，获取配置文件路径===
    # use_sim_time 这里要设置成true,因为gazebo是仿真环境，其时间是通过/clock话题获取，而不是系统时间
    use_sim_time = LaunchConfiguration('use_sim_time', default='true')
    map_yaml_path = LaunchConfiguration('map',default=os.path.join(fishbot_navigation2_dir,'maps','fishbot_map.yaml'))
    nav2_param_path = LaunchConfiguration('params_file',default=os.path.join(fishbot_navigation2_dir,'param','fishbot_nav2.yaml'))
```

```
    rviz_config_dir = os.path.join(nav2_bringup_dir,'rviz','nav2_default_
view.rviz')

    #==3.声明启动 launch 文件，传入：地图路径、是否使用仿真时间以及 nav2 参数文件==
    nav2_bringup_launch = IncludeLaunchDescription(
PythonLaunchDescriptionSource([nav2_bringup_dir,'/launch','/bringup_launch.py']),
            launch_arguments={
                'map': map_yaml_path,
                'use_sim_time': use_sim_time,
                'params_file': nav2_param_path}.items(),
        )
    rviz_node =  Node(
            package='rviz2',
            executable='rviz2',
            name='rviz2',
            arguments=['-d', rviz_config_dir],
            parameters=[{'use_sim_time': use_sim_time}],
            output='screen')

    return LaunchDescription([nav2_bringup_launch,rviz_node])
```

然后在 CMakeLists.txt 中添加 install 指令，并将文件拷贝到 install 目录。

```
cmake_minimum_required(VERSION 3.5)
project(fishbot_navigation2)

# find dependencies
find_package(ament_cmake REQUIRED)
install(
  DIRECTORY launch param maps
  DESTINATION share/${PROJECT_NAME}
)

ament_package()
```

接着对 fishbot_navigation2 文件进行 colcon build 编译，再在/fishbot_description/src 文件夹下打开终端运行 Gazebo。

```
$ source install/setup.bash
$ ros2 launch fishbot_description gazebo.launch.py
```

再打开一个终端，运行 Nav2。

```
$ source install/setup.bash
$ ros2 launch fishbot_navigation2 navigation2.launch.py
```

启动后，正常情况下应该在 Rviz2 看到一个错误，如图 7-31 所示。这是因为没有给定机器人初始化位置（告诉机器人它在地图的大概位置）。

通过 Rviz2 的工具栏上的“2D Pose Estimate ”进行姿态初始化（选中机器人在 Gazebo 位置差不多的点，左键点击不要松开，移动鼠标给定方向），初始化完后，左边的 Global Status 就正常了。

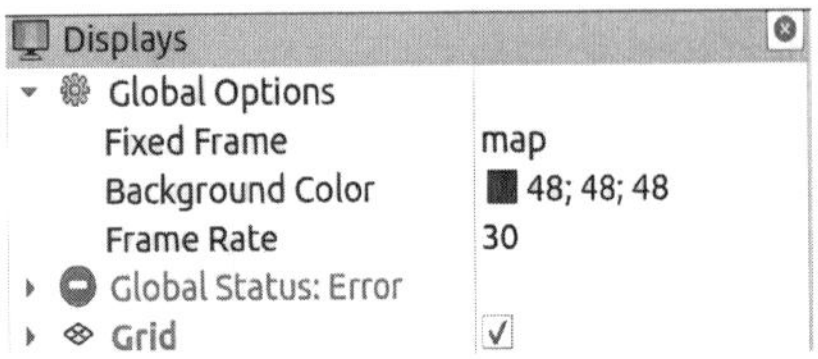

图 7-31　Rviz2 出现的错误

然后点击 Rviz2 工具栏上的就可以给 fishbot 安排一个目标点了，点击按钮，到地图上任意一处点击鼠标左键，注意不要松开，移动鼠标给定一个方向，小车就会以最优路径向目标点移动，如图 7-32 所示。

这样，我们的小车就实现了有路径规划的自主导航。

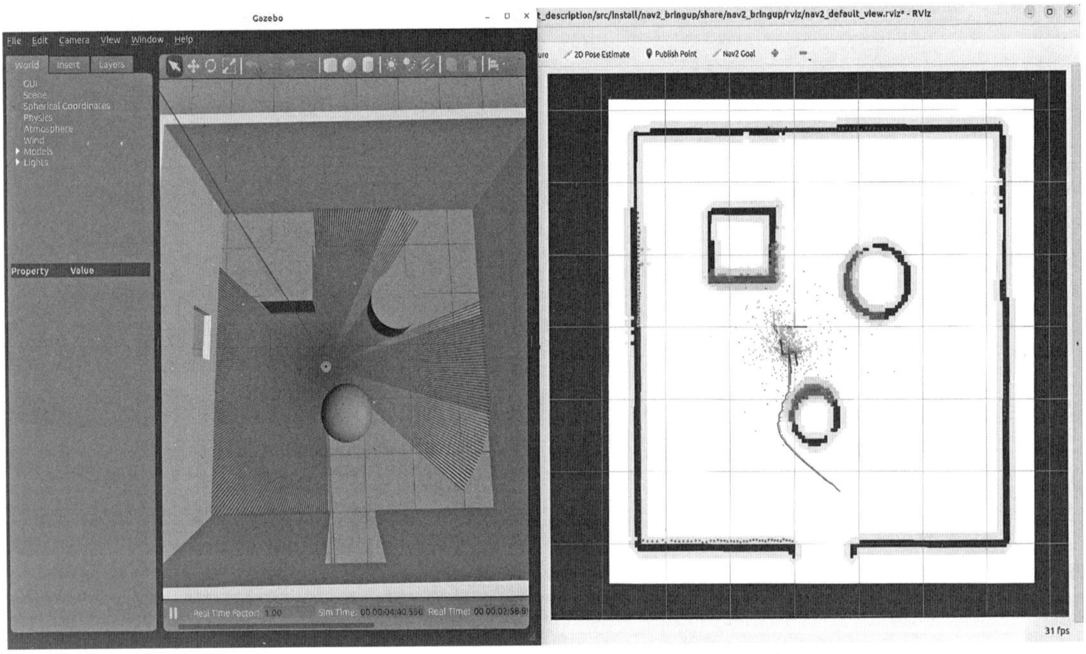

图 7-32　Rviz2 中小车以最优路径向目标点移动

7.9　本章小结

本章主要介绍 ROS2 的 SLAM 建图以及 Nav2 导航开发技术的相关知识。首先介绍了 SLAM 的图像基础，然后从 SLAM 的原理、组成、关键技术及分类等方面，对 SLAM 进行了详细的介绍；接着对 SLAM 中的图优化算法 Cartographer 进行了详细介绍；紧接着介绍了 Nav2 相关概念，以及安装流程；然后对行为树进行了详细介绍，包括行为树的概念、导航到位姿的行为树和跟随动态点的行为树；后面又介绍了规划器、恢复器、恢复器服务器和平滑器，并介绍如何创建和配置它们；然后介绍了导航插件，并且介绍了如何创建新的插件，包括 Costmap Layers 插件、行为树插件、控制器插件、规划器插件、恢复器插件；此外还介绍了如何实现一个 SLAM 建图仿真，并在该地图上进行导航；最后介绍一个轮式机器人的导航建图案例。本章全面介绍了 SLAM 建图与 Nav2 导航开发技术的各个方面，从理论基础到实际应用，再到仿真测试，为用户提供了一个完整的导航开发框架。

习题七

1. 什么是占据栅格地图？
2. 什么是 SLAM？它在 ROS2 中有什么作用？
3. SLAM 算法有哪些主要组成部分？详细说明其作用。
4. SLAM 开源算法可以分为哪几类？列举几个例子。
5. Cartographer 算法有哪些优点？
6. 什么是 Nav2？请简单概括一下。
7. 使用 SLAM 建图有哪些步骤？
8. Nav2 在 ROS2 中起什么作用？
9. Nav2 中包含的工具有哪些？
10. 什么是 Nav2 行为树？有什么作用？
11. 请列举几个 Nav2 的导航插件，并说明其虚拟方法及介绍。
12. Nav2 的动作服务器有哪些？有什么作用？
13. Nav2 中的规划器起什么作用？
14. 试着对第 7.8 节的轮式机器人建图导航案例进行复现。

第8章 视觉图像应用开发技术

视觉图像应用开发技术是一门涉及计算机视觉、图像处理、人工智能等多个领域的技术，旨在通过计算机软件和算法，以计算机图像为核心，利用计算机来实现有形图像信息的获取和处理，从而达到对实物图像或其他图像的自动识别和分析的目的。它结合了计算机科学、人工智能、信号处理和神经科学等多个学科的知识，通过模拟人类视觉系统的功能，使计算机能够从图像或多维数据中获取有用信息，并作出相应的判断和决策。

其特点如下：

① 高效自动化处理：能够在短时间内处理大量图像数据，提高工作效率。

② 精准识别与分析：通过先进的算法和模型，实现对图像内容的精准识别与分析。

③ 非接触式检测：在工业自动化领域，可以通过摄像头捕捉的图像进行实时检测，无需物理接触即可完成检测任务。

④ 广泛应用领域：从医疗影像分析到安全监控，从自动驾驶到虚拟现实，视觉图像应用开发技术的应用几乎涵盖了所有需要图像和视频处理的领域。

随着科技的不断进步和创新，视觉图像应用开发技术在各个领域的应用前景越来越广阔。在自动驾驶领域，该技术可以帮助实现车辆的自主导航和避障；在医疗影像分析领域，可以提高疾病的诊断准确率和效率；在安全监控领域，可以实现对异常行为的实时检测和报警；在工业自动化领域，可以实现产品的自动检测和质量控制等。

在本章中，我们将学习 ROS2 视觉图像应用开发技术，包括 ROS2 图像数据、摄像头标定、OpenCV 库和人脸识别，以及物体检测等内容。

8.1 ROS2 图像数据

在 ROS2 中，图像数据是机器人视觉应用的重要组成部分。ROS2 提供了丰富的工具和库来处理、传输和可视化图像数据。这些工具在机器人视觉应用中发挥着重要作用，能够帮助开发者实现高效的图像数据处理和可视化功能。使用这些工具的前提是我们要熟悉 ROS2 系统中的图像数据格式，这样才能在 ROS2 视觉的开发中更加得心应手。

8.1.1 视觉传感器

视觉传感器是机器人的一种常用传感器，用于检测机器人周围的环境信息，并将其转化为机器人可以理解的信息。机器人视觉传感器可以分为两类：光学传感器和摄像机传感器。

光学传感器是通过检测周围环境的光线强度变化来获取信息的。常见的光学传感器有激光雷达传感器、光敏电阻传感器等。

摄像机传感器是通过摄像头来获取信息的。摄像机传感器可以分为两类：彩色摄像机传感器和黑白摄像机传感器。彩色摄像机传感器可以检测周围环境的颜色信息，而黑白摄像机传感器只能检测周围环境的亮度信息。

深度相机是一种特殊的视觉传感器，它可以在图像中测量每个像素点的深度信息。通常，深度相机使用激光或其他方法来测量物体到相机的距离，并在图像中标记出来。这样，机器人就可以通过深度相机获取到周围环境中物体的三维信息。

机器人视觉传感器在机器人导航、物品检测、物品抓取等方面有着广泛的应用。例如，机器人可以通过视觉传感器来识别路径，然后按照规划的路径导航；机器人也可以通过视觉传感器来检测周围环境中的物品，然后通过机械臂或其他装置进行物品抓取。

USB 摄像头是一种常见的视觉传感器，通过 USB 接口连接到计算机或嵌入式设备，实现图像采集和传输。这类摄像头具有易于安装、兼容性好、成本相对较低等优点，广泛应用于计算机视觉、机器人导航、人脸识别等领域。在 ROS2 中使用这一类设备非常简单，我们可以直接通过 usb_cam 功能包来驱动它，获取 USB 摄像头的二维图像数据。

8.1.2 二维图像数据

二维图像数据通常指的是从摄像头或其他图像传感器获取的平面图像信息。在 ROS2 中，这种图像数据是以 sensor_msgs/Image 消息类型进行传输的。sensor_msgs/Image 是 ROS 定义的一种标准消息类型，用于表示摄像头原始图像的数据。sensor_msgs/Image 消息类型包含以下字段：

- header：消息头，包含图像的序号、时间戳和绑定坐标系。
- height：图像的纵向分辨率，即图像包含多少行的像素点。
- width：图像的横向分辨率，即图像包含多少列的像素点。
- encoding：图像的编码方式，表示图像数据的格式，如 RGB、灰度等。
- data：图像数据本身，通常是以字节数组的形式存储。
- step：图像中每行的字节数，用于计算图像数据的索引。

二维图像数据是机器人感知周围环境的关键信息来源。通过摄像头等图像传感器获取的图像数据，机器人可以识别物体、检测障碍物、理解环境布局等，作出相应的决策和动作，从而提高其自主导航和避障的能力。因此，处理二维图像数据是机器人实现自主导航、物体识别、环境重建等功能的基础。

在 ROS2 中，处理二维图像数据通常涉及以下几个步骤。

（1）图像获取

通过连接 USB 摄像头或其他图像传感器，并使用 ROS2 提供的节点和话题机制，可以获取到原始的二维图像数据。

（2）图像处理

使用 OpenCV 等图像处理库对原始图像进行预处理，如去噪、滤波、边缘检测等。还可以进行特征提取，如提取图像中的角点、边缘、轮廓等特征，用于后续的图像匹配、物体识别等任务。

（3）图像传输

在 ROS2 中，二维图像数据可以通过话题或服务进行传输。发布者将图像数据发布到特定的话题上，而订阅者则订阅该话题以接收图像数据。服务通信则允许客户端和服务器之间进行更加复杂的图像数据传输和处理。

（4）图像可视化

使用 Rviz2 等 ROS2 可视化工具，可以实时查看和显示从摄像头或其他图像传感器传输过来的二维图像数据。通过调整图像显示参数（如亮度、对比度等），可以优化显示效果。

处理后的图像数据可以用于行为分析、环境重建等研究任务。通过将这些数据转换为可直接查看的格式，研究人员可以更加直观地理解机器人的行为和环境变化。

8.1.3 三维点云图像

三维点云图像是一组在三维空间中定义的点的集合，这些点通常由 3D 传感器（如激光雷达、深度摄像头等）生成，用于描述周围环境的三维信息。每个点可能包含坐标（x, y, z）、颜色、强度等多种属性。

三维点云图像是通过 3D 传感器对周围环境进行扫描或拍摄得到的。传感器会发射激光或光线，并测量它们从发射到反射回来的时间或相位差，从而计算出物体到传感器的距离。结合传感器的位置和姿态信息，就可以将这些距离数据转换为三维空间中的点云数据，进而生成三维点云图像。如图 8-1 所示的是在 Rviz2 中显示的一个茶壶的点云图像。

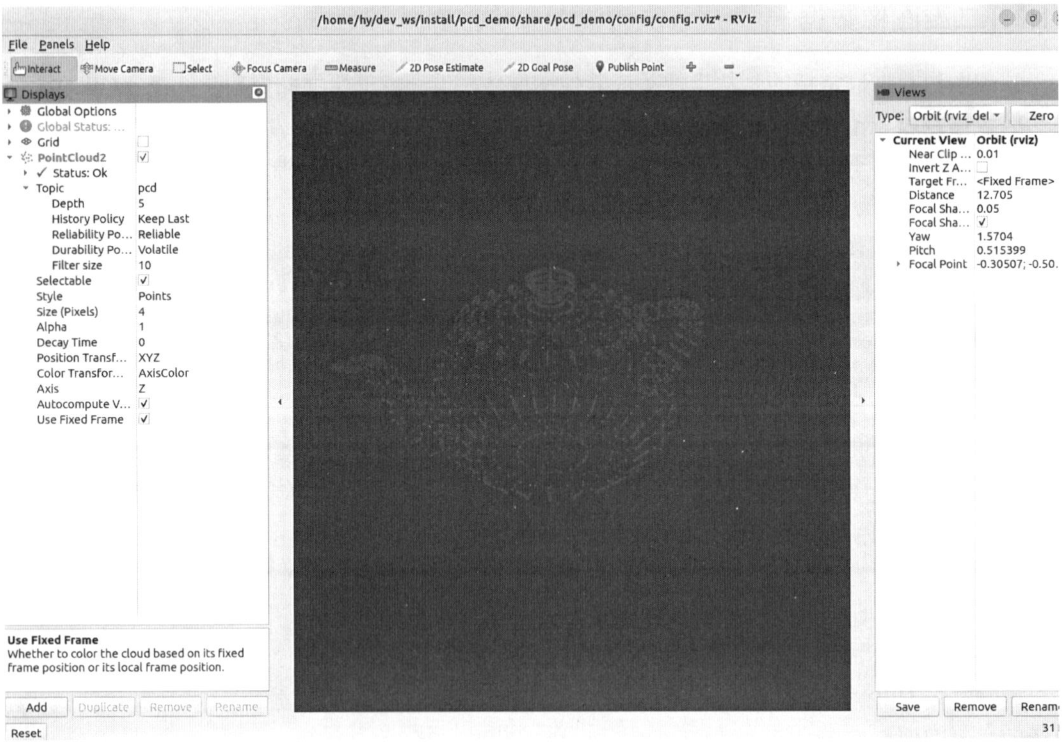

图 8-1 Rviz2 中显示的茶壶的点云图像

在 ROS2 中，可以使用深度传感器获取点云数据，常见的深度传感器包括激光雷达、深度摄像头（如 Kinect2）、结构光相机等。这些传感器能够发射光线并测量它们从发射到反射回来的时间或相位差，从而计算出物体到传感器的距离。根据传感器的型号和规格，进行必要的配置和安装。例如，对于 Kinect2 相机，需要安装 libfreenect2 驱动，并在 ROS2 的工作空间创建 IAI_Kinect2 功能包。通过运行相应的 ROS2 节点或服务，从传感器中获取点云数据。在 ROS2 中，Kinect2

相机通常使用 IAI_Kinect2 功能包中的 kinect2_bridge 节点来连接 ROS2 中的数据转换，并获取点云数据。

还可以通过 ROS2 的话题或服务机制获取点云数据。在 ROS2 中，传感器发布的点云数据通常通过话题进行传输。可以使用 ROS2 的订阅机制，订阅相应的点云话题，以接收传感器发布的点云数据。接收到的点云数据可能需要进行进一步的处理和分析，如滤波、配准、分割、特征提取等。ROS2 中提供了多种点云处理库和工具，如 PCL（point cloud library）等，可以帮助开发者高效地处理和分析点云数据。除了话题之外，ROS2 还支持服务机制，用于实现客户端和服务器之间的通信。可以通过调用相应的服务来获取点云数据或进行其他操作。

一旦点云数据被传输到相应的节点，就可以使用点云处理算法和工具进行进一步的处理和分析。这些处理步骤可能包括：

- 滤波和去噪：去除数据中的噪声和冗余点，提高点云的质量。
- 配准：将多个视角的点云数据合并成一个完整的三维模型，以消除因传感器位置或视角不同而产生的数据重叠或缺失。
- 分割：将点云数据划分为不同的部分或对象，以便于后续的识别和分析。
- 特征提取和分类：识别点云中的关键特征，并对点云中的物体或结构进行分类。

这些处理步骤有助于从原始点云数据中提取出有用的信息，并生成高精度、可解释的三维点云图像。

8.1.4 在 ROS2 中使用摄像头

（1）安装 usb_cam 包

对于 usb_cam 功能包的安装，我们可以直接使用 apt 来安装：

```
$ sudo apt install ros-humble-usb-cam
```

（2）启动摄像头

要启动 USB 摄像头，可以使用以下命令：

```
$ ros2 run usb_cam usb_cam_node_exe
```

这个命令将启动 usb_cam 节点并默认连接到 /dev/video0（第一个检测到的摄像头）。此时并不会出现任何画面，我们还需要订阅节点信息并进行可视化操作。

如果计算机上连接了多个摄像头，可以通过--ros-args -p 参数来指定摄像头。例如，指定第二个摄像头可以使用：

```
$ ros2 run usb_cam usb_cam_node_exe --ros-args -p camera_name:=camera1
```

同时，可以通过设置摄像头设备路径来指定摄像头（比如遇到显示异常的情况）：

```
$ ros2 run usb_cam usb_cam_node_exe --ros-args -p device_id:=/dev/video4
```

确保将 /dev/video4 替换为希望使用的摄像头设备路径。

（3）测试

在启动摄像头后，可以通过订阅摄像头发布的节点信息来获取实时图像数据。在 ROS2 中，可以使用 rqt 工具或 image_view 工具进行可视化。

然后在终端中启动 rqt。

```
$ rqt
```

在 rqt 的插件 Image View 中查看 /image_raw 话题发布的图像信息，如图 8-2 所示。

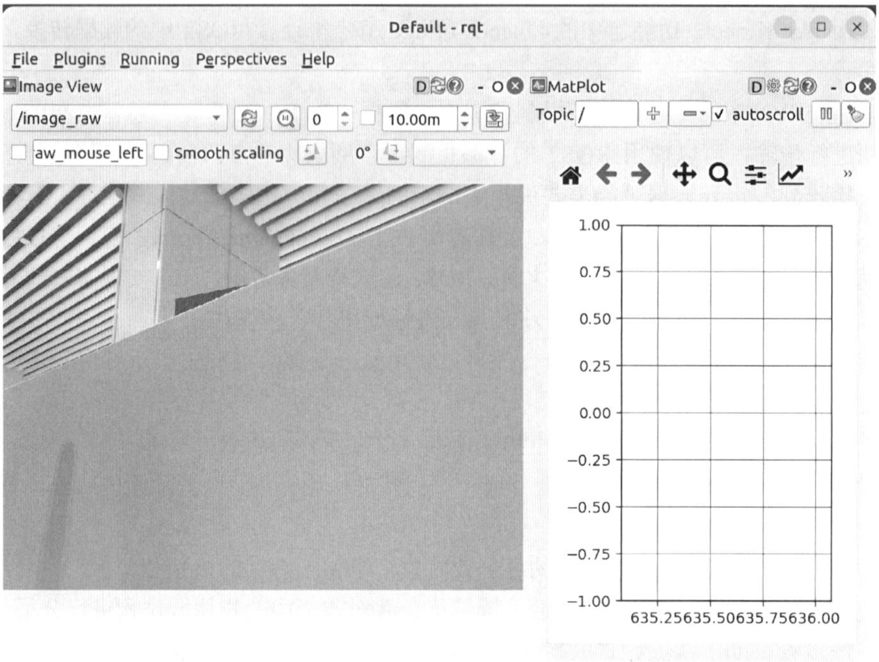

图 8-2　在 rqt 中查看/image_raw 发布的图像信息

此外，我们也可以通过 Rviz2 查看/image_raw 话题发布的图像信息。在终端中打开 Rviz2。

```
$ rviz2
```

点击左下角“Add”，然后加入“By topic”里的“Image”，即可看到图像，如图 8-3 所示。

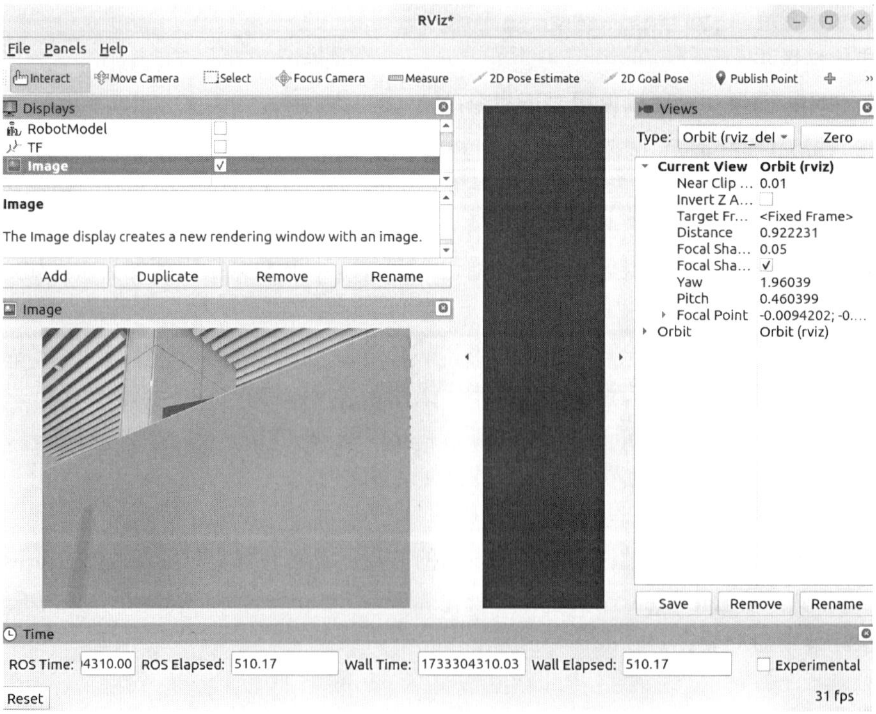

图 8-3　在 Rviz2 中查看/image_raw 发布的图像信息

8.2 摄像头标定

与其他传感器类似，相机也需要通过标定来校正由相机内部参数引起的图像畸变，并建立相机坐标系与世界系的转换关系。摄像头这种精密仪器对光学器件的要求较高，但由于摄像头内部与外部的一些因素，其生成的物体图像往往会发生畸变，为了避免数据源造成的误差，需要针对摄像头的参数进行标定。完成相机坐标到真实世界坐标的变换，通常需要外参矩阵与内参矩阵的组合，该矩阵包含相机焦距和投影中心。可用经典的黑白棋盘、对称圆形图案、不对称圆形图案等方法对相机进行校准。根据不同的图案，我们用不同的方程求得校准参数。我们可以通过校准工具检测图案，并将检测到的每个图案视为一个新方程。当校准工具检测到足够多的图案时，就可以计算出相机的最终参数。

相机标定是基于针孔相机模型的，该模型描述了光线如何通过相机成像。相机标定的目标是找到相机的内部参数和外部参数，使得相机能够准确地将三维世界中的点映射到二维图像上。这些参数对于提高计算机视觉算法的准确性至关重要，特别是在需要精确处理图像数据的机器人和机器视觉应用中。

在ROS2中,可以使用名为camera_calibration的功能包来对单目或双目摄像头进行相机校准。

8.2.1 camera_calibration 功能包

ROS2 中的 camera_calibration 功能包是一个非常重要的工具，它主要用于对单目或双目相机进行标定，以获取相机的内部参数（如焦距、主点坐标等）和外部参数（如旋转矩阵和平移向量等）。

通过 ROS2 的包管理器安装 camera_calibration 功能包。例如，在 ROS2 的 Humble 发行版中，可以使用以下命令进行安装：

```
$ sudo apt install ros-humble-camera-calibration
```

除了 camera_calibration 功能包，我们还需要准备标定板，标定板主要需要 8×8 黑白格棋盘图并将其固定在一个平面上。如图 8-4 所示，8×8 黑白格棋盘图中有 7×7 个校准点。

图 8-4 棋盘格校准图案

8.2.2 摄像头标定过程

（1）启动标定程序

首先确保已经安装了相机校准解析器、相机信息管理器，并使用操作系统的包管理器启动测试组件:

```
$ sudo apt install ros-humble-camera-calibration-parsers
$ sudo apt install ros-humble-camera-info-manager
$ sudo apt install ros-humble-launch-testing-ament-cmake
```

其次还要安装 usb_cam 包和 image_view 包。usb_cam 包前面已经介绍过，image_view 包可以通过下方命令安装：

```
$ sudo apt-get install ros-humble-image-view
```

然后使用以下命令启动 USB 摄像头程序，确保摄像头能够正常运转：

```
$ ros2 launch usb_cam camera.launch.py
```

确保摄像头通过 ROS2 发布图像。这可以通过下方命令来测试：

```
$ ros2 topic list
```

这将显示所有主题发表，确保话题里面有一个 image_raw 主题，即/相机/image_raw。

```
$ /camera1/image_raw
```

然后启动摄像头标定节点。

```
$ ros2 run camera_calibration cameracalibrator --size 7x7 --square 0.025 --ros-args --remap /image:=/camera1/image_raw --ros-args --remap camera:=/camera1
```

参数说明：

① --size 表示当前标定板大小；

② --square 表示每个小棋盘格的边长，单位为 m；

③ image:=/camera1/image_raw 表示图像来源主题；

④ camera:= /camera1 表示相机名称。

（2）标定摄像头

标定程序启动成功后，将标定靶放置在摄像头视野范围内，可以看到如图 8-5 所示的图形界面。图像均为 640×480 的 8×8 黑白格棋盘图，有 7×7 个内部角点。

在没有标定成功前，需要等待几分钟，此时“display”界面右边的按钮都为灰色，不能进行标定。为了提高摄像头标定的准确性，应该尽量让标定靶出现在摄像头视野范围内的各个区域，界面右上角的进度条会提示标定进度。

X：标定靶在摄像头视野中的左右移动。

Y：标定靶在摄像头视野中的上下移动。

Size：标定靶在摄像头视野中的前后移动。

Skew：标定靶在摄像头视野中的倾斜转动。

完成后可点击“save”进行保存，文件保存路径在终端里有显示。再次将标定板放在视野里时，右上角会出现一个数值，代表标定误差。

图 8-5 摄像头标定程序

8.3 OpenCV 库和人脸识别

OpenCV 库是一个开源的基于 BSD 许可发行的跨平台计算机视觉和机器学习软件库，可以运行在 Linux、Windows、Android 和 mac OS 操作系统上。它轻量高效，由一系列 C 函数和少量 C++ 类构成，同时提供了 Python、Ruby、MATLAB 等语言的接口，实现了图像处理和计算机视觉领域的诸多通用算法。利用 OpenCV 库，我们可以使用人脸识别算法在输入的图像中确定人脸（如果存在）的位置、大小和姿态，可应用于生物特征识别、视频监听、人机交互等应用中。2001 年，Viola 和 Jones 提出了基于 Haar 特征的级联分类器对象检测算法，并由 Lienhart 和 Maydt 进行改进，为快速、可靠的人脸检测应用提供了一种有效方法。OpenCV 已经集成了该算法的开源实现，利用大量样本的 Haar 特征进行分类器训练，然后调用训练好的分类器 cascade 进行模式匹配。

8.3.1 使用 OpenCV 库

ROS2 是机器人领域中比较受到关注的一种系统，它的应用比较方便而且有许多的工具，比如传感器驱动包就可以直接使用。但是 ROS2 对于传感器数据有自己的格式和规范，而在 OpenCV 中，我们使用 OpenCV C++接口的图像是以 Mat 矩阵的形式存储的，这与 ROS2 定义的图像消息的格式有一定的区别，所以我们需要利用 cv_bridge 将这两种不同的格式联系起来，如图 8-6 所示。通过 cv_bridge 包可以将 OpenCV 处理过后的数据转换成 ROS2 图像，通过话题进行发布，实现各节点之间的图像传输。

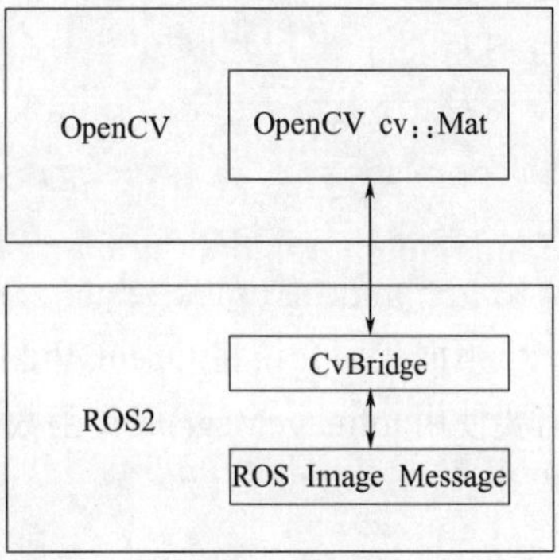

图 8-6 ROS2 图像和 OpenCV 的相互转换

ROS2 图像和 OpenCV 图像的相互转换不仅仅有 C++的接口也有 Python 的接口，下面我们先介绍 C++的 cv_bridge 接口，再通过 Python 接口进行演示。考虑到 OpenCV 提供的丰富功能，许多开发者想结合 OpenCV 来显示并处理 ROS2 发布的图像。在本节中，我们可以学习到如何编写一个通过 cv_bridge 将 OpenCV 中的 cv::Mat 格式转换为 ROS2 图像的节点和一个通过使用 cv_bridge 完成 ROS2 与 OpenCV 之间的图像转换的节点。cv_bridge 定义了 CvImage 类型，其中包含 OpenCV 源图像、图像的编码格式和 ROS2 消息的头名称。CvImage 包含 sensor_msgs/Image 所需的信息，因此我们可以将 ROS2sensor_msgs/Image 消息转换为 CvImage 格式。CvImage 类格式为：

```
class CV_BRIDGE_EXPORT CvImage {
public:
  // ROS 图像头部信息（包含时间戳、坐标系等）
  std_msgs::msg::Header header;
  // 图像编码格式（例如 "mono8", "bgr8", "rgb8", "16UC1" 等）
  std::string encoding;
  // OpenCV 的图像数据（以矩阵形式存储像素数据）
  cv::Mat image;
  // CvImage 的智能指针类型定义（共享指针）
  typedef std::shared_ptr<CvImage> Ptr;
  // CvImage 的常量智能指针类型定义（共享指针）
  typedef std::shared_ptr<CvImage const> ConstPtr;
};
```

cv_bridge 提供以下用于转换为 CvImage 的功能：

```
//第一种情况：总是复制，返回一个可变的 CvImage
CV_BRIDGE_EXPORT CvImagePtr toCvCopy(
  const sensor_msgs::msg::Image::ConstSharedPtr & source,
  const std::string & encoding = std::string());

CV_BRIDGE_EXPORT CvImagePtr toCvCopy(
  const sensor_msgs::msg::CompressedImage::ConstSharedPtr & source,
  const std::string & encoding = std::string());
```

```
// 第二种情况：尽可能共享，返回 const CvImage
CV_BRIDGE_EXPORT CvImageConstPtr toCvShare(
  const sensor_msgs::msg::Image::ConstSharedPtr & source,
  const std::string & encoding = std::string());

CV_BRIDGE_EXPORT CvImageConstPtr toCvShare(
  const sensor_msgs::msg::Image & source,
  const std::shared_ptr<void const> & tracked_object,
  const std::string & encoding = std::string());
```

下面我们介绍将OpenCV图像转换为ROS2图像消息。将CvImage转换为ROS2图像消息，需要使用toImageMsg()成员函数：

```
class CV_BRIDGE_EXPORT CvImage{
  public:
  sensor_msgs::msg::Image::SharedPtr toImageMsg() const;
  void toImageMsg(sensor_msgs::msg::Image & ros_image) const;
}
```

然后我们编写两个ROS2节点。一个节点以OpenCV的方式捕捉摄像头驱动发布的图像消息，并将其转换成ROS2的图像格式进行话题发布，另一个节点订阅发布图像数据的话题，将该ROS2图像消息转换成OpenCV格式的图像并显示。在创建节点之前，我们需要在package.xml和CMakeLists.xml中添加以下依赖项：sensor_msgs cv_bridge rclcpp std_msgs image_transport。

首先，我们编写话题发布节点：

```
#include <cstdio>
#include <opencv2/opencv.hpp>
#include <cv_bridge/cv_bridge.h>
#include <image_transport/image_transport.h>
#include <rclcpp/rclcpp.hpp>

using namespace cv;

int main(int argc,char **argv)
{
  rclcpp::init(argc,argv);
  auto node = rclcpp::Node::make_shared("sub");
  image_transport::ImageTransport it(node);
  image_transport::Publisher image_pub = it.advertise("camera/image",1);

  VideoCapture cap(0);
  sensor_msgs::msg::Image::SharedPtr msg;

  if (!cap.isOpened()) {
    std::cout<<"无法打开摄像头"<<std::endl;
```

```
  }
  // 创建一个定时器，用于定时发布消息
  auto timer = node->create_wall_timer(std::chrono::seconds(1), [&]() {
    cv::Mat frame;
    cap.read(frame);
    msg = cv_bridge::CvImage(std_msgs::msg::Header(),"bgr8",frame).toImageMsg();
    image_pub.publish(msg);
    RCLCPP_INFO(node->get_logger(), "**********************/n");
  });
  rclcpp::spin(node);
  rclcpp::shutdown();
  return 0;
}
```

这段代码通过 OpenCV 和 ROS2 的结合实现了实时图像采集和发布。首先，使用 OpenCV 的 VideoCapture 类打开摄像头并获取图像帧，OpenCV 的 cv::Mat 数据结构用于存储和处理图像。然后，通过 ROS2 的 cv_bridge 工具将 OpenCV 的 cv::Mat 格式转换为 ROS2 的 sensor_msgs::msg::Image 消息，以便图像数据能通过 ROS2 的通信机制发布到网络中。利用 ROS2 的 image_transport 库，图像消息被发布到 camera/image 话题，使其他订阅该话题的节点能够接收到图像数据。

然后，我们编写话题订阅节点：

```
#include <cstdio>
#include <opencv2/opencv.hpp>
#include <cv_bridge/cv_bridge.h>
#include <image_transport/image_transport.h>
#include <rclcpp/rclcpp.hpp>

using namespace cv;
void callback(const sensor_msgs::msg::Image::ConstSharedPtr& msg)
{
  cv::Mat image = cv_bridge::toCvShare(msg,"bgr8")->image;
  cv::imshow("Camera", image);
  cv::waitKey(1);
}
int main(int argc,char **argv)
{
  rclcpp::init(argc,argv);
  auto node = rclcpp::Node::make_shared("sub");
  image_transport::ImageTransport it(node);
  image_transport::Subscriber sub = it.subscribe("camera/image",1,callback);
  cv::namedWindow("Image",cv::WINDOW_AUTOSIZE);

  rclcpp::spin(node);
  cv::destroyAllWindows();
```

```
  rclcpp::shutdown();
  return 0;
}
```

这段代码展示了 ROS2 和 OpenCV 的结合，通过订阅图像话题并实时显示图像，实现了基本的视觉功能。首先，利用 ROS2 的 image_transport 工具订阅名为 camera/image 的图像话题。当接收到 ROS2 的 sensor_msgs::msg::Image 消息时，通过 cv_bridge 将其转换为 OpenCV 的 cv::Mat 格式，方便使用 OpenCV 的强大图像处理功能。随后，利用 OpenCV 的 cv::imshow 显示图像，并用 cv::waitKey(1)确保窗口刷新。ROS2 负责高效的通信和事件调度，而 OpenCV 提供强大的图像处理与显示能力，两者结合实现了实时图像传输与显示功能。

下面我们通过一个例程来演示利用 cv_bridge 的 Python 接口，来完成 ROS 图像和 OpenCV 图像的相互转换。该程序订阅了 ROS2 图像消息，将图像转换为 cv::Mat，在其上绘制一个圆并使用 OpenCV 显示该图像，而且通过 ROS2 重新发布该图像信息。实现该例程的源码 cv_ws/cv_py/myopencv.py 的内容如下：

```
import rclpy
from rclpy.node import Node
import cv2
from cv_bridge import CvBridge
from sensor_msgs.msg import Image

class ImageConverter(Node):
    def __init__(self):
        super().__init__('cv_bridge_test')
        self.bridge = CvBridge()

        # 声明图像的发布者和订阅者
        self.image_pub = self.create_publisher(Image, "cv_bridge_image", 10)
        self.image_sub = self.create_subscription(Image, "/image_raw",
                                                  self.callback, 10)

    def callback(self, data):
        # 使用 cv_bridge 将 ROS2 的图像数据转换成 OpenCV 的图像格式
        try:
            cv_image = self.bridge.imgmsg_to_cv2(data, "bgr8")
        except CvBridge.CvBridgeError as e:
            self.get_logger().error(f"CV Bridge Error: {e}")
            return

        # 在 OpenCV 的显示窗口中绘制一个圆作为标记
        (rows, cols, channels) = cv_image.shape
        if cols > 60 and rows > 60:
            cv2.circle(cv_image, (60, 60), 30, (0, 0, 255), -1)
```

```
        # 显示 OpenCV 格式的图像
        cv2.imshow("Image window", cv_image)
        cv2.waitKey(3)

        # 再将 OpenCV 格式的数据转换成 ROS2 image 格式的数据发布
        try:
            self.image_pub.publish(self.bridge.cv2_to_imgmsg(cv_image, "bgr8"))
        except CvBridge.CvBridgeError as e:
            self.get_logger().error(f"CV Bridge Error: {e}")

def main(args=None):
    rclpy.init(args=args)
    node = ImageConverter()

    try:
        rclpy.spin(node)
    except KeyboardInterrupt:
        node.get_logger().info("Shutting down cv_bridge_test node.")
    finally:
        cv2.destroyAllWindows()
        rclpy.shutdown()
```

分析以上例程代码的关键部分：

① 要调用 OpenCV，必须先导入 OpenCV 模块，另外还应导入 cv_bridge 所需要的一些模块。

② 定义一个 Subscriber 接收原始图像消息，再定义一个 Publisher 发布 OpenCV 处理后的图像消息，还要定义一个 CvBridge 的句柄，便于调用相关的转换接口。

③ imgmsg_to_cv2()接口的功能就是将 ROS2 图像消息转换成 OpenCV 图像数据，该接口有两个输入参数：第一个参数指向图像消息流，第二个参数用来定义转换的图像数据格式。

④ cv2_to_imgmsg()接口的功能是将 OpenCV 格式的图像数据转换成 ROS2 图像消息，该接口同样要求输入图像数据流和数据格式这两个参数。由于是 python 文件，我们需要给.py 文件提供 root 权限，保证程序能够顺利运行。我们可以通过重映射，修改程序映射到实际的图像主题，例如“cv_bridge_image”。

python 程序编写完成后，还需要输入以下指令：

```
$ ros2 run  usb_cam usb_cam_node_exe
```

通过 ROS2 来驱动相机，显示图像。然后运行程序，结果如图 8-7 所示，左图是通过 cv_bridge 将 ROS2 图像转换成 OpenCV 图像数据之后的显示效果；右图是将 OpenCV 图像数据再次通过 cv_bridge 转换成 ROS2 图像后的显示效果，从而实现 OpenCV 和 ROS2 图像信息的相互转换。

8.3.2 使用 OpenCV 实现人脸识别

人脸识别是一种生物识别技术，描述了人脸的整体特征和轮廓，是一种通过模式识别来对人的身份进行识别的技术。人脸识别流程主要是按照人脸检测、特征提取、人脸分类的顺序对人脸进行判断和分析。人脸检测就是对图像的轮廓进行特定算法的处理从而判断有无人脸，特征提取就是将人脸的特征通过向量表示出来，人脸比对主要是将要识别的面部与已有的面部进行比较来

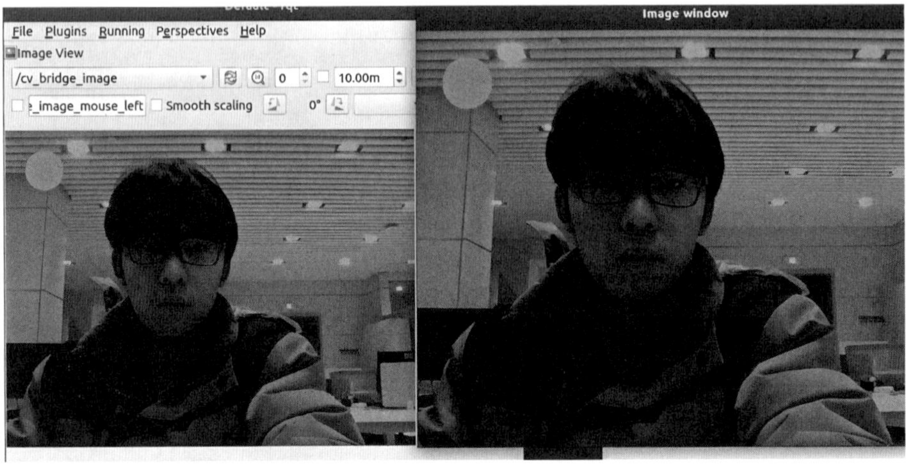

图 8-7　cv_bridge 例程的运行效果

确定是否为同一个人。人脸识别的技术非常的广泛，而且目前该技术已经融入我们的日常生活中，例如刑事侦查、身份核实、密码设置等，研究人脸识别具有重大的现实意义。

强大的 OpenCV 包集成了许多人脸识别的算法，所以我们不需要重新寻找人脸识别的源码，只需要调用 OpenCV 相应的接口就可以实现人脸识别的功能。一般情况下，我们在安装 ROS 系统的过程中，会包含摄像头 usb_cam 驱动包，下面运行例程来展示人脸识别的过程和效果。人脸识别部分代码见 cv_ws/face_detector/face_detector.py。

（1）人脸检测

人脸检测是指对采集到的图像进行搜索，找到所有可能是人脸的位置，并返回人脸位置和大小的过程。人脸识别中搜索部分所有的操作都是基于人脸检测的结果进行，所以人脸检测是人脸识别的一个关键环节，检测效果的好坏直接影响到人脸识别的效率和效果。下面我们利用 OpenCV 中的 Haar 特征分类器实现人脸检测。核心代码如下：

```
def face_detect(self):
    # 加载 OpenCV 提供的人脸检测分类器 (Haar 特征分类器)
    face_detector = cv2.CascadeClassifier(
r'/home/ant/ros/cv_ws/src/face_detector/resource/haarcascade_frontalface_alt.xml'
    )
    # 在灰度图中检测人脸
    # 参数 1.3 → 图像缩放因子
    # 参数 5   → 至少检测到 5 个相邻矩形框才认为是人脸
    faces = face_detector.detectMultiScale(self.gray_img, 1.3, 5)
    # 遍历所有检测到的人脸，并在图像上绘制矩形框
    for (x, y, w, h) in faces:
        cv2.rectangle(self.cv_image, (x, y), (x + w, y + h), (255, 0, 0), 6)
    # 在窗口中显示处理后的人脸检测结果图像
    cv2.imshow("Image window", self.cv_image)
    cv2.waitKey(3)   # 窗口刷新，等待 3 ms
    # 将 OpenCV 的图像 (cv::Mat) 转换为 ROS 图像消息并发布
    try:
       self.image_pub.publish(
```

```
            self.bridge.cv2_to_imgmsg(self.cv_image, "bgr8")
        )
    # 捕获 CvBridge 转换异常，并打印错误信息
    except CvBridge.CvBridgeError as e:
        self.get_logger().error(f"CV Bridge Error: {e}")
```

这段代码实现了基于 OpenCV 和 ROS2 的人脸检测和图像发布功能。首先，它使用 OpenCV 的 Haar 特征级联分类器（通过 cv2.CascadeClassifier 加载预训练的 haarcascade_frontalface_ alt.xml 文件）来检测图像中的人脸。检测过程中，detectMultiScale 方法会扫描图像并返回检测到的人脸区域的坐标。然后，通过 OpenCV 的 cv2.rectangle 在每个人脸位置绘制一个红色矩形框，标记出人脸的位置。接下来，使用 cv2.imshow 显示带有标记的人脸图像，并通过 cv2.waitKey(3)刷新窗口以保证图像实时更新。最后，代码使用 cv_bridge 将处理后的 OpenCV 图像转换为 ROS2 格式，并通过 ROS 的发布器 self.image_pub.publish 将图像发布到话题上，供其他 ROS2 节点订阅。运行结果见图 8-8。

图 8-8 人脸检测结果

（2）人脸特征提取

人脸特征提取在计算机视觉和人脸识别中起着至关重要的作用，它是人脸识别系统的核心步骤之一。特征提取的目的是将原始图像转化为具有判别能力的特征向量，使得不同的人脸之间具有较高的区分度，同时使得同一个人脸在不同条件（如光照、表情、角度等）下保持相对不变。其核心代码如下：

```
def getImageAndLabels(path):
    # 存放人脸区域的列表
    facesSample = []
    # 存放对应人脸 ID 的列表
    ids = []
    # 获取指定目录下的所有图像路径
    imagePaths = [os.path.join(path, f) for f in os.listdir(path)]
    # 加载 Haar 人脸检测分类器
    face_detector = cv2.CascadeClassifier(
  r'/home/ant/ros/cv_ws/src/face_detector/resource/haarcascade_frontalface_
alt.xml'
    )
    # 遍历所有图像
    for imagePath in imagePaths:
            try:
              # 打开图像，并转换为灰度图（人脸检测在灰度图上更有效）
              PIL_image = Image.open(imagePath).convert('L')
        except Exception as e:
            print(f"Error opening image {imagePath}: {e}")
```

```
                continue

        # 将灰度图转换为 NumPy 数组
        img_numpy = np.array(PIL_image, 'uint8')
        # 检测人脸，返回人脸区域的矩形框 (x, y, w, h)
        faces = face_detector.detectMultiScale(img_numpy, scaleFactor=1.2,
minNeighbors=5)
        # 从文件名中提取人脸 ID，假设文件名格式为 "ID.任意扩展名"
        id = int(os.path.split(imagePath)[1].split('.')[0])
        # 遍历检测到的人脸区域
        for (x, y, w, h) in faces:
            # 检查人脸区域是否超出图像边界
            if x + w <= img_numpy.shape[1] and y + h <= img_numpy.shape[0]:
                    # 裁剪出人脸区域，添加到样本列表
                    facesSample.append(img_numpy[y:y + h, x:x + w])
                    # 将对应的 ID 添加到 ID 列表
                    ids.append(id)
    # 返回所有人脸样本和对应的 ID
    return facesSample, ids
# 设置人脸数据集路径
path = '/home/ant/ros/cv_ws/src/face_detector/resource/image'

# 调用函数，获取人脸样本和对应 ID
faces, ids = getImageAndLabels(path)
# 创建 LBPH 人脸识别器 (Local Binary Patterns Histograms)
# ⚠ 仅 OpenCV 旧版 (带 face 模块) 支持
recognizer = cv2.face.LBPHFaceRecognizer_create()
# 使用人脸样本和 ID 训练识别器
recognizer.train(faces, np.array(ids))
# 将训练好的模型保存到指定文件 (trainer.yml)
recognizer.write('/home/ant/ros/cv_ws/src/face_detector/resource/trainer.yml')
```

这段代码实现了从指定路径加载人脸图像，提取其中的人脸区域，并使用 LBPH（局部二值模式直方图）算法进行训练，最终保存训练好的模型。

首先，getImageAndLabels 函数定义了两个空列表：facesSample 用于存储从图像中提取的人脸区域，ids 用于存储每张人脸图像的对应 ID。该函数通过读取指定路径 path 下的所有图像文件，使用 OpenCV 的 Haar 特征级联分类器（CascadeClassifier）来检测每张图像中的人脸。将图像转换为灰度图像，以提高人脸检测的效果。接着，将检测到的人脸区域切割出来并存储到 facesSample 中，将与之对应的 ID 从图像文件名中提取并存储到 ids 列表。

在提取完所有图像中的人脸样本和 ID 后，返回 facesSample 和 ids。然后，使用 cv2.face.LBPHFaceRecognizer_create()创建一个 LBPH 人脸识别器实例，并用 facesSample 和 ids 列表训练该识别器。最后，训练好的模型会通过 recognizer.write()方法保存到指定路径(trainer.yml)以供后续使用。这段代码的目的是从一组图像中提取人脸特征，并训练一个人脸识别模型。

（3）人脸识别

在前面，我们讨论了如何识别图像或视频中的人脸区域，如何在面部区域中提取特征。下面我们进行人脸识别部分。人脸识别是在检测到的面部区域中提取特征并与数据库中的已知特征进行比较，从而实现身份验证或识别。核心代码如下：

```
    def face_recognition(self):
        # 加载人脸检测的分类器
        face_detector = cv2.CascadeClassifier(
r'/home/ant/ros/cv_ws/src/face_detector/resource/haarcascade_frontalface_alt.xml'
        )

        # 检测人脸
        faces = face_detector.detectMultiScale(self.gray_img, 1.3, 5)

        # 在检测到的人脸上绘制矩形框
        for (x, y, w, h) in faces:
            cv2.rectangle(self.cv_image, (x, y), (x + w, y + h), (0, 0, 255), 6)
            id,_ = self.recognizer.predict(self.gray_img[y:y+h,x:x+w])
            text = "yfl" if id == 1 else ""  # 如果 id == 1, 显示 'yfl', 否则显示空字符串
            cv2.putText(self.cv_image, text, (x, y), cv2.FONT_HERSHEY_COMPLEX, 1,
(128, 128, 0), 2)
        # 显示图像窗口
        cv2.imshow("Image window", self.cv_image)
        cv2.waitKey(3)

        # 将 OpenCV 格式的数据转换成 ROS2 图像格式发布
        try:
            self.image_pub.publish(self.bridge.cv2_to_imgmsg(self.cv_image, "bgr8"))
        except CvBridge.CvBridgeError as e:
            self.get_logger().error(f"CV Bridge Error: {e}")
```

这段代码实现了完整的人脸识别功能。首先，通过加载OpenCV提供的Haar特征级联分类器，使用 cv2.CascadeClassifier()来加载预训练的人脸检测模型。然后，通过detectMultiScale()方法检测图像中的人脸，并返回包含人脸坐标的矩形框。接着，使用cv2.rectangle()在原始图像中绘制红色矩形框，以标记出检测到的人脸区域。之后，通过训练好的 self.recognizer 对检测到的每个人脸区域进行识别，使用 predict()方法获取识别结果的ID，最后，使用cv2.putText()在人脸框的左上角位置绘制识别结果文本。运行代码，结果如图8-9所示。

图 8-9　人脸识别结果

8.4 物体检测

在无人驾驶和室内工作场景中，机器人需要进行物体检测识别，包括路上的车辆和行人，以及室内的餐盘回收等任务。计算机视觉技术在机器人系统中扮演着至关重要的角色。其中，YOLO（You Only Look Once）是一种高速而准确的目标检测算法，能够实时识别图像或视频中的多个对象，而无需多次检测。本节将详细介绍如何将目标检测算法 YOLO 与 ROS2 集成，同时探讨如何创建一个目标检测任务。

8.4.1 介绍与安装

目标检测是计算机视觉领域中的一项重要任务，它的主要作用是识别图像中的物体并确定其位置。在目标检测中物体的位置一般使用边界框（bounding box）表示，边界框使用物体的中心位置（x，y）和物体的宽（w）、高（h）四个数据表示，而类别则使用标签表示，一般是字符串，比如货车、轿车和自行车等。

目标检测可以分为单一物体检测和多物体检测，YOLO 就是一种高效且准确的多物体检测算法，YOLO 有多个版本，本章选用安装更为方便和更容易投入生产的 YOLOv5 作为我们学习和使用的版本。

首先打开一个终端，运行下面的代码来创建工作空间。

```
$ cd ~
$ mkdir ros2_deployment
$ cd ros2_deployment/
$ mkdir hub_dir ros2_project
```

然后运行下面的代码下载仿真所需的源代码。

```
$ cd ~/ros2_deployment/hub_dir/
$ git clone https://gitee.com/Bin_lj/ros2_yolo.git
```

接着创建 ROS2 项目，并编译。

```
$ cd ~/ros2_deployment/ros2_project/
$ mkdir src
$ colcon build
```

然后转到/ros2_deployment/ros2_project/src/文件夹下，创建项目的功能包。

```
$ cd ~/ros2_deployment/ros2_project/src/
$ ros2 pkg create --build-type ament_python --node-name data_read_node ros2_
yolov5
```

创建好功能包之后，在/ros2_deployment/ros2_project/src/ros2_yolov5/ros2_yolov5 文件夹中找到 setup.py 文件，需要修改一下文件内容。在文件里的 console_scripts 下面添加 inference_node = ros2_yolov5.inference_node:main，如图 8-10 所示。

```
$ cd ~/ros2_deployment/ros2_project/src/ros2_yolov5/ros2_yolov5
$ cp -r ~/ros2_deployment/hub_dir/ros2_yolo/src/ros2_yolov5/ros2_yolov5/* .
$ mv yolov5s.onnx coco128.yaml ~/temp/
$ gedit ~/ros2_deployment/ros2_project/src/ros2_yolov5/setup.py
```

```python
from setuptools import find_packages, setup

package_name = 'ros2_yolov5'

setup(
    name=package_name,
    version='0.0.0',
    packages=find_packages(exclude=['test']),
    data_files=[
        ('share/ament_index/resource_index/packages',
            ['resource/' + package_name]),
        ('share/' + package_name, ['package.xml']),
    ],
    install_requires=['setuptools'],
    zip_safe=True,
    maintainer='ljb',
    maintainer_email='lijiabin2018@qq.com',
    description='TODO: Package description',
    license='TODO: License declaration',
    tests_require=['pytest'],
    entry_points={
        'console_scripts': [
            'data_read_node = ros2_yolov5.data_read_node:main',
            'inference_node = ros2_yolov5.inference_node:main'
        ],
    },
)
```

图 8-10　代码文件

接下来获取数据集，数据集在/ros2_deployment/dataset/文件夹里面，可以将此数据移动到/home/用户名/dataset/yolov5/inf_dir/里。

我们还需要修改/ros2_deployment/ros2_project/src/ros2_yolop/ros2_yolop/文件夹下的 dataloader.py、inference_node.py、main.py 等 python 文件中的文件路径，将路径改为自己的用户名文件路径。

8.4.2　运行仿真

文件修改好之后，保存退出，就可以进行仿真测试了。转移到/ros2_deployment/ros2_project/文件夹下，打开控制台，输入下方命令，运行 YOLOv5。

```
$ colcon build
$ source install/setup.bash
$ ros2 pkg list
$ ros2 run ros2_yolov5 inference_node
```

再在该目录下打开一个新的终端，输入下方命令，接收节点信息。

```
$ source install/setup.bash
$ ros2 run ros2_yolov5 data_read_node
```

然后在该目录下打开一个新的终端，输入 Rviz2 启动 Rviz，不出意外，就可以得到如图 8-11 所示的画面。

从图 8-11 中可以看到，视频在播放时，算法会不断识别出图中的信息，并用不同颜色的标注框标注出来，识别准确率也是比较高的。这就是将 ROS2 和 YOLO 算法所结合的目标检测算法。

图 8-11　运行 Rviz 得到的画面

8.5　本章小结

本章围绕 ROS2 视觉开发全流程，系统讲解“数据采集-参数校准-算法集成”的核心技术。首先，详细讲解了视觉传感器，区分了光学传感器和摄像机传感器，强调了深度相机在三维感知中的重要性，并介绍了二维图像数据和三维点云数据的处理方法。特别指出了 ROS2 如何通过 sensor_msgs/Image 消息格式传输二维图像数据，如何使用激光雷达和深度摄像头生成三维点云图像。此外，还介绍了如何在 ROS2 中使用摄像头，利用 usb_cam 包驱动摄像头采集图像并进行可视化。然后，本章讲解了摄像头标定的概念与过程，重点介绍了通过 camera_calibration 包进行相机内部和外部参数的标定，确保图像数据的准确性。接着聚焦 OpenCV 与人脸识别，通过 cv_bridge 实现 ROS2 与 OpenCV 图像格式互转，基于 OpenCV 完成人脸检测（Haar 分类器）、特征提取（LBPH 算法）与身份识别，同时通过 ROS2 话题发布处理后的图像。最后，介绍了如何将目标检测算法 YOLO 与 ROS2 集成实现物体检测。

习题八

1. 什么是深度相机？它在机器人视觉感知中有什么作用？
2. ROS2 中使用的 sensor_msgs/Image 消息格式有什么作用？
3. 如何在 ROS2 中获取和处理二维图像数据？
4. 什么是摄像头标定？为什么摄像头标定对机器人视觉应用至关重要？
5. 在 ROS2 中，如何利用 usb_cam 包来获取摄像头图像数据？
6. 如何使用 camera_calibration 包进行摄像头标定？请简述标定的步骤和目的。
7. 什么是图像畸变？摄像头标定如何帮助解决这一问题？
8. 简述如何通过深度摄像头和激光雷达获取三维点云数据，并在 ROS2 中进行处理。
9. 如何使用 OpenCV 加载 Haar 特征级联分类器进行人脸检测？请给出简单的代码示例。
10. 使用 OpenCV 实现人脸识别时，为什么需要对图像进行灰度化处理？

第9章 机械臂应用开发技术

机械臂是机器人中运用最广泛、成熟的一种，主要应用于工厂自动化环境。机械臂经过几十年的发展，技术相对成熟，包括运动学正逆解、运动轨迹规划、碰撞检测算法等。随着协作机器人的发展，机械臂也逐渐开始走入人们的生活。

在本章中，我们将学习：创建机器臂 URDF 模型；机械臂 URDF 模型与 MoveIt 关联运行；机械臂 URDF 模型与 Gazebo 关联运行；MoveIt 和 Gozebo 关联运行。

9.1 创建机械臂 URDF 模型

在本节中，将用 urdf 文件来描述我们的机械手的外观以及物理性能。下面将简单创建一个机械臂的外形，并对机械臂的 link 和 inertial 进行设置。

9.1.1 机械臂的外形建立

创建一个名为 six_arm.urdf 的文件定义机械臂外形，代码详见 chapt9_ws/src/mybot_description/urdf 文件夹中的 six_arm.urdf 文件。

将 six_arm.urdf 文件用 VSCode 打开，使用 ROS 插件可以看到 URDF 模型。具体方法是安装好 ROS 插件，然后在程序界面右击鼠标，选择 command palette，在弹出的输入栏输入“ROS: Preview URDF”，就可以看到此程序的 URDF 模型，如图 9-1 所示。

根据前面所讲的 URDF 语法，可以自己更改程序中的参数，得到不同的模型。

9.1.2 机械臂 link 的 inertial 的设置

URDF 里面的 link 必须要有旋转惯性矩阵“inertial”的设置，否则在 Gazebo 里面导入模型 URDF 时会报错。当我们设计一个模型时，要对应计算出该模型的旋转惯性矩阵，该矩阵是一个 3×3 的对称矩阵，所以在 URDF 中只使用 6 个值描述该矩阵。旋转惯性矩阵如下所示。

$$\begin{pmatrix} ixx & ixy & ixz \\ ixy & iyy & iyz \\ ixz & iyz & izz \end{pmatrix}$$

计算好相应的矩阵后，再将矩阵的参数写入“inertial”程序中。“inertial”程序的示例代码如下：

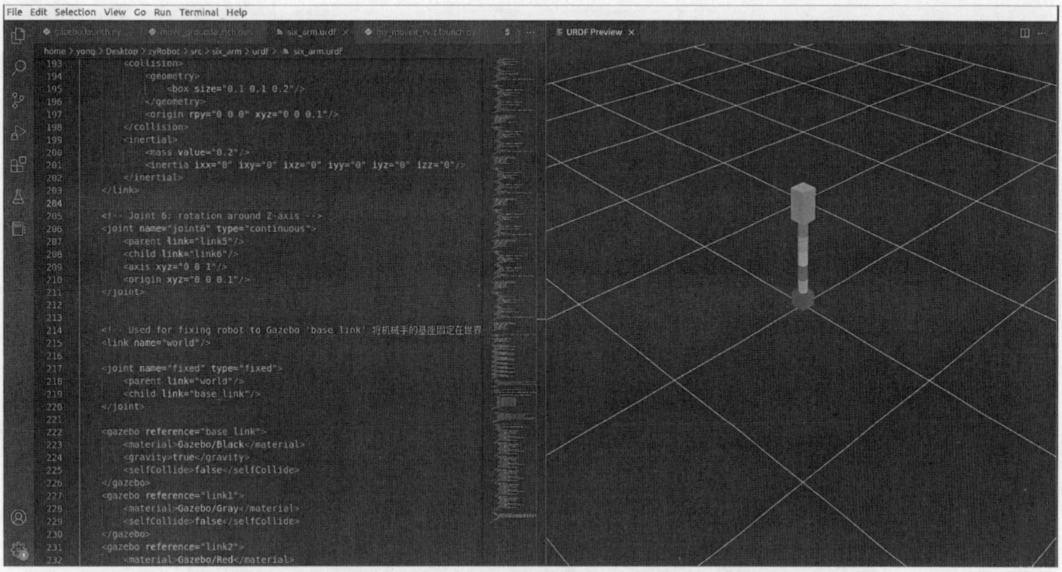

图 9-1　在 VSCode 中查看 URDF 模型

```
<inertial>
  <mass value="10"/>
  <inertia ixx="0.4" ixy="0.0" ixz="0.0" iyy="0.4" iyz="0.0" izz="0.2"/>
</inertial>
```

其中，mass value 参数指的是模型的质量；ixx、ixy、ixz、iyy、iyz、izz 指的是矩阵中的参数。将对应参数输入其中，就完成了“inertial”的设置。

9.2　机械臂与 MoveIt 的关联

MoveIt2 是基于 ROS2 的机器人操作平台，集成了运动规划、操作控制、3D 感知、运动学和导航等方面的最新技术。

通过前面的操作，我们拥有了一个描述机械手的文件 six_arm.urdf，接下来我们利用该文件创建一个可以利用 MoveIt2 进行路径规划的工程。

9.2.1　建立相关文件

（1）安装 MoveIt2

首先安装 MoveIt2，我们可以直接使用 apt 安装官方编译好的二进制包，也可以把源代码下载下来自己编译出二进制包，建议直接二进制安装，更方便快捷。

```
$ sudo apt install ros-humble-moveit
```

再安装 MoveIt 配套的工具。

```
$ sudo apt install ros-humble-moveit-setup-assistant
$ sudo apt install ros-humble-moveit-*
```

（2）建立相关文件

先建立一个文件夹 myRobot，再在此文件夹中建立一个 src 文件夹，然后进入 src 文件夹路径，创建包。

```
$ ros2 pkg create mybot_description --build-type ament_python
```

在 src/mybot_description 文件夹下，创建 urdf 文件夹，然后把 six_arm.urdf 放进去，文件目录如图 9-2 所示。

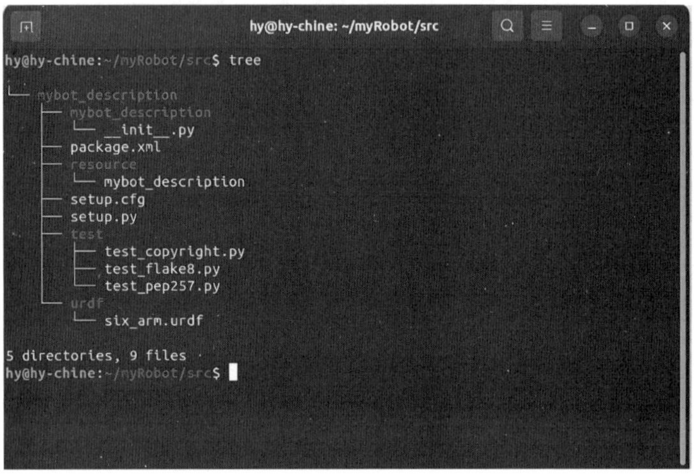

图 9-2　在终端中查看文件目录

然后输入“cd ..”返回 myRobot 目录，使用 colcon build 编译一下，如图 9-3 所示。

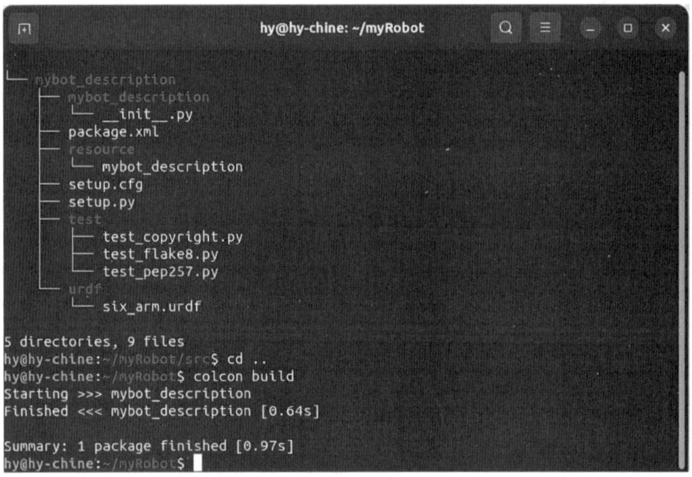

图 9-3　在终端中运行编译指令

之后运行 source 命令，其目的是把我们创建的 mybot_description 项目暴露给控制台，然后让后续的 moveit_setup_assistant 可以找到对应的 urdf 文件。

```
$ source install/setup.bash
```

9.2.2　创建项目

使用下面的代码启动 MoveIt Setup Assistant，利用 MoveIt Setup Assistant 创建项目。

```
$ ros2 run moveit_setup_assistant moveit_setup_assistant
```

打开后，点击 Create New MoveIt，创建新的 MoveIt，在文件目录中选择 six_arm.urdf 文件，如图 9-4 所示。

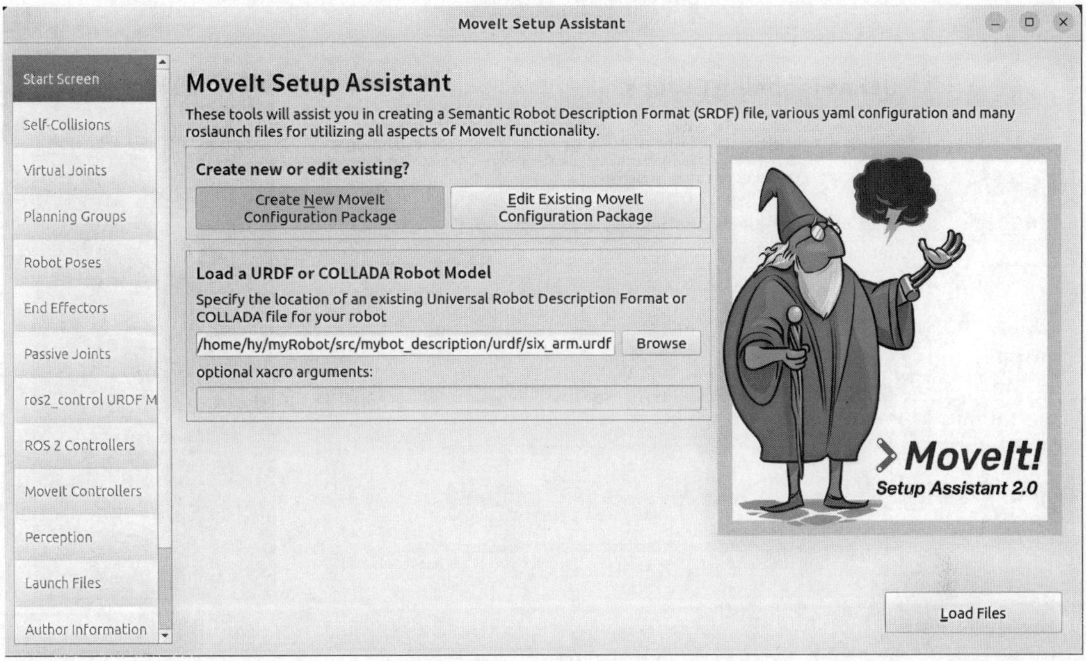

图 9-4 MoveIt 界面

点击右下角的“Load Files”，再选择左侧的“Planning Groups”，然后点击右下角的“Add Group”，打开后按照图 9-5 简单设置。

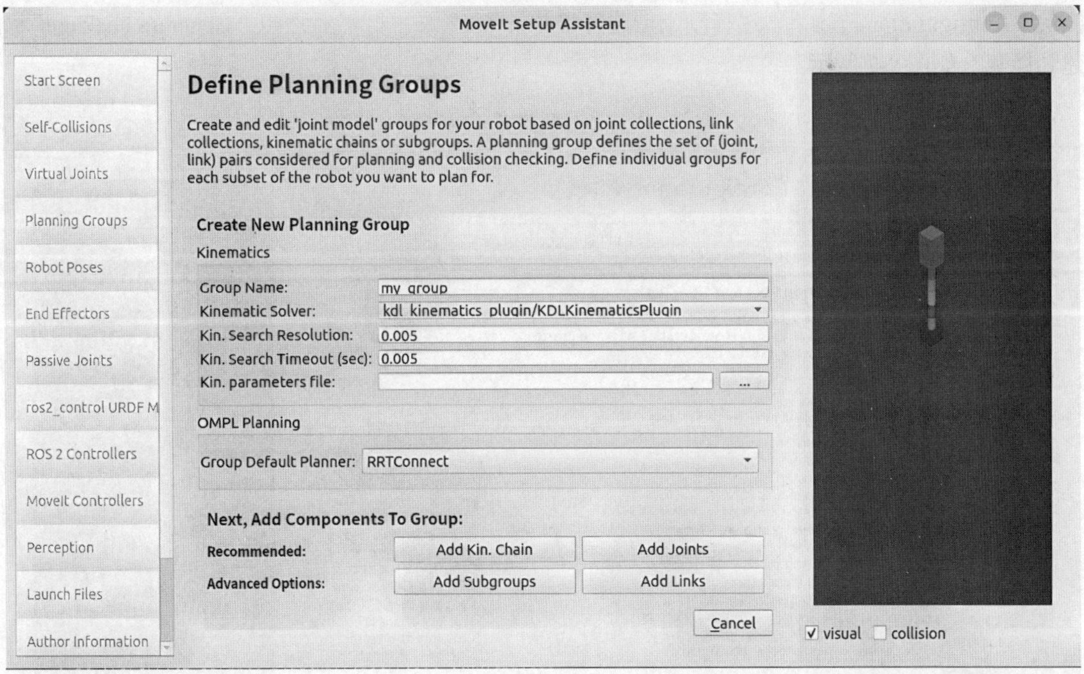

图 9-5 在 MoveIt 里添加项目

设置完之后点击“Add Kin. Chain”，再按照图 9-6 所示设置机械臂的对应底座和顶点，点击“Save”进行保存。

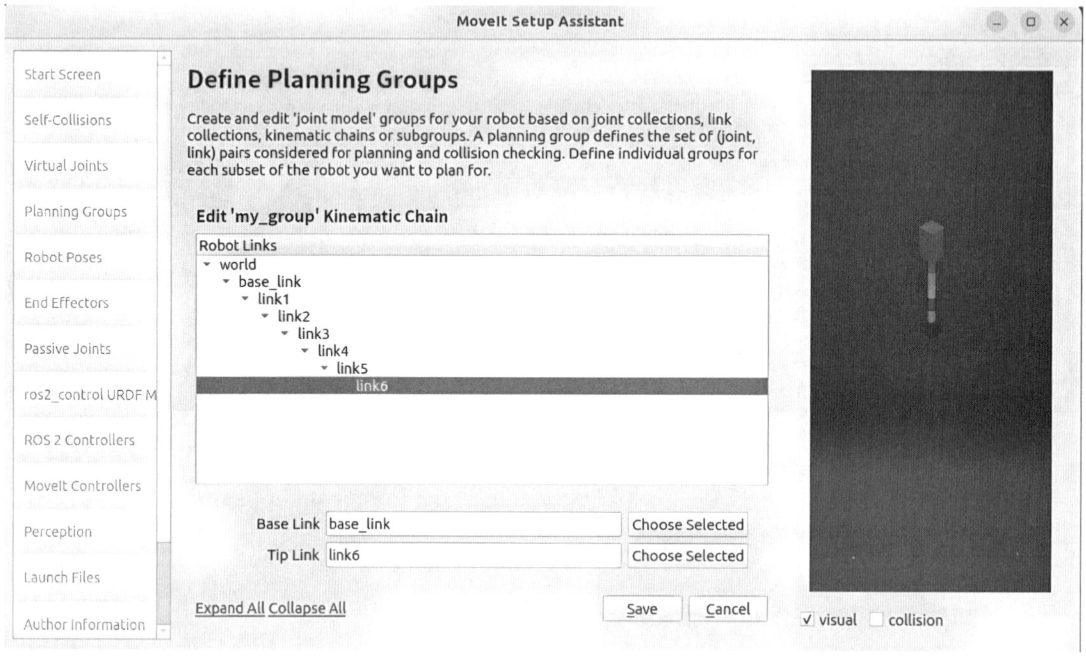

图 9-6　在 MoveIt 里设置底座和顶点

再点击左侧的“Author Information”自行简单设置创作者信息。

紧接着在 src 目录下创建一个名为“mybot”的文件，再回到 MoveIt Setup Assistant 中点击左侧的“Configuration Files”，选择刚刚创建好的“mybot”文件，然后点击“Generate Package”创建功能包，如图 9-7 所示。

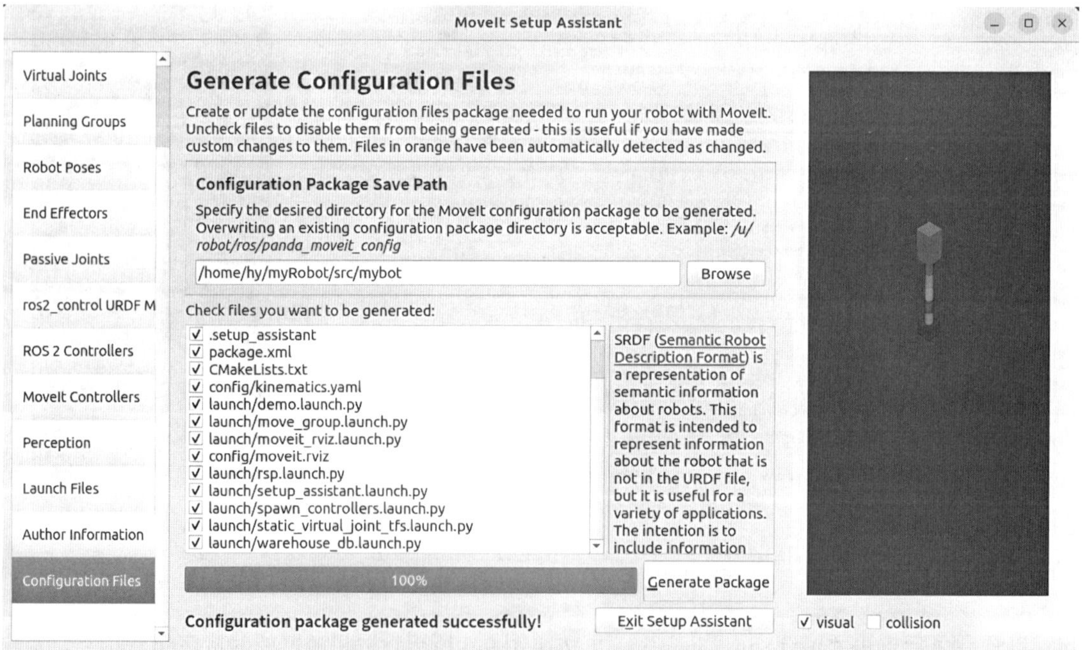

图 9-7　在 MoveIt 里创建功能包

9.2.3　编译试运行

文件生成之后，退出 MoveIt Setup Assistant，在 myRobot 文件中打开终端，并执行编译。编译完成后，重新运行 source 命令，代码如下。

```
$ colcon build
$ source install/setup.bash
```

然后试着用下面的代码执行。

```
$ ros2 launch mybot demo.launch.py
```

如果没有任何报错，就会打开图 9-8 所示的界面，说明运行成功。

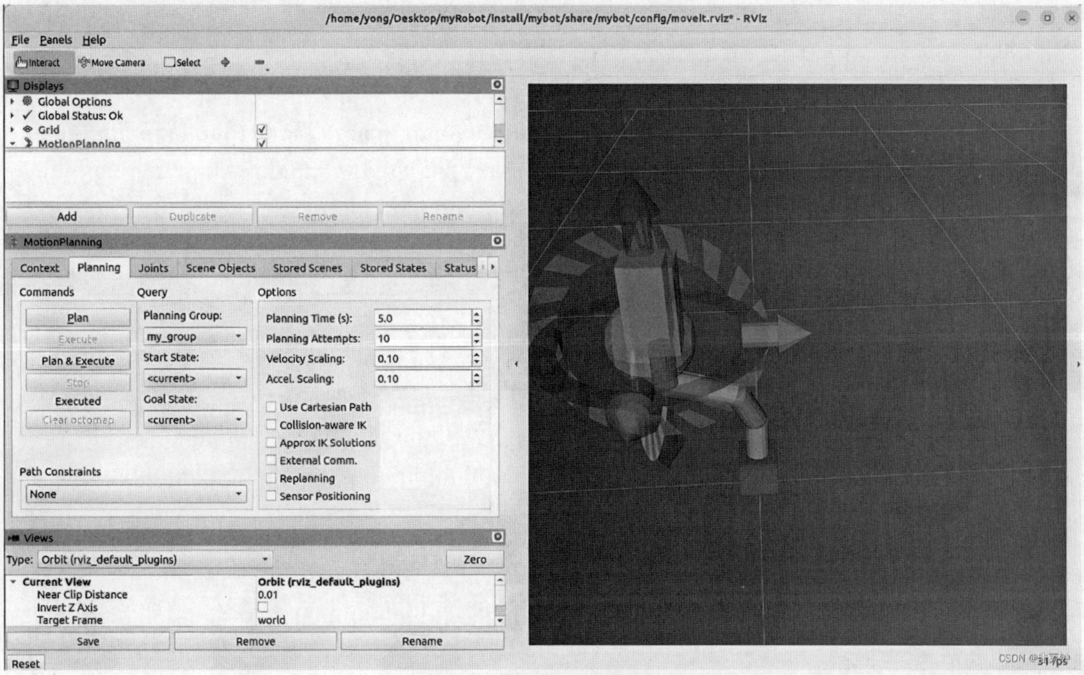

图 9-8　成功编译的界面

9.3　机械臂与 Gazebo 的关联

Gazebo 是 ROS 系统中最为常用的三维物理仿真平台，支持动力学引擎，可以实现高质量的图形渲染，不仅可以模拟机器人及周边环境，还可以加入摩擦力、弹性系数等物理属性。

在这一节中，将介绍机械臂与 Gazebo 关联，这样可以利用 Gazebo 平台帮助我们测试机械臂的性能。

9.3.1　建立文件

在 src/mybot/launch 路径下，新建一个文件 gazebo.launch.py，然后将下方代码写入到 gazebo.launch.py 文件中去，即可完成 launch 文件的创立。

```
import os
from launch import LaunchDescription
```

```
from launch.actions import ExecuteProcess, RegisterEventHandler
from launch_ros.actions import Node
from launch_ros.substitutions import FindPackageShare
from launch.event_handlers import OnProcessExit
import xacro
import re
def remove_comments(text):
  pattern = r'<!--(.*?)-->'
  return re.sub(pattern, '', text, flags=re.DOTALL)
def generate_launch_description():
  robot_name_in_model = 'six_arm'
  package_name = 'mybot_description'
  urdf_name = "six_arm.urdf"
  pkg_share = FindPackageShare(package=package_name).find(package_name)
  urdf_model_path = os.path.join(pkg_share, f'urdf/{urdf_name}')
  # Start Gazebo server
  start_gazebo_cmd = ExecuteProcess(
    cmd=['gazebo', '--verbose','-s', 'libgazebo_ros_init.so', '-s', 'libgazebo_
ros_factory.so'],
    output='screen')
  # 因为 urdf 文件中有一句 $(find mybot) 需要用 xacro 编译一下才行
  xacro_file = urdf_model_path
  doc = xacro.parse(open(xacro_file))
  xacro.process_doc(doc)
  # params = {'robot_description': doc.toxml()}
  params = {'robot_description': remove_comments(doc.toxml())}
  # 启动了 robot_state_publisher 节点后，该节点会发布 robot_description 话题，话题内
容是模型文件 urdf 的内容
  # 并且会订阅 /joint_states 话题，获取关节的数据，然后发布 tf 和 tf_static 话题
  # 这些节点、话题的名称可不可以自定义
  node_robot_state_publisher = Node(
    package='robot_state_publisher',
    executable='robot_state_publisher',
    parameters=[{'use_sim_time': True}, params, {"publish_frequency":15.0}],
    output='screen'
  )
  # Launch the robot，通过 robot_description 话题进行模型内容获取从而在 Gazebo 中生
成模型
  spawn_entity_cmd = Node(
    package='gazebo_ros',
    executable='spawn_entity.py',
arguments=['-entity', robot_name_in_model, '-topic', 'robot_description'],
output='screen')
```

```
    # Gazebo 在加载 urdf 时，根据 urdf 的设定，会启动一个 joint_states 节点
    # 关节状态发布器
    load_joint_state_controller = ExecuteProcess(
      cmd=['ros2', 'control', 'load_controller', '--set-state', 'active',
        'joint_state_broadcaster'],
      output='screen'
    )
    # 路径执行控制器，也就是那个 action
    # 系统是如何知道有 my_group_controller 这个控制器的存在
    load_joint_trajectory_controller = ExecuteProcess(
      cmd=['ros2', 'control', 'load_controller', '--set-state', 'active',
      'my_group_controller'],
      output='screen'
    )
    # 用下面这两个估计是想控制好各个节点的启动顺序
    # 监听 spawn_entity_cmd，当其退出（完全启动）时，启动 load_joint_state_controller
    close_evt1 =  RegisterEventHandler(
      event_handler=OnProcessExit(
        target_action=spawn_entity_cmd,
        on_exit=[load_joint_state_controller],
      )
    )
    # 监听 load_joint_state_controller，当其退出（完全启动）时，启动 load_joint_
trajectory_controller
    # moveit 是怎么和 Gazebo 这里提供的 action 连接起来的
    close_evt2 = RegisterEventHandler(
      event_handler=OnProcessExit(
        target_action=load_joint_state_controller,
        on_exit=[load_joint_trajectory_controller],
      )
    )
    ld = LaunchDescription()
    ld.add_action(close_evt1)
    ld.add_action(close_evt2)
    ld.add_action(start_gazebo_cmd)
    ld.add_action(node_robot_state_publisher)
    ld.add_action(spawn_entity_cmd)
    return ld
```

9.3.2 编译、运行、测试

文件写好后，在终端中运行 colcon build 编译一下。然后运行下面的代码启动文件。

```
$ ros2 launch mybot gazebo.launch.py
```

运行后的界面如图 9-9 所示。

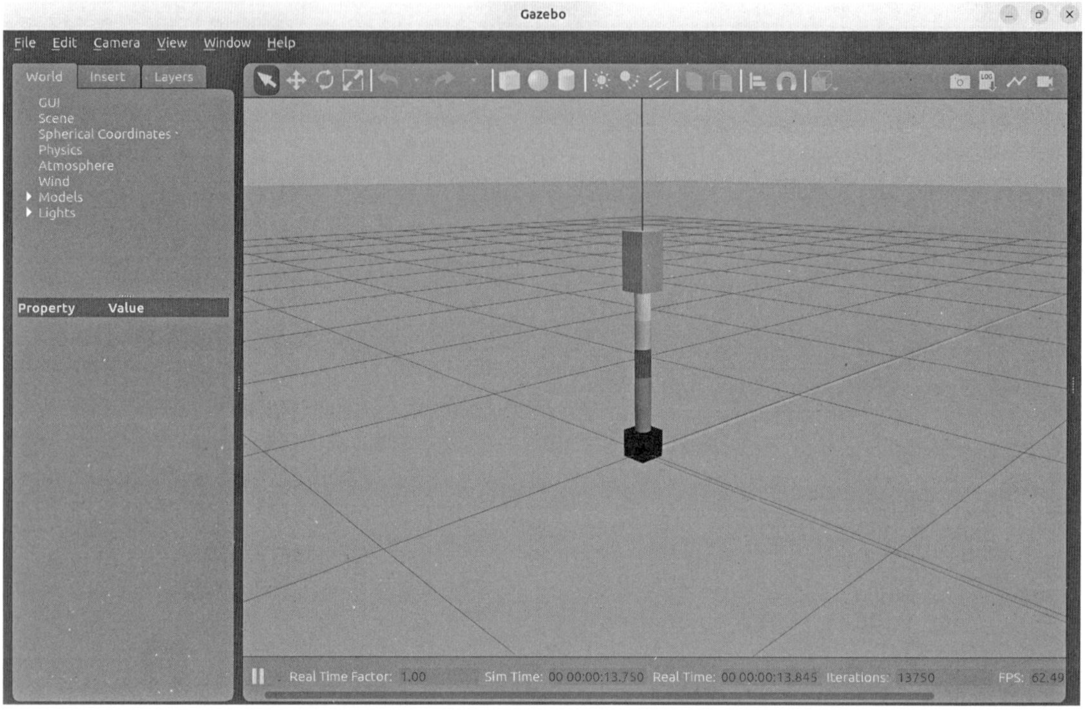

图 9-9　Gazebo 成功运行的界面

接下来进行 action send_goal 测试。目前运行的这个 Gazebo 例子已经开放了一个 action 接口，通过这个接口，我们就可以直接发送一个路径让其执行。我们可以手写一个轨迹，然后让其执行。新建一个 my_send_goal.sh 文件，然后通过 chmod +x 使其具有执行权限，如图 9-10 所示。

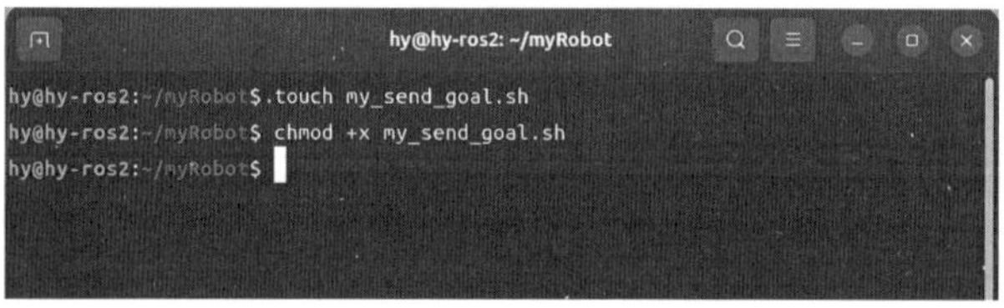

图 9-10　在终端创建轨迹文件

my_send_goal.sh 文件的内容如下：

```
  ros2 action send_goal /my_group_controller/follow_joint_trajectory control_msgs/action/FollowJointTrajectory "{
  trajectory: {
    joint_names: [joint1, joint2, joint3, joint4, joint5, joint6],
    points: [
    { positions: [0.1, 0.1, 0.1, 0.1, 0.1, 0.1], time_from_start: { sec: 0, nanosec: 500 } },
    { positions: [0.2, 0.5, 0.2,0.2, 0.2, 0.2], time_from_start: { sec: 5, nanosec: 500 } },
    { positions: [0.3, 0.3, 0.7, -0.5, 0.3, 0.3], time_from_start: { sec: 7, nanosec:
```

```
500 } },
    { positions: [0.4, 0.4, 0.9, 0.4, 0.4, 0.4], time_from_start: { sec: 8, nanosec:
500 } }
      ]
    }
  }"
```

然后在控制台里面执行下面的代码，接下来可以看到 Gazebo 中的机械臂按照我们设定的轨迹运行，如图 9-11 所示。

```
$ ./my_send_goal.sh
```

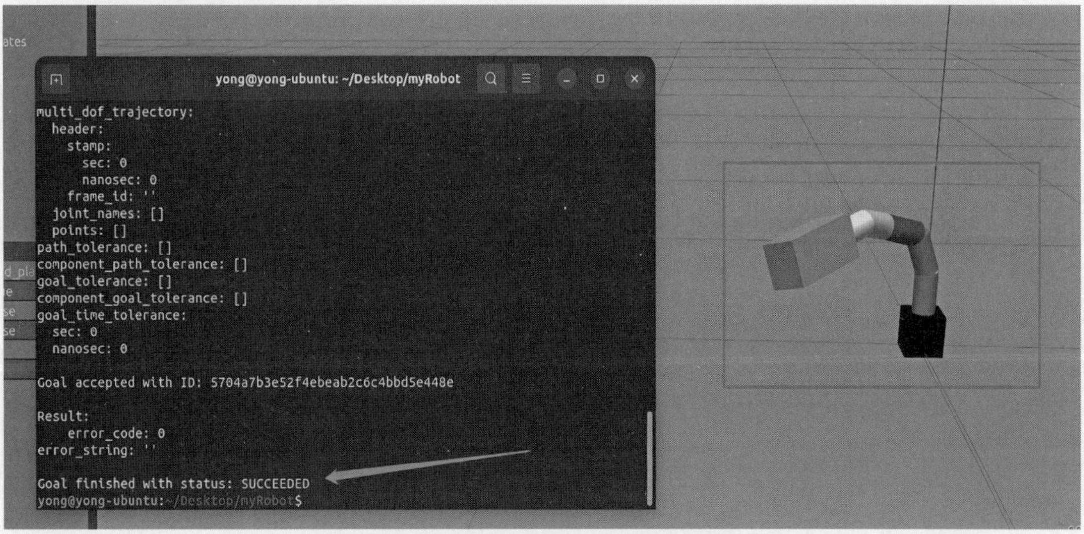

图 9-11 机械臂按照预定轨迹成功运行

可以尝试改变一下 my_send_goal.sh 的内容，相应的机械臂的运行轨迹也会变得不一样。

9.4 MoveIt 与 Gazebo 的关联

在这个机械臂的仿真设计中，MoveIt 提供了路径规划接口，Gazebo 提供了执行接口，两者相互结合起来，可以完成完整的仿真测试。因此只需要将它们通过程序连接起来就实现路径规划仿真了。

9.4.1 原理分析

在前面通过 moveit_setup_assistant 创建的包中，执行 demo.launch.py 时，之所以可以进行路径规划并执行，是因为它不仅启动了 MoveIt 的组件，还启动了一个 FakeSystem 节点，该节点代替了实际的机械臂反馈MoveIt的路径规划。但是假如我们将FakeSystem节点替换成Gazebo的节点，只需启动需要的几个节点，然后不启动 FakeSystem 即可。

9.4.2 launch 文件编写

按照前面原理的分析，我们可以在 src/mybot/launch 下新建一个文件 my_moveit_rviz.launch.py。

文件内容如下：

```
from moveit_configs_utils import MoveItConfigsBuilder
from moveit_configs_utils.launches import generate_moveit_rviz_launch
from launch import LaunchDescription
from launch.actions import (
  DeclareLaunchArgument,
  IncludeLaunchDescription,
)
from moveit_configs_utils.launch_utils import (
  add_debuggable_node,
  DeclareBooleanLaunchArg,
)
from launch.substitutions import LaunchConfiguration
from launch_ros.parameter_descriptions import ParameterValue
def generate_launch_description():
  moveit_config = MoveItConfigsBuilder("six_arm", package_name="mybot").
to_moveit_configs()
  ld = LaunchDescription()
  # 启动move_group
  my_generate_move_group_launch(ld, moveit_config)
  # 启动rviz
  my_generate_moveit_rviz_launch(ld, moveit_config)
  return ld
  def my_generate_move_group_launch(ld, moveit_config):
  ld.add_action(DeclareBooleanLaunchArg("debug", default_value=False))
  ld.add_action(
    DeclareBooleanLaunchArg("allow_trajectory_execution", default_value=True)
  )
  ld.add_action(
    DeclareBooleanLaunchArg("publish_monitored_planning_scene", default_value=
True)
  )
  # load non-default MoveGroup capabilities (space separated)
  ld.add_action(DeclareLaunchArgument("capabilities", default_value=""))
  # inhibit these default MoveGroup capabilities (space separated)
  ld.add_action(DeclareLaunchArgument("disable_capabilities", default_
value=""))
  # do not copy dynamics information from /joint_states to internal robot
monitoring
  # default to false, because almost nothing in move_group relies on this
information
  ld.add_action(DeclareBooleanLaunchArg("monitor_dynamics", default_value=
```

```
False))
    should_publish = LaunchConfiguration("publish_monitored_planning_scene")
    move_group_configuration = {
      "publish_robot_description_semantic": True,
      "allow_trajectory_execution": LaunchConfiguration("allow_trajectory_
execution"),
      # Note: Wrapping the following values is necessary so that the parameter
value can be the empty string
      "capabilities": ParameterValue(
        LaunchConfiguration("capabilities"), value_type=str
      ),
      "disable_capabilities": ParameterValue(
        LaunchConfiguration("disable_capabilities"), value_type=str
      ),
      # Publish the planning scene of the physical robot so that rviz plugin can
know actual robot
      "publish_planning_scene": should_publish,
      "publish_geometry_updates": should_publish,
      "publish_state_updates": should_publish,
      "publish_transforms_updates": should_publish,
      "monitor_dynamics": False,
    }
    move_group_params = [
      moveit_config.to_dict(),
      move_group_configuration,
    ]
    move_group_params.append({"use_sim_time": True})
    add_debuggable_node(
      ld,
      package="moveit_ros_move_group",
      executable="move_group",
      commands_file=str(moveit_config.package_path / "launch" / "gdb_settings.
gdb"),
      output="screen",
      parameters=move_group_params,
      extra_debug_args=["--debug"],
      # Set the display variable, in case OpenGL code is used internally
      additional_env={"DISPLAY": ":0"},
    )
    return ld
    def my_generate_moveit_rviz_launch(ld, moveit_config):
    """Launch file for rviz"""
```

```
    ld.add_action(DeclareBooleanLaunchArg("debug", default_value=False))
    ld.add_action(
      DeclareLaunchArgument(
        "rviz_config",
        default_value=str(moveit_config.package_path / "config/moveit.rviz"),
      )
    )
    rviz_parameters = [
      moveit_config.planning_pipelines,
      moveit_config.robot_description_kinematics,
    ]
    rviz_parameters.append({"use_sim_time": True})
    add_debuggable_node(
      ld,
      package="rviz2",
      executable="rviz2",
      output="log",
      respawn=False,
      arguments=["-d", LaunchConfiguration("rviz_config")],
      parameters=rviz_parameters,
    )
    return ld
```

9.4.3 执行测试

文件写好后记得运行 colcon build 编译一下，然后打开两个控制台，分别执行以下命令，如图 9-12 所示。

```
$ ros2 launch mybot gazebo.launch.py
$ ros2 launch mybot my_moveit_rviz.launch.py
```

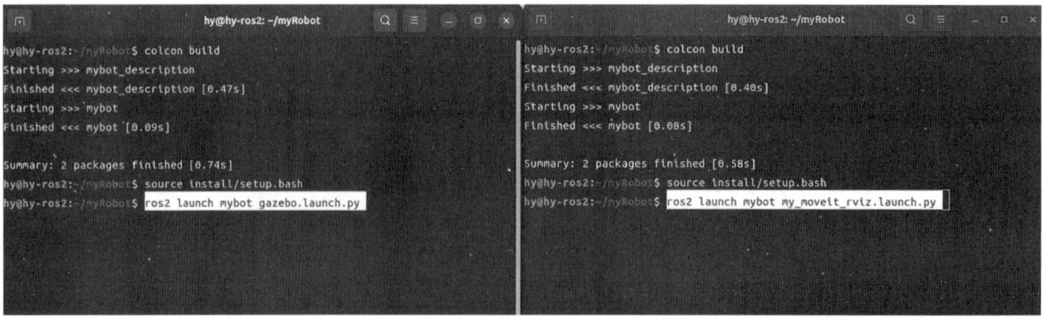

图 9-12　在两个终端中运行指令

注意，要先运行 Gazebo（ros2 launch mybot gazebo.launch.py），然后再运行 MoveIt（ros2 launch mybot my_moveit_rviz.launch.py）。打开后如图 9-13 所示。

之后可以在 MoveIt 里面自行规划路径，然后执行，就可以在 Gazebo 中看到模型随着规划好的路径移动了起来。

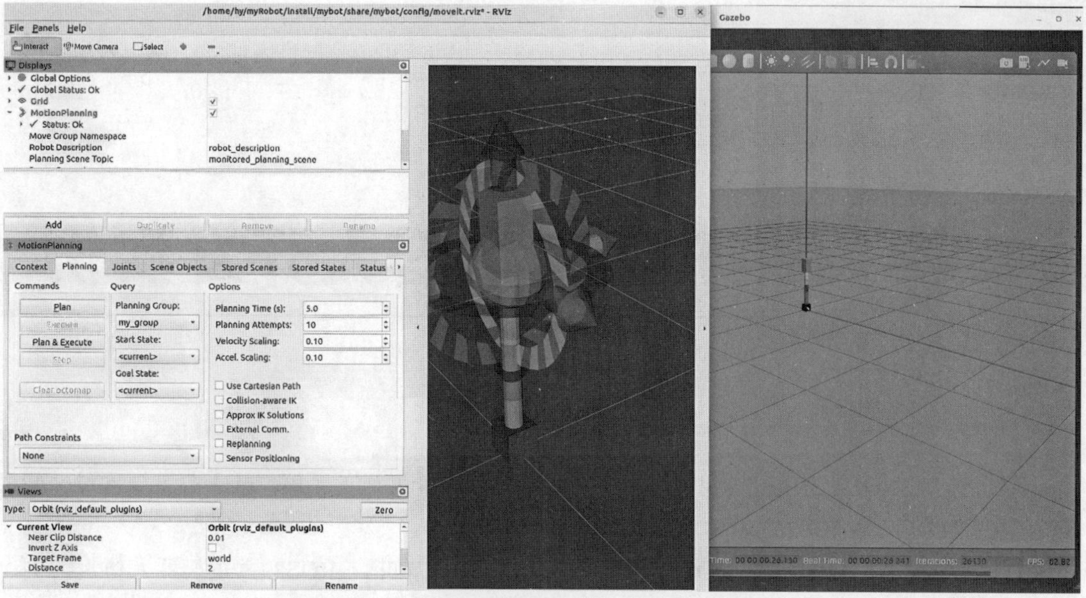

图 9-13 MoveIt 与 Gazebo 关联后机械臂成功运行

9.5 本章小结

在本章中我们建立一个简易的机械臂，使其通过 MoveIt 和 Gazebo 相关联，可以让机械臂按规划好的空间路径移动。其步骤是先建立好机械臂的 URDF 模型，包括外形的建立和 link 与 inertial 的建立。然后将机械臂与 MoveIt 关联起来，使机械臂的外形可以在 MoveIt 里面显示出来。之后再与 Gazebo 相关联，通过程序中预设的路径坐标，使机械臂可以简单动起来。然后就是 MoveIt 和 Gazebo 相关联，这样就可以在 MoveIt 里面规划路径，机械臂在 Gazebo 中按照预设的路径移动，实现了简易机械臂的仿真。通过这些步骤，用户可以成功地将机械臂集成到 ROS2 框架中，并进行仿真测试和实际控制。

习题九

1. MoveIt 和 Gazebo 分别是什么？
2. 尝试使用 urdf 文件来自己构建一个机械臂模型。
3. 成功运行本章的仿真。

第10章 ROS2机器人开发实例

通过前面对 ROS2 的学习，我们对 ROS2 已经有了一个基础的了解，接下来就要通过一些机器人的编程实例来对 ROS2 的整体设计有个清楚的认识。

在本章中，将会介绍两种 ROS2 机器人的仿真实例，包括：ROS2 六足机器人仿真实例；TurtleBot4 建图与导航实例。

10.1 ROS2 六足机器人仿真

六足机器人，也被称为蜘蛛机器人，是一种仿生式机器人，其设计和原理借鉴了自然界中的生物结构。这种机器人具有 6 个足部，通过这些足部进行移动和操作，模仿了自然界中某些生物的行走方式。六足机器人的设计理念强调了其在复杂地形和环境中的适应性和灵活性，这使得它们在多种应用场景中表现出色。

本节将介绍一种使用 ROS2 和 Gazebo 设计六足机器人的仿真实例。

10.1.1 launch 文件

首先需要配置好仿真导航的虚拟机环境， ROS2 版本使用的是 Humble 版本。

打开附带学习资料中的 spider 文件夹，将文件导入自己的工作空间中的 src 文件夹中，然后在 spider 文件夹中打开 launch 文件，即可找到名为 spider_launch.py 的 launch 文件。下面对代码部分进行解释。

```
sdfdir='/home/用户名/my_ws/src/spider/sdf/'
```

上述文件地址目录要更改为自己的文件所在的目录。

```
def loadsdfmodel(sdfmodelpath):
    with open(sdfmodelpath) as f:
        dirname=os.path.dirname(sdfmodelpath)
        print(dirname)
        robot_desc = f.read()
        robot_desc = robot_desc.replace('model://','file://'+sdfdir)
        return robot_desc
    print('sdf model is not exists')
```

这个函数的主要目的是加载 SDF 模型文件，并将其中的 model://前缀替换为文件路径。它接收两个参数：SDF 模型文件的路径和可选的目录。如果未提供目录，函数将自动从文件路径中推导出目录。函数使用 try...except 块来处理文件不存在的情况，并打印清晰的错误消息。如果文件成功加载并替换完成，函数将返回修改后的文件内容；如果文件不存在，则返回 None。

```
#launch a gazebo world for simulation
gazebo_launch = IncludeLaunchDescription(
    PythonLaunchDescriptionSource(
        os.path.join(
            get_package_share_directory('ros_gz_sim'),
'launch/gz_sim.launch.py')),launch_arguments=[('gz_args',SDF_WORLD_ PATH)]
)
```

这是用于启动一个 Gazebo 仿真世界，包含了获取包的共享目录、指定 Gazebo 仿真世界的路径，以及设置启动参数等关键部分。

```
sdfmodelstr=loadsdfmodel(SDF_MODEL_PATH)
addrobottogazebo=Node(
    package='ros_gz_sim',
    executable='create',
    arguments=['-world', 'spider', '-name',f'spider','-string', sdfmodelstr,
'-x','0','-y','0','-z','0.25'])
```

这段代码用于在 Gazebo 仿真环境中加载和添加一个机器人模型。代码片段中包含了加载 SDF 模型文件和创建节点以添加机器人模型到 Gazebo 仿真环境两个关键步骤。arguments=[...]：设置可执行文件的参数，包括仿真世界的名称、机器人模型的名称、SDF 模型文件的内容，以及机器人模型的初始位置坐标。

```
#bridge gazebo msg to ros
bridgenode=Node(
    package='ros_gz_bridge',
    executable='parameter_bridge',
    parameters=[ {'config_file':sdfdir+'jointcontroltopicmap.yaml'},]
    )
```

上述代码片段是用于在 ROS2 中创建一个节点，该节点用于桥接 Gazebo 仿真环境和 ROS2 系统之间的消息。通过 yaml 配置文件，可以指定 Gazebo 中的关节控制话题与 ROS2 中的对应话题之间的映射关系。

```
#publish model to ros by robot state publisher, which make robot can be seen
in rviz2
robotinros=Node(
    package='robot_state_publisher',
    executable='robot_state_publisher',
    name='robot_state_publisher',
    output='both',
    parameters=[
        {'use_sim_time': True},
```

```
        {'robot_description': sdfmodelstr},
    ])
```

上述代码片段用于在 ROS2 中创建一个节点，该节点使用 robot_state_publisher 来发布机器人的状态信息，使得机器人可以在 Rviz2 中进行可视化。

读者可以打开 spider_launch.py 文件自行查看完整代码。

10.1.2 运行仿真

因为在 launch 文件中需要使用“ros_gz_sim”和“ros_gz_bridge”功能包，所以我们需要运行下方命令下载。

```
$ sudo apt install ros-humble-ros-gz-sim
$ sudo apt install ros-humble-ros-gz-bridge
```

在工作空间中打开终端，输入下方命令，打开后出现 Gazebo 和 Rviz2 画面，如图 10-1、图 10-2 所示。

```
$ ros2 launch spider spider_launch.py
```

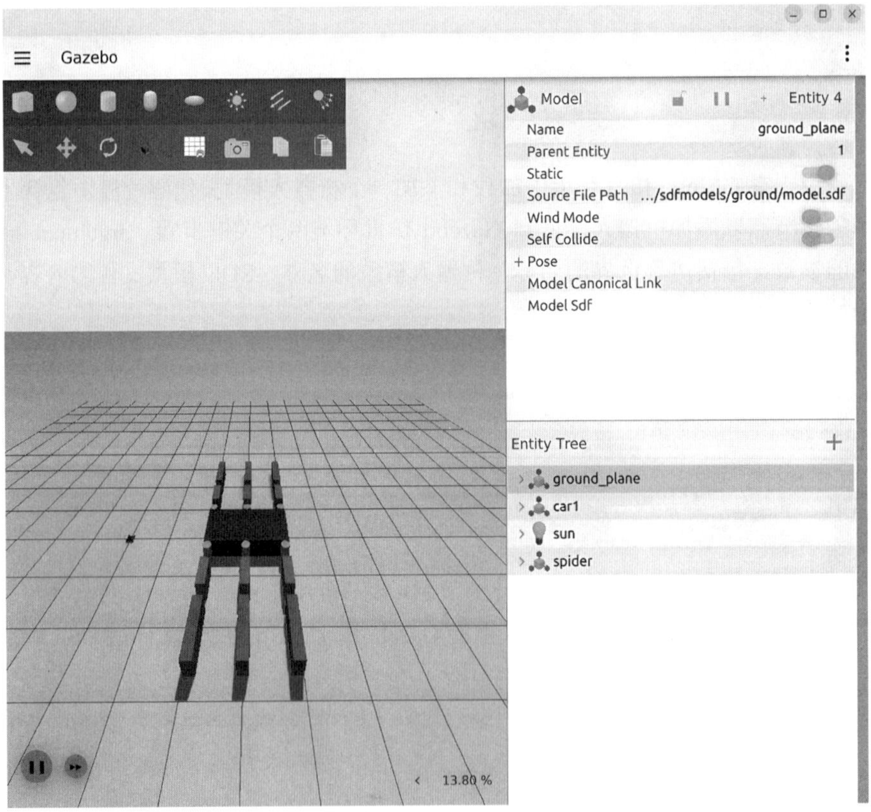

图 10-1 六足机器人 Gazebo 界面

然后输入下方命令启动节点，让六足机器人运动，如图 10-3 所示。

```
$ ros2 run spider learnstep
```

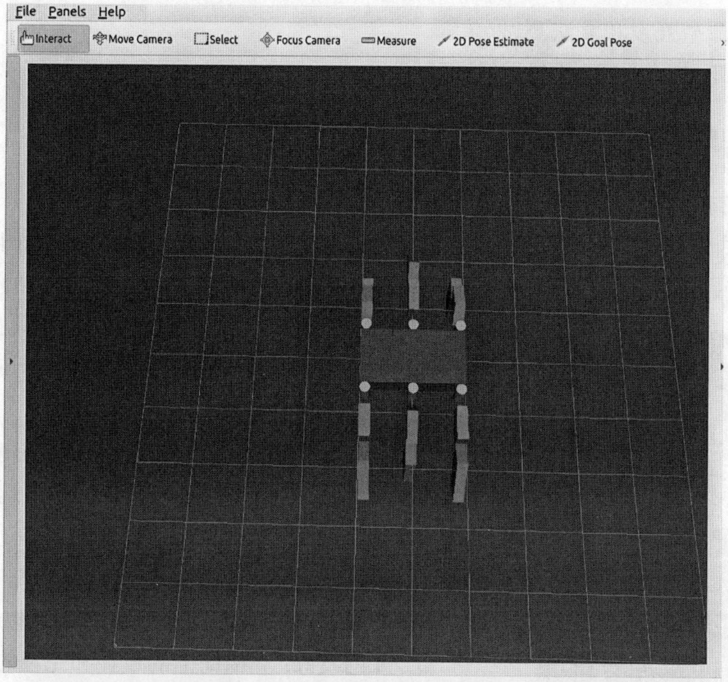

图 10-2 六足机器人 Rviz2 界面

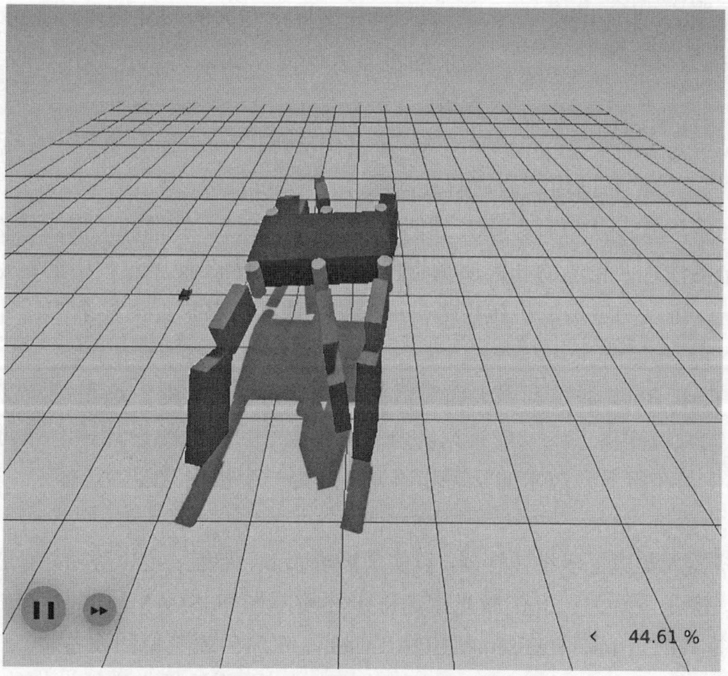

图 10-3 六足机器人运动移动的状态

10.2 TurtleBot4 建图与导航

TurtleBot4 是一款由 Clearpath Robotics 和 Open Robotics 合作开发的开源移动机器人平台，专为教育、研究和开发设计。它基于 ROS2，具备模块化、可扩展和对用户友好的特点，适用于机器人技术的教学、原型开发和算法测试。

本节将介绍 TurtleBot4 建图与导航。

10.2.1 TurtleBot4 介绍与配置

（1）TurtleBot4 介绍

TurtleBot4 能够绘制周围环境、自主导航、在相机上运行 AI 模型等。TurtleBot4 如图 10-4 所示。

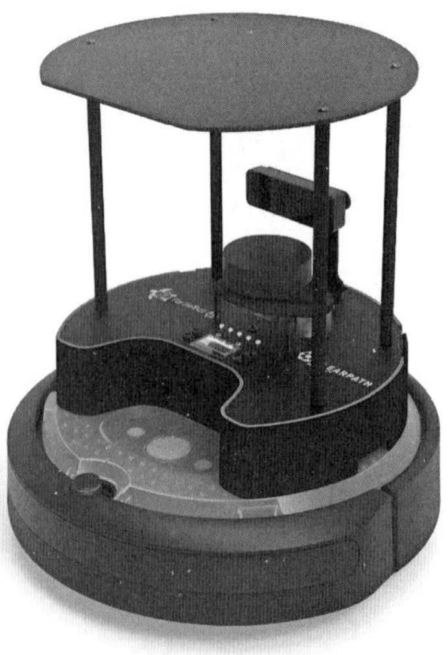

图 10-4 TurtleBot4

它使用 Create®3 作为基础平台，并在其上构建 TurtleBot4 外壳和用户界面（UI）板。外壳内有一个 Raspberry Pi 4B，它运行 TurtleBot4 软件。

TurtleBot4 搭载了 NVIDIA Jetson NX 或 Jetson Orin NX 开发板，提供强大的计算能力，特别适合运行复杂的算法和深度学习模型。并且它采用四轮驱动，具有优异的移动性能，能够在各种地形上稳定移动。

TurtleBot4 有许多优点，主要体现在以下几个方面：

① 入门友好：凭借简洁的设计和完善的文档，TurtleBot4 非常适合机器人初学者使用。

② 研究支持：强大的硬件和软件支持使得它能够进行复杂的机器人研究，如多机器人协作、视觉处理、深度学习等。

③ 丰富的资源：TurtleBot 系列一直有活跃的用户社区，提供教程、示例代码等，帮助用户快速解决问题。

④ 广泛的应用场景：从教育、研究到创新项目，TurtleBot4 都能提供足够的性能和扩展性。

⑤ 硬件的坚固性：四轮驱动和高质量组件保证了机器人在使用过程中的稳定性和耐用性。

⑥ 扩展模块：可以通过增加机械臂等扩展模块，使其能够执行更复杂的任务，推动创新项目的发展。

总的来说，TurtleBot4 通过其强大而灵活的硬件、完整的软件生态系统，以及广泛的应用场景，为教育和研究领域提供了一个极具竞争力的机器人平台。它的设计哲学强调易用性、可扩展性和社区支持，使其在机器人技术的学习和研究中成为一个极受欢迎的选择。

（2）传感器

TurtleBot4 机器人集成了多种传感器，以实现环境感知、导航、定位等功能。这些传感器包括：

① LiDAR（激光雷达）：360°激光雷达用于环境感知和 SLAM（同时定位与地图构建）。TurtleBot4 通常搭载的是 Intel Realsense LiDAR Camera L515 或类似的设备。

② 深度相机：如 Intel RealSense Depth Camera D435i，用于视觉定位、物体识别和 3D 重建。

③ RGB 摄像头：提供视觉信息，支持多种视觉应用。

④ IMU（惯性测量单元）：提供机器人的姿态（俯仰角 pitch、横滚角 roll、航向角 yaw）和加速度数据，辅助定位和稳定性。

⑤ 超声波传感器：用于近距离障碍物检测，提供防碰撞功能。

⑥ 轮速计：用于测量轮子的旋转速度，辅助里程计计算机器人的移动距离和方向。

⑦ 磁力计（电子罗盘）：提供机器人的航向信息，有助于导航和定位。

⑧ 加速度计：测量机器人的线性加速度，通常与其他传感器（如陀螺仪）一起用于 IMU。

⑨ 陀螺仪：测量机器人的角速度，辅助姿态估算和稳定性。

⑩ 温度传感器：监测机器人内部和外部的温度，确保硬件工作在安全温度范围内。

⑪ 电池电压和电流监测：监测电池的状态，确保机器人可以安全运行并提供电池寿命信息。

这些传感器协同工作，使得 TurtleBot4 能够在复杂的环境中进行导航、自主移动和进行各种机器人研究实验。值得注意的是，根据具体配置和用户需求，TurtleBot4 的传感器可能有所变化或扩展。

（3）资料下载

TurtleBot4 的通用软件包、桌面可视化软件包、模拟器包、机器人包、设置、示例、教程、图片、硬件等相关资料可以在 github 官网中获取。

（4）获取 TurtleBot4 源码

下面介绍通过源代码安装 TurtleBot4 到工作空间。打开终端，输入下方命令创建一个名为 turtlebot4_ws 的工作空间，再在文件内创建 src 文件夹，进入该文件夹，将源代码复制到工作空间中。

```
$ mkdir -p turtlebot4_ws/src
$ cd ~/turtlebot4_ws/src
$ git clone https://github.com/turtlebot/turtlebot4_robot.git  -b humble
```

再输入下方命令安装依赖项和生成程序包。

```
$ cd ~/turtlebot4_ws rosdep install --from-path src -yi
$ source /opt/ros/humble/setup.bash colcon build --symlink-install
```

（5）运行 TurtleBot4

机器人使用 robot_upstart 包安装 bringup 启动文件，作为机器人启动时启动的后台服务。启动文件位于 turtlebot4_bringup 软件包下。

使用 TurtleBot 4 设置工具管理 robot_upstart：

```
$ turtlebot4-setup
```

导航至“ROS 设置”，然后导航至“Robot Upstart”。使用各种菜单选项可以启动、停止、卸载或重新安装 upstart job，如图 10-5 所示。

当某些设置发生更改时，设置工具将自动重新安装 robot_upstart 作业。

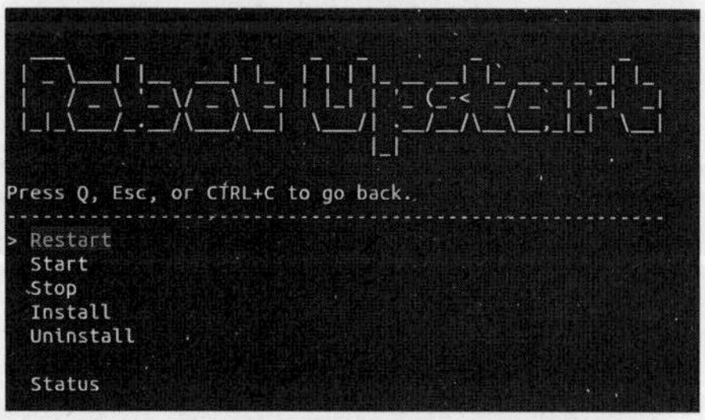

图 10-5　使用 TurtleBot4 设置工具管理 robot_supstart

要查看机器人在 Rviz2 环境中的俯视图，则运行：

```
$ ros2 launch turtlebot4_viz view_robot.launch.py
```

Rviz2 环境中 TurtleBot4 如图 10-6 所示。

TurtleBot4 还可以使用 Gazebo 进行模拟。其三维仿真模拟器允许用户在不需要物理机器人的情况下测试机器人。它具有与真正的机器人相同的所有功能。

运行下方命令即可启动 Gazebo 环境。

```
$ ros2 launch turtlebot4_ignition_bringup ignition.launch.py
```

Ignition Gazebo 将在默认世界中启动并生成 TurtleBot4 以及所有必要的节点，如图 10-7 所示。

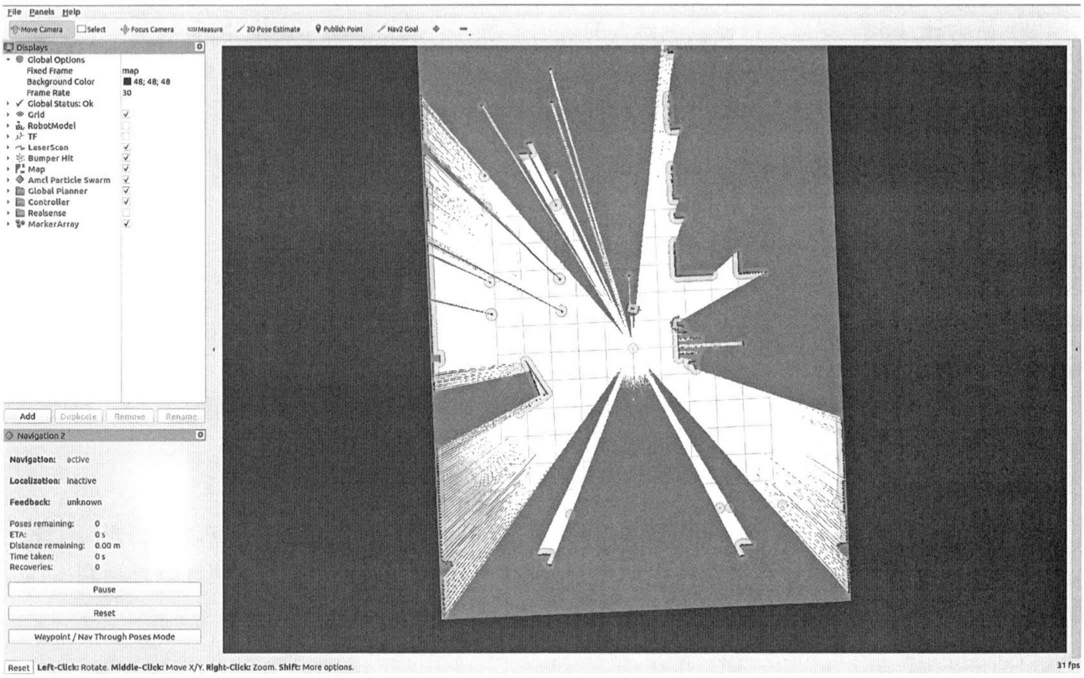

图 10-6　Rviz2 环境中 TurtleBot4

图 10-7　在 Gazebo 运行 TurtleBot4

10.2.2　控制 TurtleBot4

控制 TurtleBot4 移动的方法有很多种，比如键盘遥控控制、操纵手柄远程控制和 HMI 界面控制。HMI 界面控制可以在仿真中控制，而键盘遥控控制、操纵手柄远程控制适用于控制 TurtleBot4 实体小车。

（1）键盘遥控控制

让机器人驾驶的最简单方法是在电脑上使用键盘应用程序。可以通过运行以下命令在 PC 上安装 teleop_twist_keyboard 软件包：

```
$ sudo apt update sudo apt install ros-humble-teleop-twist-keyboard
```

安装后，通过调用运行节点：

```
$ ros2 run teleop_twist_keyboard teleop_twist_keyboard
```

将启动一个 CLI 界面，如图 10-8 所示，这将允许通过按键命令机器人驾驶。

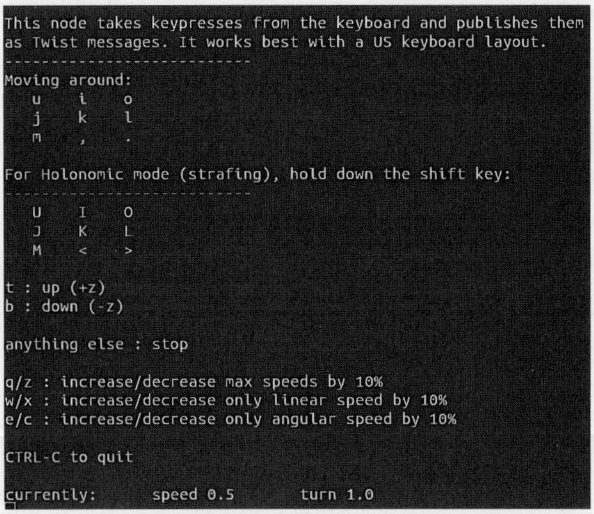

图 10-8 键盘控制节点

按 i 向前行驶，按 j 向左旋转，依此类推。还可以在旅途中调整线速度和角速度。

（2）操纵手柄远程控制

如果有 TurtleBot4 控制器或自己的蓝牙控制器，则可以用它驱动机器人。TurtleBot4 的手柄控制器如图 10-9 所示。同时按住控制器上的主页和共享按钮，直到指示灯开始闪烁。

图 10-9 TurtleBot4 手柄控制器

首先，确保控制器已配对并连接到机器人。如果使用的是带有 ROS2 Galactic 的 TurtleBot4 Lite，则默认情况下不会安装蓝牙软件包。要安装它们，SSH 进入 Raspberry Pi 并调用 sudo bluetooth.sh，然后重新启动 Pi。之后按照控制器设置说明进行操作。

连接控制器后，应确保 joy_teleop 节点正在运行。这些是作为标准版和精简版发布文件的一部分在 turtlebot4_bringup 下发布的。如果它没有运行，可以通过调用以下命令手动运行它：

```
$ ros2 launch turtlebot4_bringup joy_teleop.launch.py
```

joy_teop 节点的默认配置仅适用于 TurtleBot4 控制器和 PS4 控制器。如果控制器上的按钮映射不同，则可能需要创建自己的 config 文件。

要驱动机器人，可按住 L1 或 R1，然后移动左操纵杆。默认情况下，L1 将以“正常”速度驱动机器人，R1 将以“涡轮”速度驱动机械手。可以在配置文件中更改按钮。

（3）HMI 界面控制

HMI 界面控制用于控制仿真环境中的 TurtleBot4 机器人。

运行下方命令启动仿真：

```
$ ros2 launch turtlebot4_ignition_bringup turtlebot4_ignition.launch.py
```

可以在 Gazebo 界面的右侧上方看见选择界面，如图 10-10 所示。

通过 HMI 界面的数字键 1234 控制，1 为确认，2 为 Dock，3、4 为上下选择。

还可以在 Gazebo 界面的右侧下方看见控制界面，如图 10-11 所示。通过 HMI 界面的方向键盘控制方向，要先设置 Linear 和 Angular 的值才能控制，每按动一次发送一次速度命令。还可以通过键盘 WASD 键控制，但需要勾选上 Input from keyboard（WASD）选项，也需要先设置 Linear 和 Angular 的值才能控制。

在控制界面的下方，还有滑条控制，勾选后，拖动滑条设置速度，反复拖动才能一直前进或转向，每次拖动一次发送一次速度命令，如图 10-12 所示。

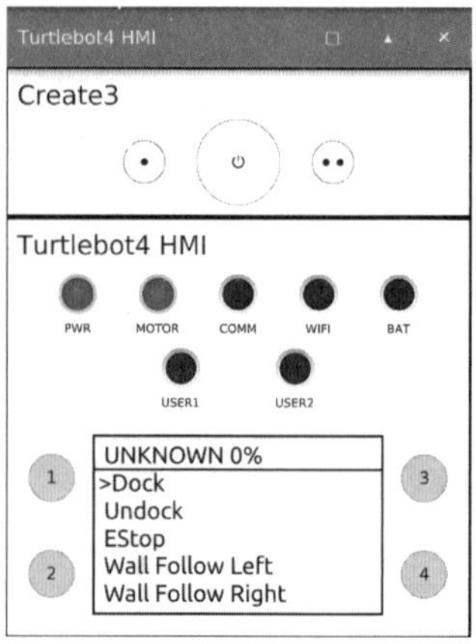

图 10-10 TurtleBot4 HMI 选择界面

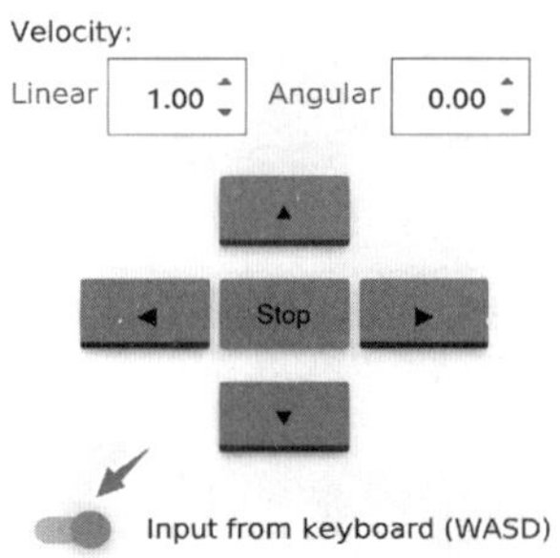

图 10-11 TurtleBot4 HMI 控制界面

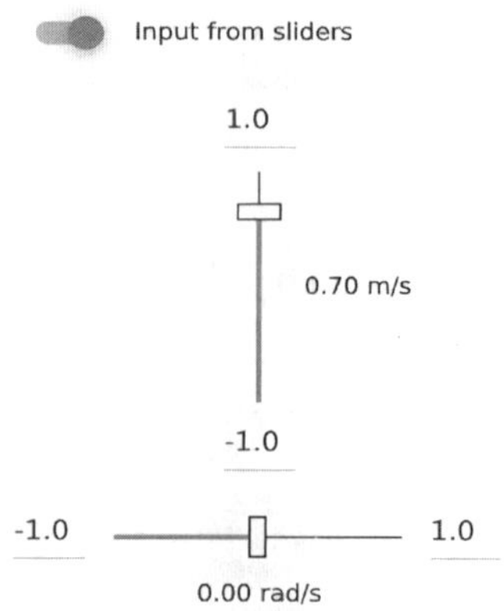

图 10-12 TurtleBot4 HMI 滑条控制界面

10.2.3 TurtleBot4 建图

在本教程中，我们将通过驾驶 TurtleBot4 机器人并使用 SLAM 来绘制一个区域。首先要确保要绘制地图的区域没有多余的障碍物。理想情况下，在创建地图时，不希望人或动物在该区域内移动。

首先要确保安装 turtlebot4_navigation，终端命令如下：

```
$ sudo apt install ros-humble-turtlebot4-navigation
```

启动仿真，并运行 SLAM 和打开 Rviz。

```
$ ros2 launch turtlebot4_ignition_bringup turtlebot4_ignition.launch.py slam:=true rviz:=true
```

然后开始仿真，利用鼠标左键和中键，调整视图，同时 Rviz 中会出现建图画面，如图 10-13 和图 10-14 所示。

图 10-13 Gazebo 界面

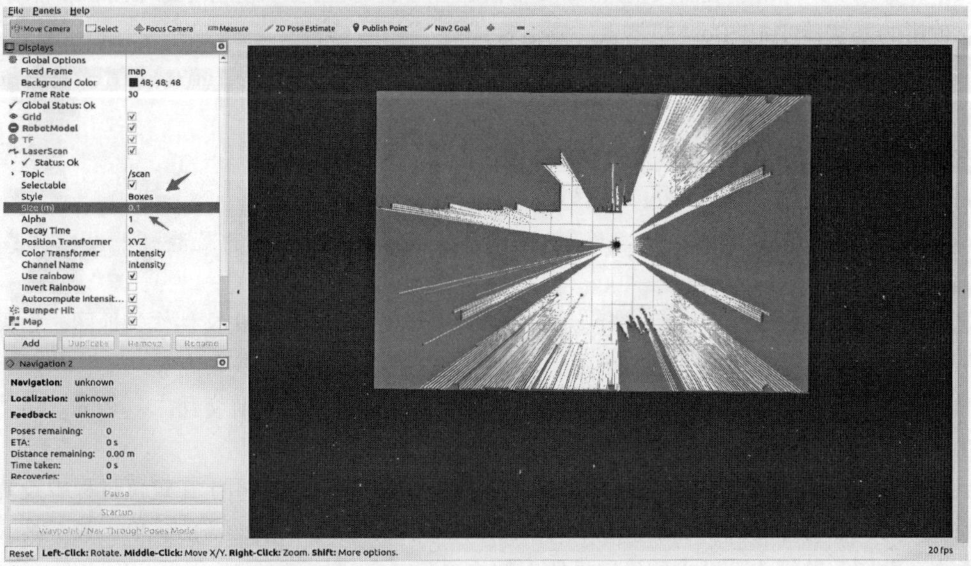

图 10-14 Rviz 界面

之后启动键盘节点，可以通过键盘控制移动机器人在您想要绘制地图的区域周围行驶，小车在移动的同时，Rviz 中也会实时地更新地图画面。当 Rviz 中地图上的物体信息都清晰可见后，可以停止移动机器人，然后保存地图。可以使用以下命令保存它，这将把地图保存到当前目录中。

```
$ ros2 service call /slam_toolbox/save_map slam_toolbox/srv/SaveMap "name:
data: 'map_name'"
```

保存地图后，它将生成一个 map_name.pgm 文件，该文件可以在图像编辑器中查看。还会创建一个 map_name.yaml 文件。您可以编辑此文件以调整地图参数。保存的地图效果如图 10-15 所示。

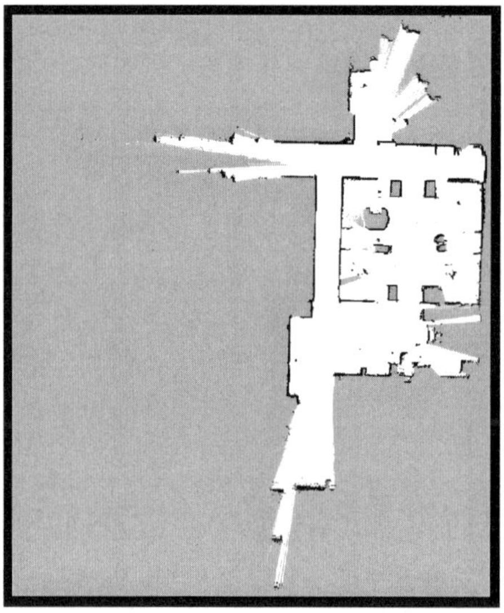

图 10-15　保存的地图效果

10.2.4　TurtleBot4 导航

接下来介绍 TurtleBot4 机器人使用 Nav2 堆栈进行导航。我们可以使用 Nav Bringup 启动导航。如果您使用的是实体 TurtleBot4 机器人，则运行：

```
$ ros2 launch turtlebot4_navigation nav_bringup.launch.py slam:=off localization:
=true map:=office.yaml
```

注意：将“office.yaml”替换为您自己的地图。

如果您正在使用仿真 TurtleBot4 机器人，则运行：

```
$ ros2 launch turtlebot4_ignition_bringup ignition.launch.py nav2:=true
slam:=off localization:=true
```

这将在默认的 depot 世界中启动模拟，并将使用现有的 depot.yaml 文件作为地图。如果您使用的是一个不同的世界，则需要为它创建一个地图，并将其作为启动参数传入。

然后打开一个新的终端，启动 Rviz，以便您可以查看地图并与导航交互：

```
$ ros2 launch turtlebot4_viz view_robot.launch.py
```

点击 Rviz 中上方的 2D Pose Estimate，这是二维姿态估计工具，用于在定位过程中设置机器人在地图上的大致初始姿态。这是 Nav2 堆栈了解从何处开始定位所必需的。单击该工具，然后单击并拖动地图上的箭头，以大致确定机器人的位置和方向，如图 10-16 所示。

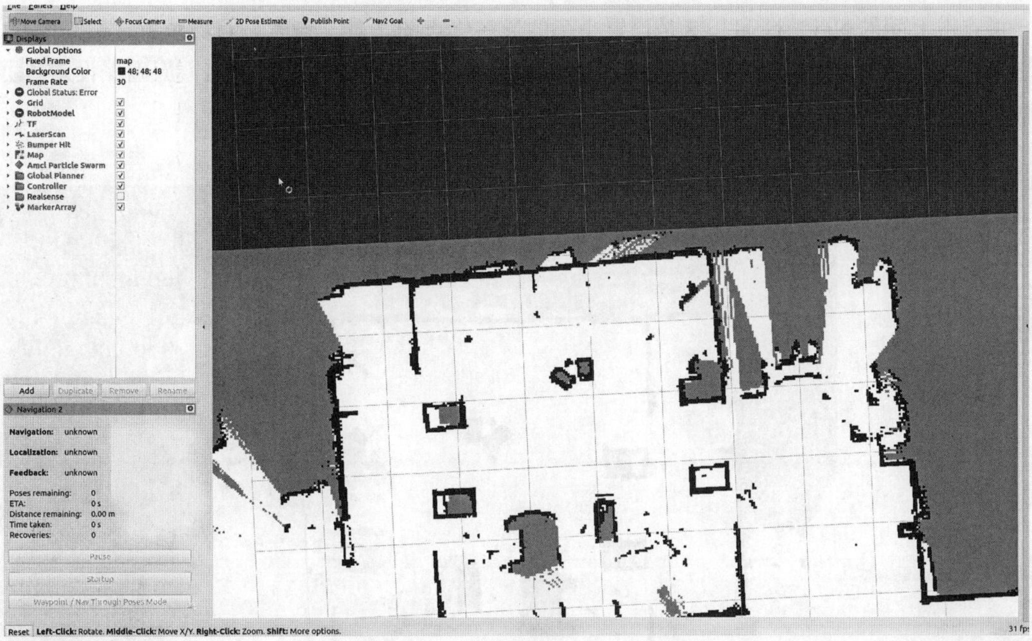

图 10-16 在 Rviz 中设置初始位姿

然后点击 Publish Point，这是发布点工具，允许您单击地图上的某个点，并将该点的坐标发布到 /clicked_point 主题。

打开一个新的终端并运行：

```
$ ros2 topic echo /clicked_point
```

然后，选择“发布点”工具，单击地图上的某个点，应该看到终端中发布的坐标，如图 10-17 所示。

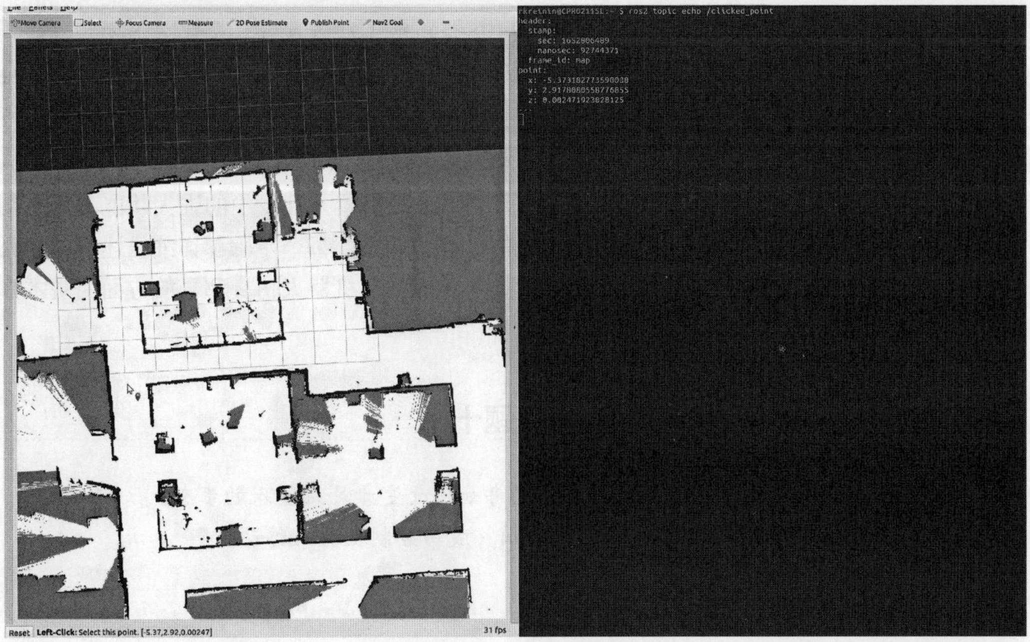

图 10-17 获取点坐标

再点击上面的Nav2 Goal，这是设置小车的导航终点的工具。设置好目标位置之后，Nav2将规划到目标位置的路径，并尝试将机器人驱动到那里。在设定目标位置之前，应确保设定机器人的初始位置，如图10-18所示。

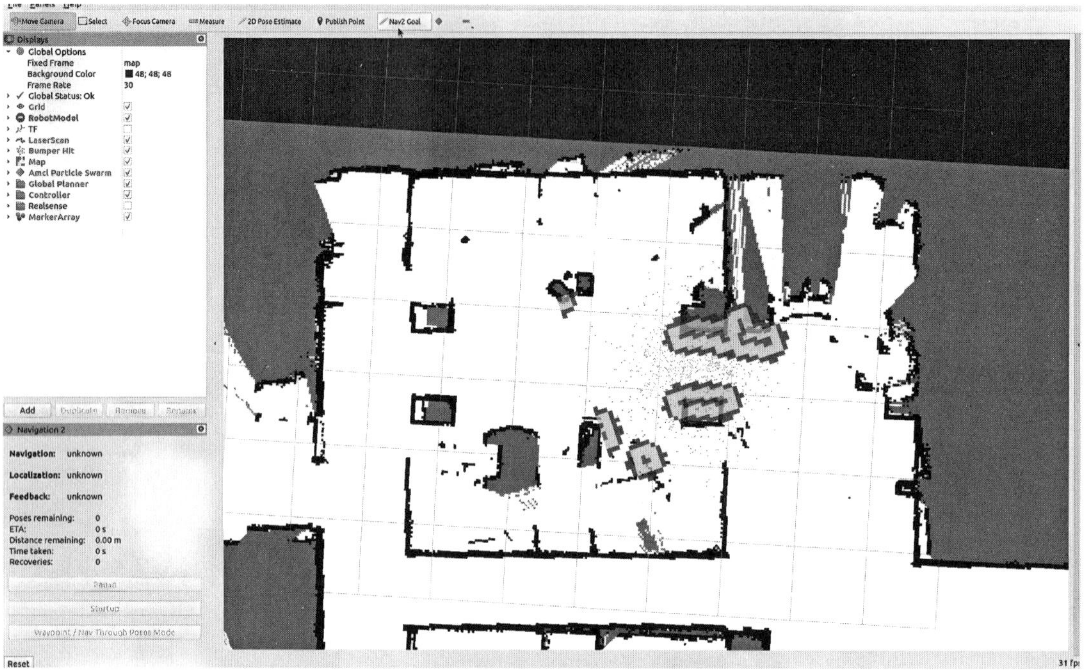

图10-18 设置目标位置使小车导航

10.3 本章小结

本章主要介绍了两个ROS2的案例，即ROS2六足机器人仿真和TurtleBot4建图与导航。在ROS2六足机器人仿真中设计了六足机器人的URDF模型，考虑其复杂的运动学和动力学特性，编写launch文件来启动Gazebo仿真环境，并加载六足机器人模型。在TurtleBot4建图与导航中，介绍了它的相关配置，以及如何操控机器人、SLAM建图和Nav2导航。

通过对这两个案例的简单分析和学习，展示了ROS2在机器人开发中的强大功能。从URDF模型的定义到launch文件的编写，再到仿真环境的运行和调试，每个步骤都详细描述了机器人开发的关键环节。通过这些实例的学习，读者可以掌握ROS2在机器人仿真和导航方面的基本知识和技能，为进一步的机器人开发和研究打下基础。

习题十

1. 试着运行10.1节中的六足机器人仿真，思考如何改变六足机器人的步态。
2. 通过官网资料成功安装并配置好TurtleBot4，成功控制机器人移动。
3. 构建TurtleBot4地图，并进行导航。

参考文献

[1] 胡春旭. ROS 机器人开发实践[M]. 北京：机械工业出版社，2018.

[2] 张虎. 机器人 SLAM 导航核心技术与实战[M]. 北京：机械工业出版社， 2022.

[3] 蒋畅江, 罗云翔, 张宇航, 等. ROS 机器人开发技术基础[M]. 北京：化学工业出版社, 2022.

[4] 王晓云, 武延军, 常先明, 等. ROS 机械臂开发与实践[M]. 北京：化学工业出版社, 2023.

[5] 徐海望, 高佳丽. ROS2 机器人编程实战：基于现代 C++和 Python 3[M]. 北京：机械工业出版社, 2022.

[6] 张新钰, 赵虚左, 邱楠, 等. ROS 机器人理论与实践[M]. 北京：清华大学出版社, 2023.

[7] 徐本连, 鲁明丽. 机器人 SLAM 技术及其 ROS 系统应用[M]. 北京：机械工业出版社, 2024.

[8] 桑欣. ROS2 机器人开发：从入门到实践[M]. 北京：机械工业出版社，2024.

[9] 胡春旭, 李乔龙. ROS2 智能机器人开发实践. 北京：电子工业出版社，2025.